本書の使い方

チャプタータイトル
簡略で直接的なタイトルでやりたいことがすぐわかるようにしています。

このセクションでの解説を説明しています。

チャプターNo.

Chapter3
04 「トラック」の仕組みを理解しよう

クリップを配置するタイムラインビューのメインストリームがトラックです。

小見出し
いま、何をしているのかを把握できます。

トラックってなんだろう?

トラックには「ビデオトラック」「オーバーレイトラック」「タイトルトラック」「ボイストラック」「ミュージックトラック」の5種類があります。

映画フィルムなどの録音する部分を、サウンドトラックと呼びますが、陸上競技場の走路もトラックといいます。ここでいうトラックも意味は同じで、ビデオやオーディオが走るところということで、そう呼ばれています。

トラックの表示/非表示

各トラックの左端の部分をクリックすることで、表示/非表示を切り替えることができます。

非表示にするとプロジェクトモードで再生するときも、そのトラックはプレビューに表示されません。ファイルとして書き出した場合も、そのトラックのビデオや音声はなかったものとして扱われ、反映されません。

トラックの先頭をクリック

網掛けで暗転する

トラックの追加/削除

トラックは必要に応じて、増やしたり、減らしたりできます。方法は二つあります。

一つ目は、トラックマネージャーで管理する方法です。図の「トラックマネージャー」をクリックしてウィンドウを表示し、プルダウンメニューから増減の数を指定して「OK」をクリックします。

画像も該当箇所をなるべく大きくして細かい文字もできるだけ読めるようにしています。

PRO/ULTIMATE以外の製品をご使用されている方へ

VideoStudio 2018のエディションによっては一部機能や対応するビデオフォーマットに制限があったり、コーデックのダウンロードが必要などの製品版とは仕様が異なることがあります。動画編集に関するVideoStudio 2018の基本的な操作は変わりませんので、ぜひ本書をご活用ください。

■本書は Windows 10 を使用して、Corel VideoStudio 2018 の使い方をインストールから具体的な活用法まで、操作の流れに沿って、ていねいに解説しています。

もう一つはトラックの先頭で右クリックし、表示されるメニューから「トラックを上に挿入」または「トラックを下に挿入」を選択して追加する方法です。増やしたトラックを削除したい場合は「トラックを削除」を選択、クリックします。

すぐに目的の章が見つけられるように、章ごとに色を変えています。

Point!
「ビデオトラック」と「ボイストラック」は増減できません。

トラックにクリップを配置する

これが VideoStudio 2018 で編集作業を進めるための第一歩です。トラックにクリップを配置します。

①ライブラリからクリップをドラッグアンドドロップして配置します。

②配置されました。

操作の手順を番号つきで解説。迷うことはありません。
ツールの名前は●番号で記載。

Reference
メッセージが出た
クリップを配置しようとすると、図のようなメッセージが出ることがあります。これはスマートレンダリング（動画の編集による画質の劣化を抑える機能）を有効にするために、配置しようとしているビデオクリップのプロパティ（属性）に VideoStudio 2018 の設定を合わせて変更してよいかどうかの確認です。特に問題がなければ、「はい」を選択します。

Point!
配置したクリップを削除したい場合はストーリーボードビューの時と同じように、選択してキーボードの「Delete」キーを押すか、右クリックのメニューから「削除」をクリックします。（→ P.59）

Reference
操作に関する補足説明や別の操作方法などをフォローしています。

Point
操作に関するワンポイントアドバイス

目次

本書の使い方…2

Chapter 1
VideoStudio 2018で動画編集を始めよう

- 01 VideoStudio 2018の主な新機能…8
- 02 VideoStudio 2018で動画編集（基本的な流れ）…10
- 03 インストールしよう…14
- 04 起動と終了…17
- 05 アンインストール…18
- 06 ワークスペースを知ろう…20
- 07 ライブラリを使いこなす…28
- 08 プロジェクトはこまめに保存しよう…35

Chapter 2
「取り込み」ワークスペース編 PCに素材（データ）を取り込もう

- 01 ビデオカメラから動画を取り込んでみよう…38
- 02 VideoStudio 2018経由で取り込む…43
- 03 スマホの動画と写真を取り込んでみよう…48
- 04 VideoStudio 2018にパソコンに保存されたメディアファイルを取り込む…51

Chapter 3
「編集」ワークスペース編
基本動画編集テクニック

- 01 ストーリーボードビューとタイムラインビュー…56
- 02 「**ストーリーボードビュー**」は再生順を入れ替えるのに便利…57
- 03 「**タイムラインビュー**」で本格的に編集する…64
- 04 「**トラック**」の仕組みを理解しよう…68
- 05 「**リップル編集**」でトラックをロックする…74
- 06 「**トリミング**」で使いたいシーンを選別する…77
- 07 「**トランジション**」でシーンとシーンを切りかえる…83
- 08 「**フィルター**」でクリップに特殊効果をかける…86
- 09 「**タイトル**」で文字を挿入する…92
- 10 「**オーディオ**」で名場面を盛り上げる…108
- 11 クリップの分割、オーディオの分割…114
- 12 クリップの属性とキーフレームの使い方を知ろう…116

Chapter 4
「完了」ワークスペース編
完成した作品を書き出す

- 01 MP4形式で書き出してみよう…122
- 02 SNSにアップロードして世界発信しよう…124
- 03 スマホやタブレットで外に持ち出そう…127
- 04 メニュー付きDVDディスクでグレードアップ…130

Chapter 5
バラエティに富んだツールでさらに凝った演出

- 01 360度動画を編集して臨場感あふれる作品を…142
- 02 「タイムリマップ」で再生速度を自由自在にコントロールする…147
- 03 「マルチカメラ エディタ」でアングルを切り替える…151
- 04 オリジナルフォトムービーをつくる…159
- 05 「モーショントラッキング」でコミックのふきだしを演出…168
- 06 「透明トラック」でオーバーラップを簡単に演出…174
- 07 音に関する設定ならおまかせ「サウンドミキサー」…177
- 08 「Corel FastFlick 2018」で簡単に作品をつくろう…185
- 09 「Live Screen Capture」でモニター画面を録画する…194
- 10 「分割画面テンプレート」でカットイン演出 new …199
- 11 「マスククリエーター」で部分加工する ULTIMATE限定 …204

索引…212
購読者特典…215

© 2018 Corel Corporation. All Rights Reserved
Corel、Corel ロゴ、Corel バルーンロゴ、FastFlick、MyDVD および VideoStudio は、カナダ、アメリカ合衆国および／またはその他の国の Corel Corporation および／またはその関連会社の商標または登録商標です。
AVCHD、AVCHD ロゴはパナソニック株式会社とソニー株式会社の商標です。
YouTube は、Google Inc. の商標または登録商標です。
Microsoft、Windows は、米国 Microsoft Corporation の米国およびその他の国における登録商標または商標です。
Apple、Apple ロゴ、iTunes、iPhone は、米国およびその他の国における Apple Inc. の登録商標または商標です。
その他、本書に記載されている会社名、製品名は、各社の商標または登録商標です。
なお、本文中には ® および ™ マークは明記していません。

本書の制作にあたっては、正確な記述に努めていますが、本書の内容や操作の結果、または運用の結果、いかなる損害が生じても、著者ならびに発行元は一切の責任を負いません。
本書の内容は執筆時点での情報であり、予告なく内容が変更されることがあります。また、システム環境やハードウェア環境によっては、本書どおりの操作ならびに動作ができない場合がありますので、ご了承ください。

Chapter 1
VideoStudio 2018 で動画編集を始めよう

「Corel VideoStudio 2018」を使用して動画を簡単に編集します。

01　VideoStudio 2018 の主な新機能
02　VideoStudio 2018 で動画編集（基本的な流れ）
03　インストールしよう
04　起動と終了
05　アンインストール
06　ワークスペースを知ろう
07　ライブラリを使いこなす
08　プロジェクトはこまめに保存しよう

Chapter1

01 VideoStudio 2018の主な新機能

「Corel VideoStudio 2018」(以下VideoStudio 2018)の新機能をざっと紹介します。

一新されたUI (ユーザーインターフェース)

黒一色だったこれまでのデザインが一新され、アイコンのみだった表記もわかりやすく日本語が追加されています。

日本語表記がわかりやすい

360°動画が大幅に進化

前バージョンより対応形式が増え、プレビューで視点をぐりぐり動かしながら再生することができます。

動的なタイトルを挿入

プレビューでVR体験

パン&ズームの機能強化

動画も今まで以上に自在にパン&ズームできるようになり、表現の幅が広がります。

3Dタイトルエディターで立体文字を編集 ULTIMATE限定

3Dタイトルで華麗に演出。見栄えの良いムービーを作成。

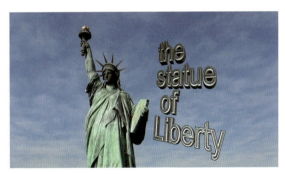

分割画面テンプレートクリエーターで臨場感アップ

画面を分割して、それぞれに違う場面をインサートして迫力あるシーンを演出可能。

Point! テンプレートの詳細なカスタマイズはULTIMATEのみ可能ですが、作成したテンプレートはProでも活用できます。

Chapter1 02 VideoStudio 2018で動画編集（基本的な流れ）

VideoStudio 2018を使って動画を編集して作品に仕上げていきます。

【ステップ1】「取り込み」（→P.38）

①ビデオカメラやスマホなどで撮影した動画や写真をPCに取り込み、保存します。

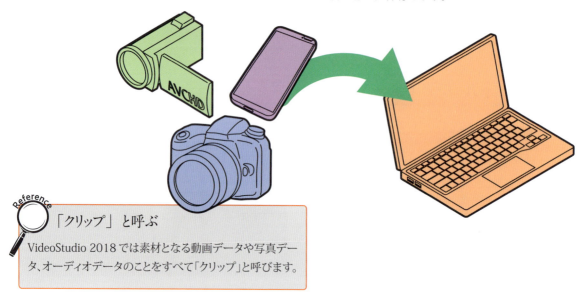

Reference 「クリップ」と呼ぶ

VideoStudio 2018では素材となる動画データや写真データ、オーディオデータのことをすべて「クリップ」と呼びます。

② PCに保存したクリップをVideoStudio 2018のライブラリに読み込みます。

ライブラリパネル

【ステップ2】「編集」(→P.56)

ざっくりとした編集作業を紹介します。
　クリップの再生の順番を入れ替えたり、不要な箇所をカットしたり、さまざまな「エフェクト(効果)」や「トランジション(場面転換)」をほどこして編集していきます。

■ クリップを配置する

クリップをライブラリからトラックと呼ばれる場所に配置します。

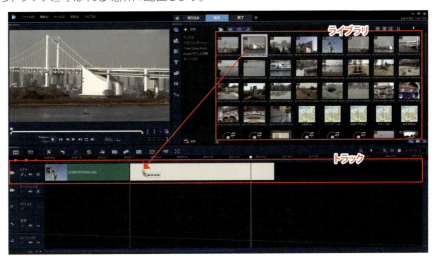

■ クリップの再生順を入れ替える

再生するクリップの順番を入れ替えるだけでも、作品の雰囲気は変わります。

再生の順番を入れ替える

■ 不要な箇所をカットする

クリップの不要な箇所をカットします。カットといってもその部分を切って捨てるわけではなく、1本の動画の中で必要な部分をピックアップする作業のことで、これをトリミングといいます。

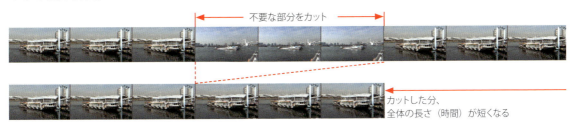

カットした分、全体の長さ(時間)が短くなる

🟦 クリップにエフェクト（効果）をかける

クリップにエフェクトをかけて、加工します。エフェクトは動画だけでなく、写真や音声にもさまざまな加工をほどこすことができます。

「メイン効果」の「ゴースト」を使用

🟦 クリップとクリップの間にトランジション（場面転換）を設定する

場面の切り替えを、スムーズにみせることができるのが、トランジションです。時間経過や場所移動の過程を違和感なく演出します。

「スライド」の「バーンドア」を使用

🟦 タイトルを挿入する

タイトルや字幕、スタッフロールなどを簡単に挿入して、動画を盛り上げます。

タイトル文字やテロップで映像を盛り上げる

音楽や効果音を挿入する

お気に入りの音楽や、効果音、ナレーションなどを挿入します。

BGMでさらに演出

Point!
SNS等で動画を公開する場合は著作権に注意しましょう。

【ステップ3】「完了」(→P.122)

完成した動画を用途に合わせて、いろいろな形式で書き出します。

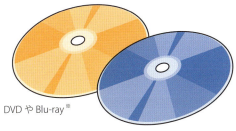

DVDやBlu-ray※

スマホやタブレット

Point!
※ Blu-rayの作成には別途プラグイン（有料）が必要です。(→P.215)

SNS等のWebサイトに直接アップロードも可能

Chapter1

03 インストールしよう

VideoStudio 2018をインストールします。ここではパッケージ版のインストールディスクからインストールする方法を解説します。

インストールを開始する

①パソコンのDVDドライブに、インストールディスクを挿入して、ディスクに対する操作を選択します。

②「VideoStudio 2018_Installer.exe」をダブルクリックします。

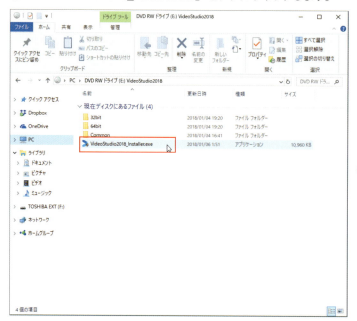

> **Point!**
> パソコンの設定によっては表示される画面が違う場合があります。その場合はディスクを直接ダブルクリックして、目的のファイルを開きます。

③「ユーザーアカウント制御」が表示された場合は「はい」をクリックします。

> **Point!**
> インストールするにはインターネットに接続されている必要があります。

④図のような画面が表示されるので、「シリアル番号」欄に、入力して「次へ」をクリックします。

> **Reference シリアル番号**
> シリアル番号は、パッケージ版は同梱されている「シリアル番号取得用紙」（店頭で購入した場合）または「シリアル番号カード」（通販などで購入した場合）をご覧ください。ダウンロード版は購入の際のメールなどに記載されています。

⑤ライセンス契約の内容をよく読み、「ライセンス契約の利用条件に同意します。」をチェックして「次へ」をクリックします。

⑥「ユーザーエクスペリエンス向上プログラム」の確認画面が表示されるので、参加する場合はそのまま、参加しない場合はチェックをはずし、「次へ」をクリックします。

⑦ユーザー登録の各項目を入力、確認して「次へ」をクリックします。

⑧プログラムのインストール場所や追加パックのダウンロード場所を確認して「ダウンロードしてインストール」をクリックします。

⑨インストールが始まります。

⑩完了すると画面が切り替わるので、「終了」をクリックします。

デスクトップに追加されるアイコン

 Corel VideoStudio 2018
メインプログラム

 Corel FastFlick 2018
テンプレートを使って簡易編集できるプログラム（→P.185）

 Live Screen Capture
デスクトップ画面を録画するプログラム（→P.194）

 VideoStudio MyDVD※
DVD作成ソフト（→P.130）
※エディションによっては付属していません。

VideoStudio 2018のシステム要件

- インストール、登録、アップデートにはインターネット接続が必要。製品の利用にはユーザー登録が必要。
- Windows10、Windows8、Windows7、64ビットOSを強く推奨。
- Intel Core i3 または AMD A4 3.0GHz以上
- AVCHD & Intel Quick Sync Videoサポートには Intel Core i5 または i7 1.06GHz以上が必要。
- UHD、マルチカメラには Intel Core i7 または AMD Athlon A10以上
- UHD、マルチカメラには、4GB以上のRAMおよび8GB以上を強く推奨。
- ハードウェア デコード アクセラレーションには最小256MBのVRAMおよび512MB以上を強く推奨。
- HEVC（H.265）サポートにはWindows10および対応するPCハードウェアまたはグラフィックカードおよびMicrosoft HEVCビデオ拡張のインストールが必要。
- 最低画面解像度：1024×768
- Windows対応サウンドカード
- 最低8GBのHDD空き容量（フルインストール用）

※ Blu-rayオーサリングには、VideoStudioで購入可能なプラグインが必要です。

 体験版も用意されている

購入を迷っている人には体験版もあります。ただし30日の使用期限があり、マルチカメラエディタが2台までなど、機能にも一部制限があります。

■ダウンロード先■
Corelのサイト：http://www.corel.com/jp/free-trials/

 PROとULTIMATEの違い

VideoStudio 2018にはPROとULTIMATEがあります。基本プログラムには違いはありませんが、上位版であるULTIMATEにはPROよりさらに多彩なエフェクトや個性的なトランジションが付属しています。また簡単に立体文字を作成できる「3Dタイトルエディター」や動画の一部分だけを着色したりできる「マスククリエーター」はULTIMATEのみの機能です。簡単にプロ並みのビデオ編集が可能なVideoStudio 2018ですがULTIMATEではさらに高度な動画編集が可能です。

Chapter1
04 起動と終了

VideoStudio 2018の起動と終了のしかたです。

起動する

デスクトップの「Corel VideoStudio 2018」のアイコンをダブルクリックする。または「スタート」→「すべてのアプリ」→「Corel VideoStudio 2018」フォルダーをクリックして開き、「Corel VideoStudio 2018」を選択、クリックします。そのほかのプログラムの起動も同様です。

起動直後の画面

起動中の画面

はじめて起動したときは「Welcome（ようこそブック）」画面（→P.20）が開きます。ここではVideoStudio 2018のビデオチュートリアルを見たり、追加のプラグインや別のプログラムを購入したりすることができます。

> **Reference プラグインとは?**
> プログラムに追加することで機能を拡張できる仕組みのこと。

終了する

　終了するときはメニューバーの「ファイル」から終了を選択してクリック、または右上にある「×」ボタンをクリックします。

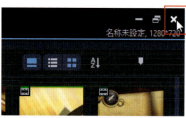
「×」をクリック

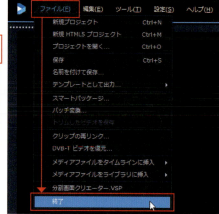

Chapter1
05 アンインストール

アンインストールの手順を解説します。

VideoStudio 2018 の基本プログラム

①「スタート」から「設定」をクリックし、続けて「アプリ」を開きます。

②一覧の中から「Corel VideoStudio 2018」を探してクリックし、「アンインストール」をクリックします。

③再び「アンインストール」をクリックします。

④「ユーザーアカウント制御」が表示された場合は「はい」をクリックして進みます。

⑤途中で個人設定を削除するかどうかを尋ねられるので、すべての設定を削除する場合はチェックを入れて「削除」をクリックします。

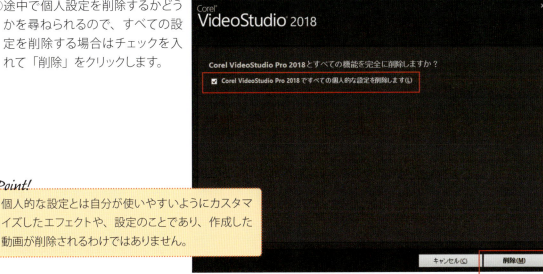

Point!
個人的な設定とは自分が使いやすいようにカスタマイズしたエフェクトや、設定のことであり、作成した動画が削除されるわけではありません。

⑥最後に「完了」をクリックして終了します。

Reference
「VideoStudio MyDVD」は別プログラム
「VideoStudio MyDVD」は独立したプログラムなので、VideoStudio 2018 を削除しても、通常に使うことができます。削除したい場合は手順②まで進み、「VideoStudio MyDVD」を探し出し、アンインストールしてください。

Chapter1
06 ワークスペースを知ろう

編集作業に欠かせない各ワークスペースの概要を順に見ていきます。操作に迷ったら基本的なワークスペースの機能などは、この項で確認してください。

　VideoStudio 2018はワークスペースと名づけられたフィールドがあり、それをタブで随時切り替えながら、効率的に動画編集を進めていくことができます。

Welcome（ようこそブック）

はじめてVideoStudio 2018を起動したときに開くフィールドです。
　ここでは新機能の紹介や使い方のビデオチュートリアルを見ることができます。また追加のエフェクトやテンプレートをプラグインとして購入することができます。

① 新機能	新機能の紹介
② チュートリアル	チュートリアルビデオを見ることができる
③ コンテンツの取得	プラグインや別のプログラムを購入することができる

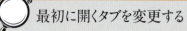 最初に開くタブを変更する

起動したときに、どのワークスペースを開くかを変更することができます。メニューバーの「設定」から「環境設定」→「全般」→「初期設定セットアップページ」で変更します。

「取り込み」ワークスペース

動画や写真など、各種データを取り込む機能を集めたのが「取り込み」ワークスペースです。

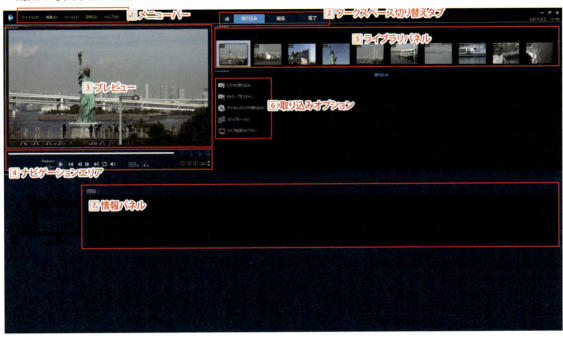

🗂 1 メニューバー

プロジェクトファイルの保存をはじめ、さまざまな機能を呼び出して実行するためのコマンドが収納されています。各ワークスペースすべてに表示されます。

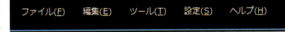

🗂 2 ワークスペース切り替えタブ

各ワークスペースを切り替えるタブ。

🗂 3 プレビュー

現在選択しているビデオを表示します。

④ ナビゲーションエリア

　プレビューのビデオを再生したり、前後にコマ送りをしたりする操作ボタンがあります。ワークスペースによって機能するボタンが一部変わります。グレーアウトしたボタンはここでは使用できません。

⑤ ライブラリパネル

　VideoStudio 2018に取り込んだ各クリップが表示されます。「編集」ワークスペースにもあります。

⑥ 取り込みオプション

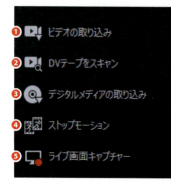

さまざまなメディアの取り込み方法を選択するときに使用します。

❶ DVカメラ、HDVカメラから取り込むときやWebカメラで直接録画するときに使用します。
❷ DVテープをスキャンしてシーンを選択して取り込むときに使用します。
❸ DVDやBlu-ray、AVCHDカメラ、一眼レフカメラなどから取り込むときに使用します。
❹ Webカメラや対応したデジカメなどを使用して、ストップモーションアニメーションを作るときに使用します。
❺ PCに表示された画面の映像を録画できる「Live Screen Capture」を起動します。

> **Point!**
> ・AVCHDカメラ→「デジタルメディアの取り込み」
> ・DVカメラ・HDVカメラなど→「ビデオの取り込み」

⑦ 情報パネル

　PCカメラや対応したビデオカメラをパソコン接続して、VideoStudio 2018経由で直接録画するときなどに情報が表示されます。AVCHDカメラ接続時には何も表示されません。

「編集」ワークスペース

VideoStudio 2018でもっとも使用するのが「編集」ワークスペースです。

■ 1 メニューバー

プロジェクトファイルの保存をはじめ、さまざまな機能を呼び出して実行するためのコマンドが収納されています。各ワークスペースすべてに表示されます。

■ 2 ワークスペース切り替えタブ

各ワークスペースを切り替えるタブ。

■ 3 プレビュー

現在選択しているビデオを表示します。

4 ナビゲーションエリア

プレビューのビデオを再生したり、前後にコマ送りをしたりする操作ボタンがあります。

さらに詳しく…

ナビゲーションエリアはどのワークスペースでも、プレビューとともに表示され、各ボタンの操作は共通です。

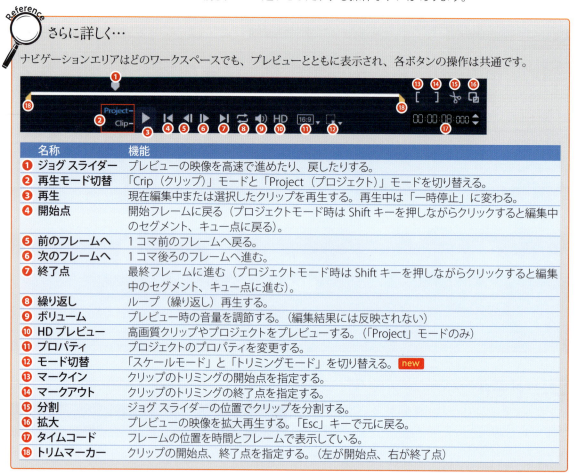

名称	機能
❶ ジョグ スライダー	プレビューの映像を高速で進めたり、戻したりする。
❷ 再生モード切替	「Crip（クリップ）」モードと「Project（プロジェクト）」モードを切り替える。
❸ 再生	現在編集中または選択したクリップを再生する。再生中は「一時停止」に変わる。
❹ 開始点	開始フレームに戻る（プロジェクトモード時は Shift キーを押しながらクリックすると編集中のセグメント、キュー点に戻る）。
❺ 前のフレームへ	1コマ前のフレームへ戻る。
❻ 次のフレームへ	1コマ後ろのフレームへ進む。
❼ 終了点	最終フレームに進む（プロジェクトモード時は Shift キーを押しながらクリックすると編集中のセグメント、キュー点に進む）。
❽ 繰り返し	ループ（繰り返し）再生する。
❾ ボリューム	プレビュー時の音量を調節する。（編集結果には反映されない）
❿ HD プレビュー	高画質クリップやプロジェクトをプレビューする。（「Project」モードのみ）
⓫ プロパティ	プロジェクトのプロパティを変更する。
⓬ モード切替	「スケールモード」と「トリミングモード」を切り替える。 new
⓭ マークイン	クリップのトリミングの開始点を指定する。
⓮ マークアウト	クリップのトリミングの終了点を指定する。
⓯ 分割	ジョグ スライダーの位置でクリップを分割する。
⓰ 拡大	プレビューの映像を拡大再生する。「Esc」キーで元に戻る。
⓱ タイムコード	フレームの位置を時間とフレームで表示している。
⓲ トリムマーカー	クリップの開始点、終了点を指定する。（左が開始点、右が終了点）

「Project（プロジェクト）」モードと「Clip（クリップ）」モード

「プロジェクト」モードは編集中の動画全体を再生します。「クリップ」モードは選択しているクリップのみを再生します。編集中の結果や効果を確認するには、かならず「プロジェクト」モードで再生します。

プロジェクトのプロパティを切り替える

⓫をクリックすると、クリップのアスペクト比を簡単に切り替えることができます。

❶	アスペクト比１６：９
❷	アスペクト比４：３
❸	360°動画
❹	スマホなどで撮った縦長動画
❺	カスタムのアスペクト比に調整

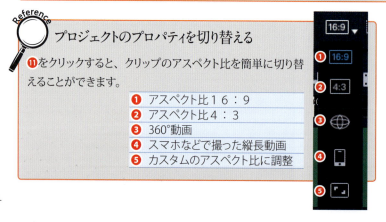

「スケールモード」と「トリミングモード」

⓬スケールモード（左）では、プレビュー上でビデオや写真の位置の移動や拡大、縮小ができます。トリミングモード（右）にすると映像の一部を切り抜く（トリミング）ことができます。

🔲 5 ツールバー

「タイムラインビュー」モードと「ストーリーボードビュー」モードを切り替えたり、エフェクトやトランジションをライブラリパネルに呼び出したりできるアイコンが並んでいます。（→P.64）

🔲 6 タイムラインパネル

ビデオトラックやオーバーレイトラックなどが並んでいます。クリップを配置して作業を進めます。

日本語表記が追加されわかりやすくなった

🔲 7 ライブラリパネル

VideoStudio 2018に取り込んだ各クリップが表示されます。

ライブラリパネルのフォルダー

ライブラリパネルのフォルダーには以下のものが、収録されています。

名称	収録されているもの
❶ サンプル	サンプルクリップ（動画、画像、音楽）
❷ スコアフィッターミュージック	オートミュージック（→P.112）のクリップ(音楽)
❸ Triple Scoop Music※	音楽のクリップ
❹ Muserk サウンド効果※	効果音のクリップ

※❸❹を利用する場合は、動画を書き出す際に別途料金が必要です。

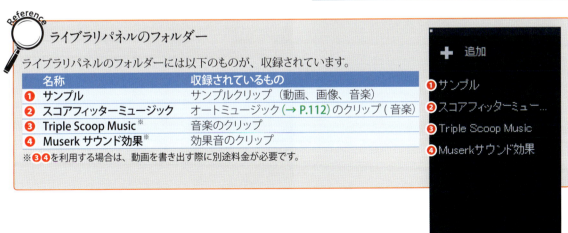

「完了」ワークスペース

完成した動画を活用するために、書き出す作業をするのが「完了」ワークスペースです。

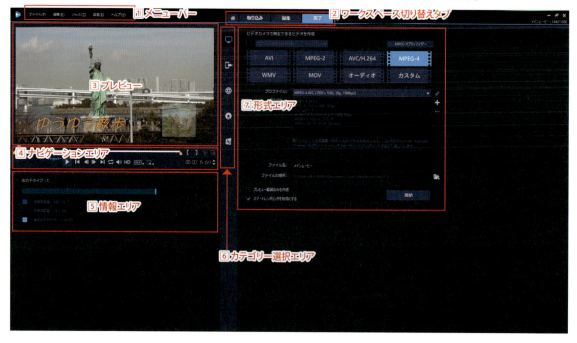

🔲 ① メニューバー

プロジェクトファイルの保存をはじめ、さまざまな機能を呼び出して実行するためのコマンドが収納されています。各ワークスペースすべてに表示されます。

🔲 ② ワークスペース切り替えタブ

各ワークスペースを切り替えるタブ。

🔲 ③ プレビュー

現在選択しているビデオを表示します。

4 ナビゲーションエリア

プレビューのビデオを再生したり、前後にコマ送りをしたりする操作ボタンがあります。

5 情報エリア

現在のパソコンのハードディスクの空き容量の状況と書き出そうとしている動画の推定出力サイズが表示されます。

6 カテゴリー選択エリア

出力する動画の用途に合わせて、形式エリアの項目が変化します。

Reference さらに詳しく…

動画の用途に合わせてカテゴリーを選択します。

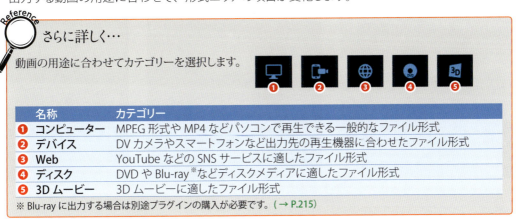

	名称	カテゴリー
❶	コンピューター	MPEG 形式や MP4 などパソコンで再生できる一般的なファイル形式
❷	デバイス	DV カメラやスマートフォンなど出力先の再生機器に合わせたファイル形式
❸	Web	YouTube などの SNS サービスに適したファイル形式
❹	ディスク	DVD や Blu-ray※ などディスクメディアに適したファイル形式
❺	3D ムービー	3D ムービーに適したファイル形式

※ Blu-ray に出力する場合は別途プラグインの購入が必要です。(→ P.215)

7 形式エリア

6 のカテゴリーの選択に合わせてファイル形式の項目が変化します。形式に合わせてそれに適したプロファイルを選択したり、書き出すファイルの保存場所の変更を行えます。

Point!
プロファイルとは動画を書き出すためにあらかじめ用意された仕様のことです。

Chapter1
07 ライブラリを使いこなす

ライブラリ（パネル）を使いこなすことによって、作業効率をアップさせましょう。

　クリップはもちろんのこと、トランジションやエフェクトなども一覧で表示することができて便利なのがライブラリです。

ライブラリのフォルダーを追加する。

①「＋追加」をクリックします。　　②「フォルダー」が追加されました。　　③フォルダー名を入力します。

ここでは「旅行の記録」と入力

既存のフォルダー名を変更する

　既存のフォルダー名を変更する場合は、フォルダーを選択して、右クリックし、「名前を変更」を選択して入力します。削除したい場合は「削除」を選択、クリックします。

クリップをライブラリから削除する

①ライブラリから削除したいクリップを選択します。

②クリップ上で右クリックして表示されるメニューから削除を選択、クリックするか、キーボードの「Delete」キーを押します。

Reference　メニューバーからでも

メニューバーの「編集」→「削除」でも同様に削除できます。

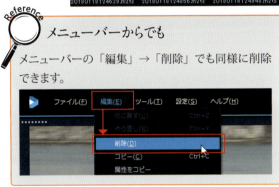

③削除してよいかどうかのウィンドウが表示されます。削除する場合は「はい」をクリックします。

④削除されました。

Reference　サムネイルを削除しますか？

サムネイルとは縮小表示された見本画像のことをいいますが、削除されるのはこのライブラリにあるサムネイルであり、ファイル本体がパソコンからなくなるわけではありません。

表示するクリップの種類を限定する

表示するクリップの種類を指定します。

アイコンが青い時は表示されている状態です。クリックすると該当のクリップがライブラリ上で隠されます。

❶ ビデオを隠す
❷ 写真を隠す
❸ オーディオファイルを隠す

クリップの表示を変える

ライブラリ上のクリップの表示を変えたり、名前順に並び替えたりできます。

❶ クリップのファイル名を非表示にします。

❷ クリップをリスト表示します。

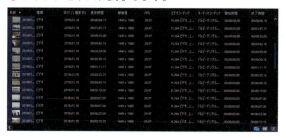

❸ クリップをサムネイル表示します。

❹ クリップをいろいろな条件で並べ替えます。

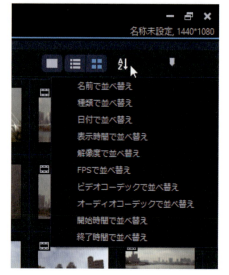

❺ サムネイルの表示サイズを変更します。

クリップのリンク切れを修正する

　元のクリップのファイル名を変更したり、保存場所を移動したりするとVideoStudio 2018がファイルの場所を認識できなくなり、ライブラリやタイムラインのクリップにリンク切れのサインが表示されます。

リンク切れのサイン

タイムラインではこうなる

■ ライブラリのクリップを再リンクする

①リンクの切れたファイルを選択します。

②メニューバーの「ファイル」から「クリップの再リンク」をクリックします。

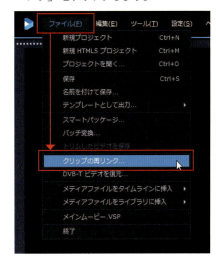

③「クリップの再リンク」ウィンドウが開くので、「再リンク」をクリックします。

Point!
ここで「削除」をクリックするとライブラリからリンクの切れたサムネイルが削除されます。

④元のファイルを指定して「開く」をクリックします。

⑤リンク切れのサインが消えました。

ライブラリ マネージャーを活用する

ライブラリはその状態をまるごと保存することができます。自分が作ったオリジナルタイトルやトリミングしたクリップなどをそのまま保存することができます。

ライブラリの出力

①メニューバーの「設定」から「ライブラリ マネージャー」→「ライブラリの出力」をクリックします。

②「フォルダーの参照」ウィンドウが開きます。

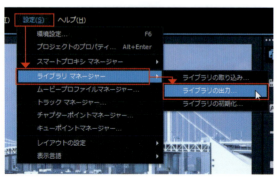

③出力されるファイルは数が多いので、専用のフォルダーを作成することをおすすめします。ここでは「ライブラリ保存」というフォルダーを用意しました。フォルダーを選択して「OK」をクリックします。

④「メディアライブラリが出力されました。」のウィンドウが表示されるまで待ち、「OK」をクリックします。

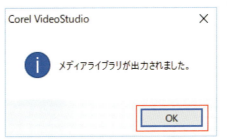

🗂 ライブラリの取り込み

保存したライブラリを復元する場合はライブラリの取り込みを実行します。

①メニューバーの「設定」から「ライブラリ マネージャー」→「ライブラリの取り込み」クリックします。

②「フォルダーの参照」ウィンドウが開くので、ライブラリが保存してあるフォルダーを選択して、「OK」ボタンをクリックします。

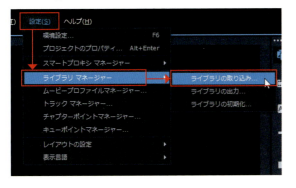

③「メディアライブラリが取り込まれました。」のウィンドウが表示されるまで待ち、「OK」をクリックします。

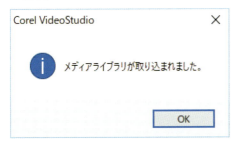

④ライブラリが取り込まれ、追加したフォルダーも復元されました。

🔲 ライブラリを初期化する

ライブラリをリセットして、初期設定に戻すこともできます。

①メニューバーの「設定」から「ライブラリ マネージャー」→「ライブラリの初期化」をクリックします。

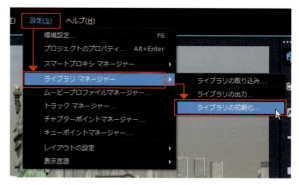

②初期化をしてよいかどうかの確認が表示されるので、「OK」をクリックします。

③「メディアライブラリがリセットされました。」ウィンドウが表示されるまで待ち、「OK」をクリックします。

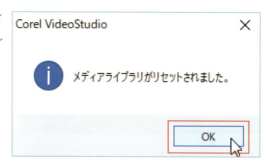

④初期化されました。

初期化され、サンプルが表示される

Chapter1
08 プロジェクトはこまめに保存しよう

VideoStudio 2018では編集作業の工程や内容をすべて「プロジェクト」というファイルで管理します。

　プロジェクトファイル（.VSP）をこまめに保存しておけば、編集を中断したときや、予期せぬアクシデントでパソコンがシャットダウンしたときなども、保存した時点から作業を再開できるので、安心です。

新規プロジェクトの保存

　まだ編集作業を開始していなくても、最初にプロジェクトの名前を決めてファイルとして保存しましょう。

①メニューバーの「ファイル」から「保存」をクリックします。

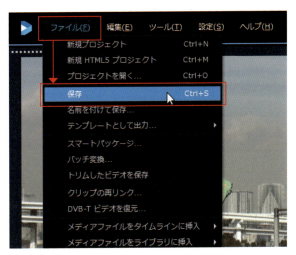

②「名前を付けて保存」ウィンドウが開くので、プロジェクト名を入力して「保存」をクリックします。

> **Point!**
> 保存先は初期設定では「ドキュメント」→「Corel VideoStudio Pro」→「My Projects」フォルダーです。

> **Point!**
> 編集画面の右上を見ると、いま編集作業中の「プロジェクト名」が表示されています。

> **Point!**
> 作業中にキーボードの「Ctrl」＋ S を押せば、すぐに上書き保存できます。

プロジェクトを開く

　保存してあるプロジェクトを開く場合は VideoStudio 2018 を起動して、メニューバーの「ファイル」から「プロジェクトを開く」をクリックして保存してあるプロジェクトファイルを開くか、VideoStudio 2018 が起動していなくても、プロジェクトファイルをダブルクリックすれば開くことができます。

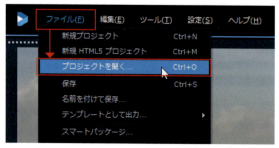 

　　　　　　　　　　　　　　　　メニューバーから開く　　アイコンをダブルクリック

> **Reference**
> **プロジェクトファイルはライブラリに読み込める**
> プロジェクトファイルは通常の動画や写真と同じように、ライブラリに読み込むことが可能です。それをタイムラインに配置すれば一本の動画として扱うことも可能ですし、編集の過程を保持したままさらに詳細に編集することもできます。
>
> 拡張子が .VSP

> **Point!**
> 配置したプロジェクトファイルは、ほかのクリップ同様、通常の編集ができます。また取り込んだプロジェクトの元のファイルには一切影響はありません。

Chapter 2

「取り込み」ワークスペース編
PCに素材（データ）を取り込もう

カメラから素材となる動画や写真をパソコンに取り込み、
VideoStudio 2018で編集を始める準備をします。

01　ビデオカメラから
　　動画を取り込んでみよう

02　VideoStudio 2018 経由で
　　取り込む

03　スマホの動画と写真を
　　取り込んでみよう

04　VideoStudio 2018 に
　　パソコンに保存された
　　メディアファイルを取り込む

Chapter2 01 ビデオカメラから動画を取り込んでみよう

VideoStudio 2018で動画編集をするためには、素材となる動画や写真、音楽などのデータが必要です。

VideoStudio 2018 に素材を取り込むまで

編集作業を開始するにはVideoStudio 2018のライブラリに素材を読み込んで、データを自由に扱えるようにする準備が必要です。

step1 カメラから**動画や写真などの素材**となるデータファイルを取り込む → **step2** 素材をパソコンに**保存する** → **step3** パソコンに保存したデータをVideoStudio 2018の**ライブラリに読み込む** → **編集作業開始**

VideoStudio 2018 で扱えるファイル形式

まず、VideoStudio 2018で扱うことができるファイル形式を確認しておきましょう。

サポートされているビデオ形式	
入力	出力
DV、HDV、AVI、MPEG1/-2/-4、DVR-MS、DivX[※1]、SWF[※1]、UIS、UISX、M2T、M2TS、TOD、MOD、M4V、WebM、3GP、WMV、暗号化されていない DVD タイトル、MOV（H.264）、MKV、XAVC、XAVC S、MXF[※2]、HEVC（H.265）[※3]	AVCHD、DV、HDV、AVI、MPEG1/-2/-4、UIS、UISX、M2T、WebM、3GP、HEVC（H.265）、WMV
サポートされている画像形式	
入力	出力
BMP、CLP、CUR、EPS、FAX、FPX、GIF87a、IFF、IMG、JP2、JPC、JPG、MAC、MPO、PCT、PIC、PNG、PSD、PXR、RAS、SCT、SHG、TGA、TIF/TIFF、UFO、UFP、WMF、PSPImage、Camera RAW、001、DCS、DCX、ICO、MSP、PBM、PCX、PGM、PPM、SCI、WBM、WBMP	BMP、JPG
サポートされているオーディオ形式	
入力	出力
MP3、MPA、MOV、WAV、WMA、MP4、M4A、Aiff、AU、CDA、AMR、AAC、OGG	AC3、M4A、OGG、WAV、WMA

※1：このオプションを有効にするには対応するドライバ/コーデックをインストールする必要があります。
※2：ULTIMATE のみ対応
※3：サポートには Windows 10 および対応する PC ハードウェアまたはグラフィックカードが必要です。

ビデオカメラとパソコンの接続

　撮影した動画をパソコンに取り込みます。カメラの種類やメーカーによって、接続するためのケーブルなどに多少の違いがありますが、おおむね次のとおりです。くわしくはカメラのメーカーの取扱説明書をご覧ください。

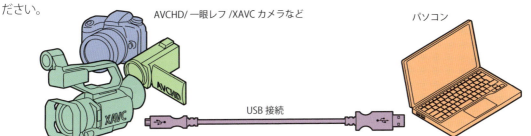

カメラの動画や写真データをパソコンに保存する

　AVCHDカメラや一眼レフカメラとパソコンをつないで、データをパソコンのフォルダーにコピーして保存します。

AVCHDカメラをパソコンと接続する

① AVCHDカメラとパソコンをUSBケーブルで接続します。

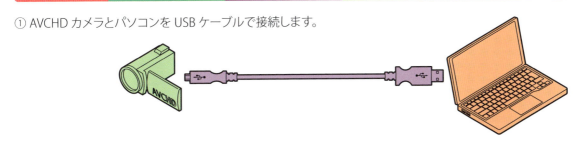

②ビデオカメラの電源を入れます。このカメラではカメラ側の液晶画面の「USB接続」を選択します。

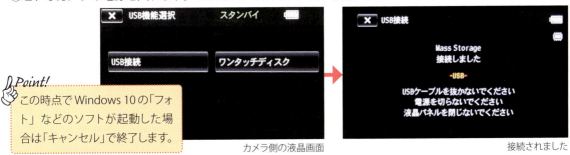

カメラ側の液晶画面　　　　　　　　　　　　　　接続されました

Point!
この時点でWindows 10の「フォト」などのソフトが起動した場合は「キャンセル」で終了します。

Reference　取扱説明書を確認する
ここではソニー製のビデオカメラを使用して説明しています。カメラメーカーによってUSB接続の手順が異なりますので、必ずカメラの取扱説明書をご確認ください。

③「リムーバブルディスク（USB ディスク）」として
　パソコンに認識されます。

Point!
リムーバブルディスクとは取り外し可能な外部記憶装置のことです。

Point!
ここでは（G：）となっていますが、これは接続したパソコンによって、自動的に割り振られるので、変化します。

④動画や写真はカメラ内の以下の場所に保存されています。

・動画の保存場所
　「（G：）AVCHD カメラ」→「AVCHD」→「BDMV」→「STREAM」→動画データ

「STREAM」内の動画データ

・写真の保存場所
　「（G：）AVCHD カメラ」→「DCIM」→「100MSDCF」→写真データ

「100MSDCF」内の写真データ

Point!
カメラ内のデータの保存場所のフォルダー名は、メーカー間でも統一されているので、動画データは「STREAM」内、写真データは「DCIM」内に必ずあります。

⑤必要なデータをパソコンの任意の場所にドラッグアンドドロップします。ここでは「ビデオ」フォルダー内に「ビデオ編集」というフォルダーをあらかじめ作成して、保存しています。

Point!
ファイルを選択するときにキーボードの「Shift」キーや「Ctrl」キーを押しながらクリックすると効率的です。

Point!
写真データも同様の方法でパソコンに保存できます。

　これでパソコンに素材となるデータを保存することができました。これらの素材をVideoStudio 2018に取り込む方法は2-04(→P.51)をご覧ください。

Windowsのインポート機能を使って取り込む

　パソコンとAVCHDカメラや一眼レフカメラをはじめてパソコンに接続すると、図のようなメッセージが表示されます。ここでは一眼レフカメラを接続した場合を例に、解説します。

①一眼レフカメラとパソコンをUSBケーブルで接続します。

②メッセージをクリックします。

③Windows 10に搭載されている「フォト」を選択します。

41

④カメラ内の動画や写真が読み込まれるので、インポート（保存）したいものを選択して「続行」をクリックします。

⑤「インポート」をクリックします。

Point!
インポート先を変更したい場合はここをクリックして、インポート先を指定します。

⑥パソコンに保存されました。

　以上のような操作でパソコンに、ビデオ編集用の素材となる動画や写真（VideoStudio 2018ではクリップと呼びます）が保存されました。これらの素材をVideoStudio 2018に取り込む方法は2-04をご覧ください。

Reference　外部記憶装置に保存するときの注意

ここではデータをパソコン本体に保存しています。もちろんデータは外付けのHDDやUSBに保存することも可能ですが、その場合は注意が必要です。パソコンとそれら外部記憶装置を常時接続しているのなら特に問題はありませんが、一旦接続を解除して、再度つないだ時など、以前と状況が変わり外部記憶装置のドライブレター（F：とかD：などの最初の文字のこと）が変更されることがあります。するとVideoStudio 2018がファイルを認識できなくなり、リンク切れという状態になります。リンク切れを起こさないようにファイルの保存場所はよく把握しておきましょう。リンク切れを起こした時の対処法（→ P.31）

Chapter2
02 VideoStudio 2018経由で取り込む

データをVideoStudio 2018経由で取り込む方法です。

　データをカメラからVideoStudio 2018経由で直接ライブラリに取り込みます。AVCHDカメラなどからであれば、データが保持している撮影日の情報を取り込むことが可能です。

AVCHDカメラから取り込む（デジタルメディアの取り込み）

　AVCHDカメラとパソコンをUSBケーブルでつなぎます。このとき「Windowsのインポート機能を使って取り込む」設定をしている場合は自動で「フォト」などのソフトが起動することがありますが、ここでは必要ないので「キャンセル」で終了させます。

　パソコンがビデオカメラをリムーバブルディスクとして認識していることを確認します。

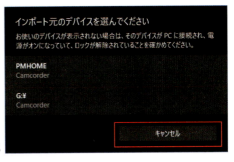
終了させる

VideoStudio 2018を起動する

　初期設定では「Welcome（ようこそブック）」のタブの画面で起動します。その場合は「編集」ワークスペースに切り替えます。

① 「Welcome（ようこそブック）」画面を「編集」ワークスペースに切り替える。

「編集」タブをクリック

②あとからデータの管理がしやすいように、ライブラリに保存用のフォルダーを作成します。「＋追加」をクリックします。(→ P.28)

③ライブラリに新しいフォルダーが追加されるので、好きなフォルダー名を入力します。

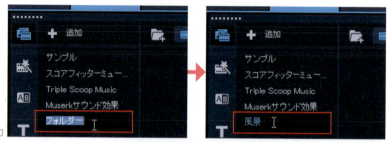

④タブで「取り込み」ワークスペースに切り替えます。

「取り込み」ワークスペースに切り替える

⑤「デジタルメディアの取り込み」をクリックします。

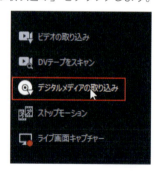

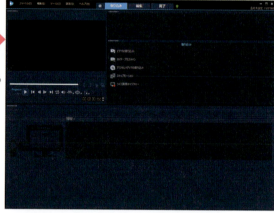

⑥「フォルダーの参照」ウィンドウが開くので、ビデオカメラのフォルダー USB ドライブ（G:）の「＋」をクリックして中身を表示し、「AVCHD」にチェックを入れて「OK」をクリックします。

Reference 「有効なコンテンツが存在しません」

ビデオカメラの機種によっては「有効なコンテンツが存在しません」と表示される場合があります。その場合は⑥で「AVCHD」のフォルダーの「+」をクリックして、中身を表示させ、「STREAM」フォルダーを指定してください。なお写真データは「DCIM」フォルダーにあります。ここでもデータが見つからない場合は同じように、その中身のフォルダーを指定してください。動画データと写真データは同時に取り込むことが可能です。

⑦指定したフォルダー名であることを確認して、「開始」をクリックします。

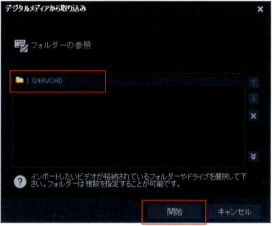

⑧次にまた別の「デジタルメディアから取り込み」ウィンドウ（→ P.47）が開くので、取り込みたいクリップの左上にあるチェックボックスをチェックします。

チェックしたクリップが読み込まれる

⑨右下にある「取り込み開始」をクリックします。

⑩次に「インポート設定」ウィンドウが開きます。ライブラリに先ほど作成したフォルダー名が合っているかを確認し、「OK」をクリックします。

Reference インポート設定

「タイムラインに挿入」にチェックを入れると、ライブラリと同時に「タイムライン」（→ P.64）にも取り込まれます。その下の「撮影情報をタイトルとして追加」もチェックしておくと、撮影日の日付が動画の右下にタイトルとして追加されます。

⑪チェックを入れた動画がライブラリに取り込まれました。

「編集」ワークスペースでも…

「取り込み」のコマンドは「編集」ワークスペースからも呼び出すことができます。

①ツールバーの「記録/取り込みオプション」をクリックします。

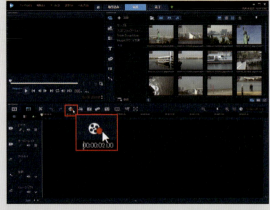

②開いたウィンドウから各アイコンをクリックして実行します。

囲みは共通の項目「編集」ワークスペースのアイコン

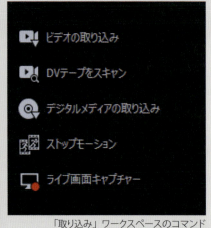

「取り込み」ワークスペースのコマンド

Point! 一眼レフカメラのデータを VideoStudio 2018 経由で取り込む場合も、同様です。

「デジタルメディアから取り込み」ウィンドウ

45ページの⑧で表示される「デジタルメディアから取り込み」ウィンドウでは、細かい設定や確認ができます。

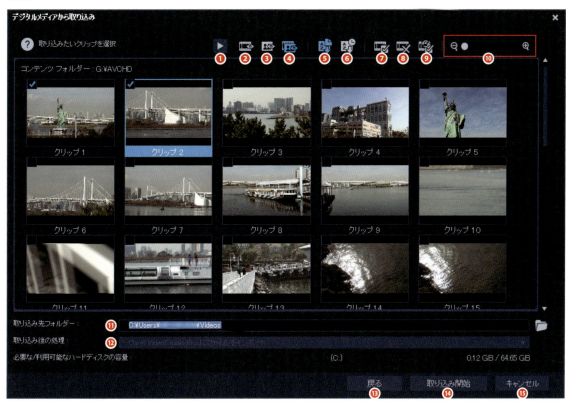

	機能
❶	選択した動画や写真を大きな画面で再生する。
❷	ビデオクリップのみ表示する。
❸	写真クリップのみ表示する。
❹	すべてのクリップを表示する。
❺	フォルダー名で並び替える。
❻	作成日時で並べ替える。
❼	すべてのクリップを選択する。
❽	すべての選択を解除する。
❾	選択範囲を反転する。
❿	サムネイルのサイズを拡大／縮小する。
⓫	取り込み先フォルダー（フォルダーアイコンで変更可能）。
⓬	Corel VideoStudio Pro にファイルをインポート（選択不可）。
⓭	「デジタルメディアから取り込み」ウィンドウに戻る。（手順⑦）
⓮	取り込みを開始する。クリップを選択したときのみ選択可能。
⓯	取り込みをキャンセルする。

Chapter2

03 スマホの動画と写真を取り込んでみよう

iPhoneやAndroidなどのスマートフォンから動画や写真を取り込みます。

iPhoneで撮ったビデオや写真を保存する

ここではWindowsに標準で搭載されている「フォト」を利用して読み込みます。

Point!
パソコンからiPhoneに動画などを転送する場合は、「iTunes」のインストールは必須です。（→ P.128）

①パソコンとiPhoneをLightningケーブルで接続します。

パソコンとiPhoneをはじめて接続したときは、iPhoneに図のようなメッセージが表示されます。「信頼」をタップして、パソコンからiPhoneのデータにアクセスできるようにすれば、次回からは表示されません。

②スタートメニューから「フォト」を起動します。

③インポートをクリックします。

Reference 自動で「フォト」が起動するようにする

パソコンとiPhoneやAndroidをつないだときに自動で「フォト」が起動するように設定することもできます。くわしくは「2-01 Windowsのインポート機能を使って取り込む（→ P.41）」を参照してください。

④パソコンに保存したいものを表示される画像から判断して、チェックを入れ、続行をクリックします。

⑤インポート開始の確認画面が表示されるので、インポート(保存)先などを確認し、「インポート」をクリックします。

⑥「フォト」に読み込まれ、ファイルはパソコンの「ピクチャー」フォルダー(初期設定)に保存されました。

「フォト」の画面

> **Point!**
> 動画(.MOV形式)も写真(.JPG形式)も同時に読み込み可能です。

パソコンの日付別フォルダーに保存されたデータ

Androidで撮ったビデオや写真を保存する

　iPhoneではWindowsのインポート機能を使って、データをパソコンに保存しました。ここではもうひとつの方法でパソコンにデータを保存します。現在主流のスマートフォンならどちらの方法でも利用することが可能です。

①Androidとパソコンを対応しているケーブルで接続します。

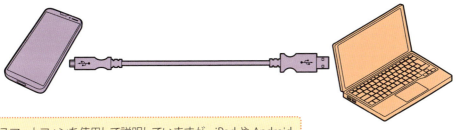

> **Point!**
> ここではスマートフォンを使用して説明していますが、iPadやAndroidのタブレット端末でも同様の操作で動画や写真を取り込めます。

② Android のアイコンをダブルクリックして開きます。表示されるアイコンを順に開いていきます。Android で撮影した写真や動画データは「DCIM」フォルダーの中にあります。

Point!
「DCIM」内は機種によって違いがありますが、データは必ずここにあります。

③「DCIM」フォルダーのデータをパソコンに保存します。ここではパソコンに「Android」というフォルダーをつくって、ドラッグアンドドロップでコピーしています。

保存したデータ（素材）で動画編集

パソコンに保存した iPhone や Android で撮影した動画や写真は VideoStudio 2018 のライブラリに読み込んで、通常の編集ができます。

スマホで撮った映像を
VideoStudio 2018 で編集中

Point!
編集、完成した動画をスマホで見る方法（→ P.127）

Chapter2
04 VideoStudio 2018にパソコンに保存されたメディアファイルを取り込む

素材をVideoStudio 2018に取り込みます。

　この章ではビデオカメラやスマートフォンなどで撮影したビデオや写真をパソコンに取り込む方法を解説してきましたが、ここではそれらのデータをVideoStudio 2018に読み込む方法をまとめます。

「メディアファイルを取り込み」を利用する

① VideoStudio 2018を起動して「編集」ワークスペースに切り替えます。

② ライブラリにフォルダーを追加します。（→ P.28）

③ 「メディアファイルを取り込み」アイコンをクリックするか、図のようにライブラリの何もないところで右クリックし、「メディアファイルを挿入」をクリックします。

「メディアファイルを取り込み」

メディアファイルを挿入

④「メディアファイルを参照」というウィンドウが開くので、取り込みたいデータ（ファイル）を指定して「開く」をクリックします。

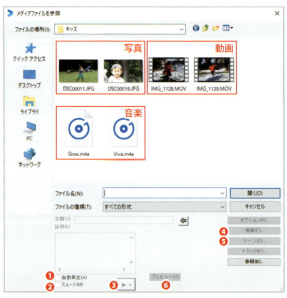

> **Point!**
> ファイルは動画、写真、音楽など、種類に関係なくVideoStudio 2018に対応したものならば、フォルダーに混在していても同時に取り込むことができます。

> **Point!**
> ファイルを選択するときにキーボードの「Shift」キーや「Ctrl」キーを押しながらクリックすると効率的です。

⑤指定したファイルがライブラリの「キッズ」フォルダーに取り込まれました。

Reference ④「メディアファイルを参照」ウィンドウのボタン

このウィンドウには取り込むファイルの内容を確認するための機能が装備されています。

❶	「自動再生」	選択したファイルが動画の場合は小窓で自動再生されます。
❷	「ミュート」	音声が再生されません。
❸	「再生」	動画の時のみ有効。
❹	「情報」	ファイルの詳細データが表示されます。
❺	「シーン」	ファイルによってはシーンを検出、取り込む前に分割や結合ができます。
❻	「プレビュー」	クリックすると動画なら1コマ目、写真が上部に表示されます。

「デジタルメディアの取り込み」を利用してフォルダーごと一括で取り込む

「取り込み」ワークスペースにもある「デジタルメディアの取り込み」を「編集」ワークスペースで呼び出して使用します。

①ツールバーの「記録／取り込みオプション」をクリックします。

②「記録／取り込みオプション」ウィンドウが開くので「デジタルメディア」アイコンをクリックします。

③「フォルダーの参照」ウィンドウが開くので、パソコン内の取り込みたいフォルダーを指定して「OK」をクリックします。

④「デジタルメディアから取り込み」ウィンドウが開くので、取り込みたいフォルダーであるかどうかを確認して「開始」をクリックします。

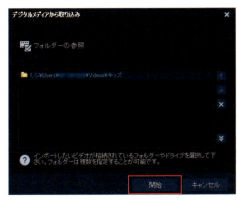

> **Reference**
> 「フォルダーの参照」ウィンドウが開かない
>
> 以前に同様の操作をして、データを取り込んだことがある場合、③の「フォルダーの参照」ウィンドウが開かず、次の④の「デジタルメディアから取り込み」ウィンドウが開くことがあります。そのときは④の読み込もうとしているフォルダー名のところをダブルクリックしてください。

⑤ ④とは別の「デジタルメディアから取り込み」ウィンドウが開くので、取り込みたいクリップにチェックを入れ、「取り込み開始」をクリックします。

⑥ インポート設定を確認して「OK」をクリックします。

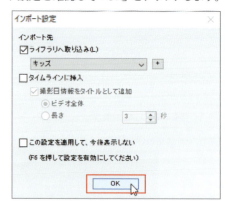

⑥ ライブラリに取り込まれました。

> **Reference**
> **オーディオデータは取り込まれない**
> この方法だとオーディオデータは同じフォルダーにあっても、読み込まれません。オーディオデータはこの項冒頭の「メディアファイルを取り込み」を利用して取り込みましょう。

ドラッグアンドドロップでライブラリに取り込む

VideoStudio 2018のライブラリにドラッグアンドドロップをして、取り込むことも可能です。

ライブラリにドラッグアンドドロップする

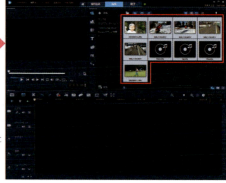

ライブラリに取り込まれた

Chapter 3
「編集」ワークスペース編 基本動画編集テクニック

楽しい動画編集を始めましょう。
VideoStudio 2018の基本的な使い方を解説します。

01 ストーリーボードビューと
タイムラインビュー

02 「**ストーリーボードビュー**」は
再生順を入れ替えるのに便利

03 「**タイムラインビュー**」で
本格的に編集する

04 「**トラック**」の仕組みを
理解しよう

05 「**リップル編集**」で
トラックをロックする

06 「**トリミング**」で
使いたいシーンを選別する

07 「**トランジション**」で
シーンとシーンを切りかえる

08 「**フィルター**」で
クリップに特殊効果をかける

09 「**タイトル**」で
文字を挿入する

10 「**オーディオ**」で
名場面を盛り上げる

11 クリップの分割、オーディオの分割

12 クリップの属性とキーフレームの
使い方を知ろう

Chapter3
01 ストーリーボードビューとタイムラインビュー

「編集」ワークスペースには2つの顔があります。

　VideoStudio 2018のメイン機能ともいえる「編集」ワークスペース。「ストーリーボードビュー」と「タイムラインビュー」を適宜切り替えて作業を進めます。

ストーリーボードビュー

　ライブラリに取り込んだクリップを並べます。再生される順番を入れ替えたり、クリップ間に新たな映像を加えたり、あるいは逆にカットしたりといった操作が簡単にできるモードです。同じ作品でもクリップの順番を入れ替えるだけで、その印象は大きく変わります。大雑把にストーリーを練り上げるのに最適なモードです。

ストーリーボードビュー

タイムラインビュー

　編集作業でメインとなる「編集」ワークスペースの中でも、一番使用するのがこの「タイムラインビュー」です。クリップを切ったりつなげたり、映像に特殊効果をほどこしたり、動画の多彩な演出を可能にし、クリエイティブな環境を提供します。

タイムラインビュー

Reference ビューの切り替えボタン

ストーリーボードビューとタイムラインビューの切り替えは、図のボタンで簡単におこなえ、各ビューを行ったり来たりすることが可能です。

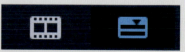

左がストーリーボードビュー、右がタイムラインビュー

Chapter3
02 「ストーリーボードビュー」は再生順を入れ替えるのに便利

クリップの再生順を入れ替えて、おおまかな全体の構成を組み立てます。

ストーリーボードビューに切り替える

①通常「編集」ワークスペースを開くと「タイムラインビュー」モードで表示されるので、「ストーリーボードビュー」モードに切り替えます。

Point!
ここではすでにライブラリのフォルダーにクリップを取り込み済みです。(→ P.51)

②「ストーリーボードビュー」ボタンをクリックします。

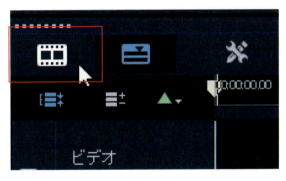

③ストーリーボードビューに切り替わりました。

必要なクリップを並べる

①「ここにビデオクリップをドラッグ」とあるところに、クリップをライブラリからドラッグアンドドロップを繰り返して、並べていきます。

> **Point!**
> 複数のクリップを選択したいときは、キーボードの「Ctrl」キーや「Shift」キーを同時に使用します。

②ここでは8つのクリップを並べています。

Reference ライブラリのクリップにチェックが入る

ストーリーボードやタイムラインにクリップを並べると、ライブラリにあるクリップのサムネイルにチェックが入ります。いまどのクリップを使っているかがすぐにわかります。

> **Point!**
> サムネイルとは縮小表示された見本画像のことをいいます。

Reference クリップやプロジェクトの長さ

配置したクリップを見てみると左上には「クリップの順番」を表す数字、下にはそのクリップの長さが時間で表示されています。また全体の長さはツールバー右端にある「プロジェクトの長さ」で確認できます。

> **Point!**
> VideoStudio 2018では実行中の編集作業のことを「プロジェクト」と呼びます。

タイムコードの読み方

ツールバーにある「プロジェクトの長さ」やプレビューの下にあるタイムコードなどVideoStudio 2018では至る所に時間の表示があります。この表示の数字は図のように左から「時間：分：秒：フレーム数」を表しています。通常の動画では1秒間に30コマ（正確には29.97コマ）の静止画を連続で表示して、動いているように見えます。このフレーム数は29コマから30コマになるときに秒が1加算されます。

10秒の25コマ目を表示している

不要なクリップを削除する

不要なクリップを削除する場合は、そのクリップを選択してキーボードの「Delete」キーを押すか、右クリックして表示されるメニューから「削除」を選択、クリックします。

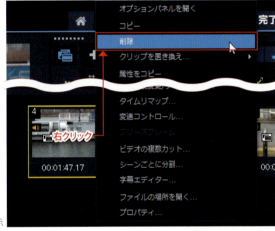

右クリックでメニューを表示

クリップの順番を入れ替える

クリップの順番を入れ替えたいときは、そのクリップを選択してドラッグし、白い縦線が表示されるのを確認して、ドロップします。これで再生される順番が入れ変わります。

ここに移動したい

白い縦線を確認

ドロップして移動完了

既存のクリップを別のクリップと差し替える

配置されているクリップを、ライブラリパネルにある別のクリップと差し替える方法です。

①既存のクリップの上にライブラリから別のクリップを、ドラッグします。

②ドロップする前にキーボードの「Ctrl」キーを押して、表示が「クリップを置き換え」に変わるのを確認してドロップします。

「クリップを置き換え」に変わる

③既存のクリップと別のクリップが入れ替わりました。このとき置き換えたクリップの長さは、既存のクリップと同じ長さに自動調整されます。

Point!
単なるドラッグアンドドロップだと既存のクリップのあとに挿入されます。

Reference 別のクリップが既存のクリップより短いと…
置き換えることはできません。その場合は通常の操作で新しいクリップを追加し、不要なクリップを削除しましょう。

ストーリーボードビューでトランジションを設定する

　トランジションは、クリップとクリップの間に挿入してスムーズな場面転換を演出する効果です。時間経過などを表す時などによく用いられます。

■ クロスフェードを用いる

　ここでは「クロスフェード」を使用しています。前の画面が徐々に透明になっていき、逆に次の画面の絵がどんどん濃くなっていき、場面転換を図ります。

①ライブラリパネルをツールバーのトランジションをクリックして切り替えます。

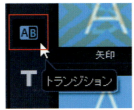

②切り替わったらプルダウンメニューを表示して、「F/X」を選択します。

③「クロスフェード」を選択して、挿入したいクリップとクリップの間にある□にドラッグアンドドロップします。

④トランジションが適用されました。

⑤プレビューで再生して確認します。

Point!
適用した結果を確認するときは「Project（プロジェクト）」モードで再生します。

🎬 トランジションをカスタマイズする

トランジションの中には、その効果の設定を変更（カスタマイズ）できるものがあります。

①挿入したトランジションを選択して、右クリックし、「オプションパネルを開く」を選択、クリックします。

②ライブラリパネルにオプションパネルが表示されます。

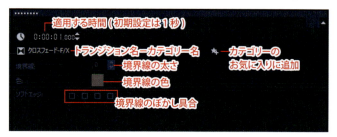

Point!
カスタマイズできる項目は、トランジション毎に異なります。「クロスフェード」の場合は適用時間のみ変更できます。

Reference ライブラリのアニメーションを無効にする

ライブラリパネルに表示されるトランジションは、効果がわかりやすいようにアニメーションの動作をくりかえし表示しています。この動きを止めて表示することができます。「メニューバー」にある「設定」から「環境設定」→「全般」タブとクリックをしていき、「ライブラリのアニメーションを有効にする」のチェックをはずします。「環境設定」にはそのほかにもいろいろな設定を変えることができるので、何もなくても開いてみることをおすすめします。なおキーボードの「F6」を押すと、すぐに開くことができます。

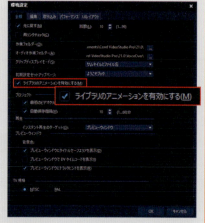

■ トランジションを削除する

トランジションを削除する方法です。
　カスタマイズのときと同じように、削除したいトランジションを選択して、右クリックし、削除を選択するか、キーボードの「Delete」キーをクリックします。

■ トランジションを入れ替える

設定したトランジションを変更したい場合は、適用したい新しいトランジションを元あるトランジションのところへドラッグアンドドロップします。

> **Reference　複数のトランジションをワンクリックで適用する**
>
> カテゴリーメニューの横にあるアイコンをクリックすると、クリップ間に自動でランダムに複数のトランジションを適用することができます。

Chapter3
03 「タイムラインビュー」で本格的に編集する

タイムラインビューでの編集を解説する前に、VideoStudio 2018の画面の操作ボタンの機能を解説します。

タイムラインビューのツールバーのアイコン

1 タイムラインの上部に位置するアイコン

❶	ストーリーボードビュー	ストーリーボードビューに切り替える。
❷	タイムラインビュー	タイムラインビューに切り替える。
❸	ツールバーをカスタマイズする new	ツールバーのアイコンの表示/非表示を切り替える。
❹	元に戻す	一つ前の手順に戻す。
❺	やり直し	元に戻した手順をやり直す。
❻	記録／取り込みオプション	いろいろなメディアの取り込みができる。

図はPROのアイコン
※エディションによってはアイコンの表示が異なる場合があります。

	名称	機能
❼	サウンドミキサー	サウンドの設定を調整する。
❽	オートミュージック	ビデオの長さに合わせた BGM を設定する。
❾	モーショントラッキング	モーショントラッキングの設定をする。
❿	字幕エディター	字幕を編集する。
⓫	マルチカメラ エディタ	複数台のカメラで撮影した映像を切り替えながら編集する。
⓬	タイムリマップ	再生速度をスローにしたり高速にしたり、画像を切り出したりできる。
⓭	パン / ズーム new	映像のパンとズームを設定する。
⓮	ズームイン / ズームアウト	タイムラインの表示を拡大 / 縮小できる。
⓯	プロジェクトに合わせる	プロジェクト全体をすべて表示する。
⓰	タイムコード	プロジェクト全体の時間を表示する。

2 ライブラリパネル横の縦に並んだアイコン

	名称	機能
❶	メディア	ライブラリにあるメディアを呼び出す。
❷	インスタントプロジェクト	クリップを入れ替えるだけで本格的な動画を作れる。「分割画面テンプレート」 new を収納している。
❸	トランジション	トランジション（場面転換）のエフェクトを設定する。
❹	タイトル	タイトルを設定する。
❺	カラー／装飾	カラーパターンやアニメーションを呼び出せる。
❻	フィルター	特殊効果を設定する。
❼	パス	パスに沿ったクリップの動きを設定できる。

※この画像は合成です。各アイコンは選択したときに青色に変わります。

3 ライブラリパネルのアイコン

	名称	機能
	＋ 追加　新規フォルダーを追加	ライブラリに新規フォルダーを追加する。
	⤴ 参照　エクスプローラーでファイルを参照	エクスプローラーでファイルの場所を探すことができる。
❶	メディアファイルを取り込み	ライブラリにメディアファイルを取り込める。
❷	ビデオを表示	ライブラリのビデオファイルの表示 / 非表示を切り替える。
❸	写真を表示	ライブラリの写真ファイルの表示 / 非表示を切り替える。
❹	オーディオファイルを表示	ライブラリのオーディオファイルの表示 / 非表示を切り替える。
❺	タイトルを隠す	ライブラリにあるファイルの名前の表示 / 非表示を切り替える。
❻	リスト表示	ライブラリにあるファイルをリスト表示にする。
❼	サムネイル表示	ライブラリにあるファイルをサムネイル表示にする。
❽	ライブラリのクリップを並び替え	ライブラリにあるクリップをいろいろな条件で並び替える。
❾	拡大 / 縮小	ライブラリにあるクリップのサムネイルを拡大 / 縮小ができる。

4 ライブラリパネルとオプションパネル

① ライブラリパネルを表示
② ライブラリパネルとオプションパネルを同時に表示
③ オプションパネルを表示

5 タイムラインパネルの名称と役割

タイムラインビューでもっとも特徴的なのが、タイムラインパネルです。細かく見ていきましょう。

名称	機能
① すべての可視トラックを表示	プロジェクト内のすべてのトラックを表示する。
② トラックマネージャー	タイムラインにあるトラックを追加したり削除したりできる。
③ チャプター／キューメニュー	動画にチャプターポイントまたはキューポイントを設定できる。
④ スライダー	タイムラインを左右に移動して、編集位置にすばやくたどり着ける。
⑤ タイムラインルーラー	プロジェクトのタイムコードの増えた分を「時：分：秒：フレーム数」で表示する。
⑥ 選択した範囲	「Project」モードで設定したトリム部分や選択範囲を表すカラーバー
⑦ トラックの表示／非表示	個々のトラックを表示または非表示にする。
⑧ リップル編集の有効／無効	トラックの状態を維持しながら作業ができる「リップル編集」の有効／無効を切り替える。(→ P.74)
⑨ ミュート／ミュート解除	クリップの音声などのサウンドをミュート（無音化）
⑩ 透明トラック	トラックの透明度を調整する「透明トラック」に切り替える。(→ P.174)
⑪ タイムラインを自動的にスクロール	ONにすると現在のビューより長いクリップをプレビューするときに、タイムラインに沿ってスクロールを表示する。
⑫ スクロールコントロール	左右のボタンまたはスクロールバーをドラッグして、プロジェクト内を移動できる。
⑬ ビデオトラック	ビデオ、写真、グラフィックおよびトランジションなどを配置できる。
⑭ オーバーレイトラック	ビデオトラックの上にビデオ、写真、グラフィックなどを配置できる。タイトルも配置できる。
⑮ タイトルトラック	タイトルクリップを配置する。
⑯ ボイストラック	音声ファイルなどを配置する。オーディオクリップも配置できる。
⑰ ミュージックトラック	オーディオクリップなどを配置する。音声ファイルも配置できる。

プロジェクトをタイムラインに合わせる

編集中のプロジェクトで扱う動画が長くて、タイムラインパネルに収まり切れず、全体を把握するのが困難な時に使用すると便利な機能です。

プロジェクト全体を見たい

「プロジェクトをタイムラインに合わせる」をクリックします。

タイムラインに全体が収まった

Reference ズームスライダーで調節する

「プロジェクトをタイムラインに合わせる」の左にあるボタンも、同じ機能を持っています。
虫メガネの「+」を押せば1段階大きくなり、「ー」をクリックすれば1段階小さくなります。また間にある「ズームスライダー」を動かせば、自由自在に縮小／拡大をすることができます。

Point!

トラックの縦方向の見え方を調整したい場合は「すべての可視トラックを表示」を利用します。

またトラックの先頭を右クリックしてトラックごとに高さを変更することも可能です。

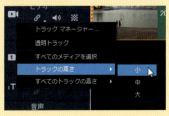

Chapter3

04 「トラック」の仕組みを理解しよう

クリップを配置するタイムラインビューのメインストリームがトラックです。

トラックってなんだろう？

トラックには「ビデオトラック」「オーバーレイトラック」「タイトルトラック」「ボイストラック」「ミュージックトラック」の5種類があります。

映画フィルムなどの録音する部分を、サウンドトラックと呼びますが、陸上競技場の走路もトラックといいます。ここでいうトラックも意味は同じで、ビデオやオーディオが走るところということで、そう呼ばれています。

トラックの表示／非表示

各トラックの左端の部分をクリックすることで、表示/非表示を切り替えることができます。

非表示にするとプロジェクトモードで再生するときも、そのトラックはプレビューに表示されません。ファイルとして書き出した場合も、そのトラックのビデオや音声はなかったものとして扱われ、反映されません。

トラックの先頭をクリック

網掛けで暗転する

トラックの追加／削除

トラックは必要に応じて、増やしたり、減らしたりできます。方法は二つあります。

一つ目は、トラックマネージャーで管理する方法です。図の「トラックマネージャー」をクリックしてウィンドウを表示し、プルダウンメニューから増減の数を指定して「OK」をクリックします。

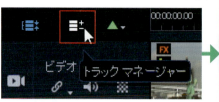

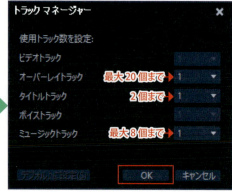

もう一つはトラックの先頭で右クリックし、表示されるメニューから「トラックを上に挿入」または「トラックを下に挿入」を選択して追加する方法です。増やしたトラックを削除したい場合は「トラックを削除」を選択、クリックします。

Point!
「ビデオトラック」と「ボイストラック」は増減できません。

トラックにクリップを配置する

　これがVideoStudio 2018で編集作業を進めるための第一歩です。トラックにクリップを配置します。

①ライブラリからクリップをドラッグアンドドロップして配置します。

②配置されました。

Reference メッセージが出た
クリップを配置しようとすると、図のようなメッセージが出ることがあります。これはスマートレンダリング（動画の編集による画質の劣化を抑える機能）を有効にするために、配置しようとしているビデオクリップのプロパティ（属性）に VideoStudio 2018 の設定を合わせて変更してよいかどうかの確認です。特に問題がなければ、「はい」を選択します。

Point!
配置したクリップを削除したい場合はストーリーボードビューの時と同じように、選択してキーボードの「Delete」キーを押すか、右クリックのメニューから「削除」をクリックします。(→ P.59)

トラック上で右クリック

何もないトラック上で右クリックしてから、各クリップを選択する方法もあります。

①トラックのクリップが配置されていないところで、右クリックし、挿入したいクリップに合致した項目を選択します。ここでは「オーディオを挿入」を選択しています。

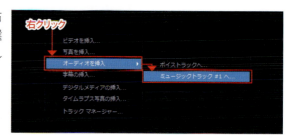

②エクスプローラーの「オーディオファイルを開く」ウィンドウが開くので、挿入したいファイルを選択して「開く」をクリックします。

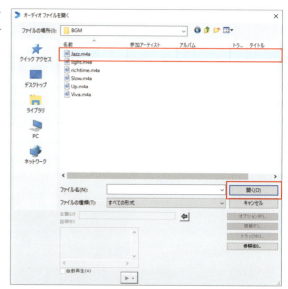

③ミュージックトラックに配置されました。

Point!
この方法だとライブラリにないファイルをピンポイントで呼び出して、トラックに配置することが可能です。

オーバーレイトラックで広がる凝った演出

メインストリームであるビデオトラックの上に別のビデオや写真を重ねて表示することができるトラックでデジタルビデオ編集の特長的な機能の一つです。

ピクチャー・イン・ピクチャー

テレビ番組でよく見る演出で、出演者の顔を画面の隅に表示するワイプというのがありますが、オーバーレイトラックを使用すれば簡単に再現することができます。

子供たちの反応をあとから挿入

①ビデオトラックにベースとなるクリップ（親画面）、オーバーレイトラックに小窓として表示するクリップ（子画面）をそれぞれ配置します。

②子画面の大きさと位置を調整します。操作はプレビュー画面内で行います。■は拡大・縮小ができ、■は各頂点を個別に変形することができます。また移動は画像の中心をドラッグします。

子画面を調整する

Point!
新機能の「スケールモード」「トリミングモード」でも調整できます。

カーソルが変化する

カーソルが変更する用途に合わせて変化します。

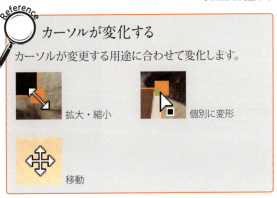

拡大・縮小　　個別に変形

移動

③ここでは子画面の動画の輪郭を円形にするマスクをかけています。オーバーレイのクリップをダブルクリックします。

④ライブラリパネルに「オプション」の「効果」パネルが表示されるので、「マスク＆クロマキー」をクリックします。

オプションパネル「効果」タブ

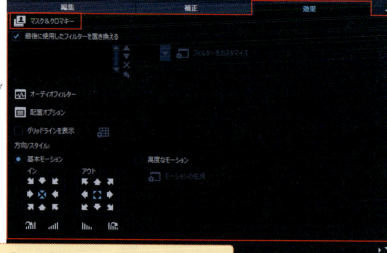

Point!
オプションパネルはタブで「編集」「補正」「効果」を切り替えることができます。

⑤続けて「オーバーレイオプションを適用」にチェックを入れると、「タイプ」のプルダウンメニュー選択できるようになるので、「フレームをマスク」をクリックします。

⑥プリセットが表示されるので、お好みのものを選択、クリックします。

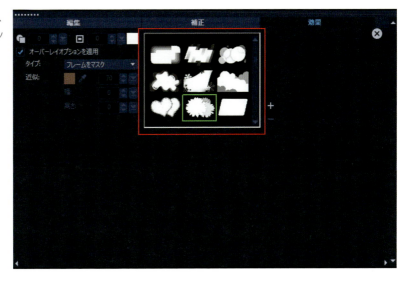

⑦プレビューとオーバーレイトラックで効果が適用されたことが確認できます。

Point!
設定した結果を確認するときは「Project（プロジェクト）」モードで再生します。

Reference 「高度なモーション」で子画面を飾る
子画面の周囲を枠で囲んだり、影をつけたりする場合はオーバーレイトラックのクリップをダブルクリックしてオプション画面を開き、同じく「効果」タブにある「高度なモーション」を選択します。

次に「モーションの生成」ウィンドウが開くので、枠で囲む「境界線」や、影をつける「シャドウ」の項目などの詳細を設定します。

Chapter3 05 「リップル編集」でトラックをロックする

リップル編集とは、不意にクリップを削除したときにほかのトラックのクリップに影響を与えないようにする便利な機能です。

　VideoStudio 2018ではクリップを分割して削除や移動したときに、トラック上に空白ができないように自動でクリップ間を詰めるようになっています。ビデオトラックにそのクリップしかないときは特に問題ありませんが、そのほかのトラックにビデオクリップをはじめ、タイトルやオーディオなど複数のクリップが並んでいる場合は、それら別のトラックにあるクリップの位置がずれてしまい動画の構成が崩れてしまいます。それを防いでくれるのが「リップル編集」という機能です。

リップル編集が無効のとき

ビデオトラックの図のクリップを削除します。

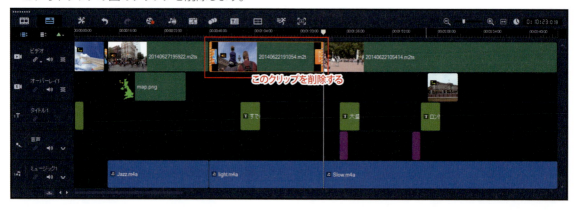

削除すると、ビデオトラックのみ左に詰められます。

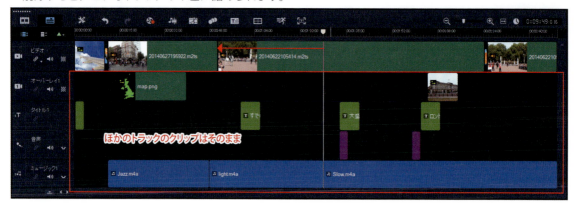

リップル編集が有効のとき

削除しようとするとアラート（警告）が出ますが、そのまま「はい」をクリックします。

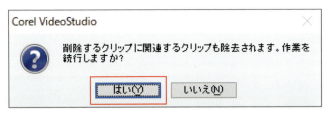

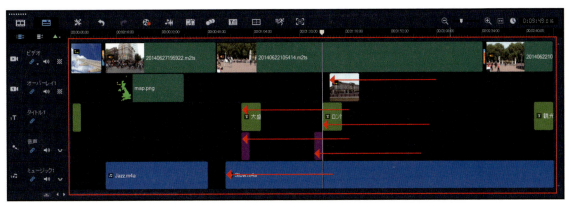

Point!
アラートの「削除するクリップに関連するクリップ」というのは前後のトランジションや、同じ位置にあるほかのトラックのクリップのことです。

リップル編集の有効/無効の切り替え

切り替えは、ビデオトラックの図のアイコンをクリックしてから各トラックの同じアイコンをクリックします。

●リップル編集が有効　　●リップル編集が無効

オブジェクトのグループ化

トラック上の複数のクリップをグループ化することによって、タイムライン上を同時に移動や削除することができます。

①タイムライン上でグループ化したいクリップをキーボードの「Shift」キーを押しながら、選択します。

②選択中のクリップ上で右クリックして、表示されるメニューから「グループ化」を選択、クリックします。

③グループ化されたクリップのどれかをドラッグすると、そのほかのクリップもいっしょに移動や削除することができるようになります。

④グループを解除したい場合は、クリップ上で右クリックし、メニューから「グループ解除」を選択、クリックします。

Point!
ここでは同一トラックのクリップを選択していますが、別のトラックのクリップ同士もグループ化できます。

Chapter3
06 「トリミング」で使いたいシーンを選別する

トリミングとはクリップの必要な部分を切り出す作業です。

　切り出すといっても、フィルムのように不要な部分を切り取って捨ててしまうわけではありません。デジタルビデオ編集の世界では元のビデオはそのまま残しておき、必要な部分のみを再生できるように加工していきます。

クリップをタイムラインに配置する

クリップをタイムラインのビデオトラックに配置します。

ライブラリから
ドラッグアンドドロップする

配置しました

> **Point!**
> ここではすでにライブラリに必要なクリップを取り込んでいます。ライブラリに取り込む方法はChapter2をご覧ください。

方法❶ プレビューでトリミングする

①プレビューの再生モードが「Clip（クリップ）」モードになっていることを確認します。プレビューのジョグスライダーを動かして、クリップの必要な部分（残したい箇所の最初のコマ）を探します。

77

②マークイン（開始点）をクリックします。するとトリムマーカーの左側がその地点に移動します。

③再びジョグスライダーを動かして、マークアウト（終了点）をクリックします。

④再生して確認してみましょう。

必要な範囲が指定された

> **Point!**
> 結果を確認するとき、通常は「Project」モードで再生するのですが、この場合は「Clip」モードのままで再生してください。「Project」モードで再生すると指定した範囲が確定してしまい、変更ができなくなります。

Reference タイムラインのクリップにも反映される

プレビューでマークイン、マークアウトを指定すると、タイムラインにあるクリップにもその結果が即座に反映されます。

Reference プレビューがうまく再生されない場合

高画質な動画ファイルは情報量が大きく、非力なパソコンではうまく再生できないことがあります。その場合は「スマートプロキシ」を利用します。これは動作の軽い仮のファイル（プロキシファイル）を作成して、パソコンへの負担を減らす機能です。

作成する動画ファイルは元のデータを使用するため、完成した動画の画質が落ちるということはありません。メニューバーの「設定」から「スマートプロキシ マネージャー」を選択して、「スマートプロキシを有効にする」をクリックします。

しばらく作業をしていると以下の場所に「スマートプロキシファイル」が作成され、ライブラリやタイムラインにあるクリップにマークが表示されます。

・スマートプロキシファイルの保存場所
「ドキュメント」→「Corel VideoStudio Pro」→「21.0」→「SmartProxy」

方法❷ 「ビデオの複数カット」でトリミングする

1本のクリップの中に複数使いたいシーンがある場合は「ビデオの複数カット」を使用します。

①ビデオトラックにあるクリップをダブルクリックします。

Point!
ストーリーボードビューでこの機能を使用するには、同様に配置されたクリップをダブルクリックします。

②ライブラリパネルに「オプションパネル」が表示されるので、「ビデオの複数カット」をクリックします。

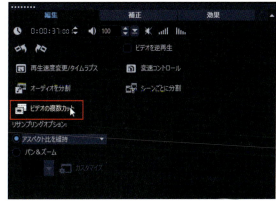

Point!
オプションパネルを閉じる場合はここをクリックします。

③「ビデオの複数カット」ウィンドウが開きます。

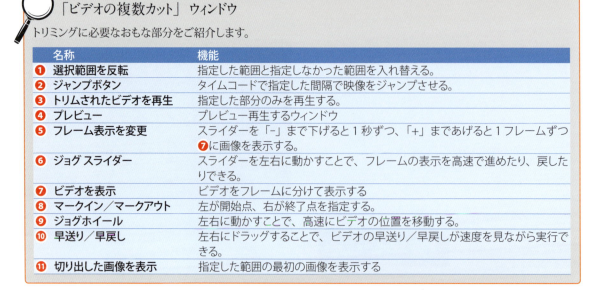

「ビデオの複数カット」ウィンドウ

トリミングに必要なおもな部分をご紹介します。

名称	機能
❶ 選択範囲を反転	指定した範囲と指定しなかった範囲を入れ替える。
❷ ジャンプボタン	タイムコードで指定した間隔で映像をジャンプさせる。
❸ トリムされたビデオを再生	指定した部分のみを再生する。
❹ プレビュー	プレビュー再生するウィンドウ
❺ フレーム表示を変更	スライダーを「-」まで下げると1秒ずつ、「+」まであげると1フレームずつ❼に画像を表示する。
❻ ジョグ スライダー	スライダーを左右に動かすことで、フレームの表示を高速で進めたり、戻したりできる。
❼ ビデオを表示	ビデオをフレームに分けて表示する
❽ マークイン／マークアウト	左が開始点、右が終了点を指定する。
❾ ジョグホイール	左右に動かすことで、高速にビデオの位置を移動する。
❿ 早送り／早戻し	左右にドラッグすることで、ビデオの早送り／早戻しが速度を見ながら実行できる。
⓫ 切り出した画像を表示	指定した範囲の最初の画像を表示する

④プレビューで映像を確認しながら、「マークイン／マークアウト」ボタンで開始点と終了点を指定していきます。指定した箇所はジョグ スライダーのバーに、白い帯で表示されます。

⑤「トリムされたビデオを再生」で結果を確認しながら、範囲の指定を繰り返し、最後に「OK」で終了します。

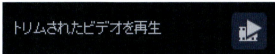

⑥タイムラインには指定した範囲で分割された、クリップが並びます。

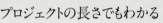
プロジェクトの長さでもわかる
ツールバーにある「プロジェクトの長さ」でも、元のクリップの長さが短縮されているのが確認できます。

方法❸ ビデオトラックでトリミングする

ビデオトラックに配置した、クリップを直感的にトリミングする方法です。

①ビデオラックにクリップをクリックして選択すると、クリップの最初と最後に図のようなラインが表示されます。

②このラインをドラッグすると、トリミングすることができます。

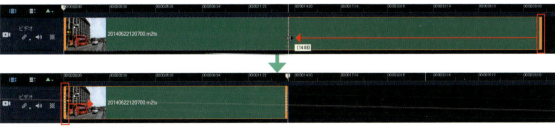

先頭の部分をドラッグすることも可能

Point!
この方法はほかのトラックにあるクリップに対しても有効なので、タイトルの表示や音楽の長さを調節するときにも使用できます。

方法❹ ライブラリにあるクリップをトリミングする

トラックに配置する前に、ライブラリにあるクリップをトリミングする方法です。

①ライブラリにあるトリミングしたいクリップをダブルクリックします。

②「ビデオ クリップのトリム」ウィンドウが開きます。操作は先に述べた「ビデオの複数カット」ウィンドウと同じです。ただし複数の指定はできません。

③指定範囲が決定したら「OK」をクリックします。

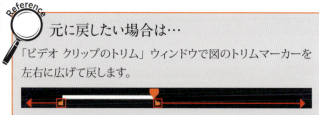

④ライブラリにトリミングした状態で保存されるので、複数のプロジェクトで利用するときなどに便利です。元のファイルももちろんそのまま残っています。

> **Reference** 元に戻したい場合は…
> 「ビデオ クリップのトリム」ウィンドウで図のトリムマーカーを左右に広げて戻します。

Chapter3 07 「トランジション」でシーンとシーンを切りかえる

場面のつなぎ目を自然に演出できるのが「トランジション」です。

単にクリップとクリップを並べてつなげると、突然画面が変わってしまい、唐突な感じがします。そこを「ワイプ」や「クロスフェード」などのトランジション（移り変わり）効果でつなぐことで、穏やかに自然に見せることができます。

トランジションの効果を確認する

選択したトランジションがどういう効果なのかは、プレビューで確認することができます。

①ライブラリパネルの表示をトランジションに切り替えます。
②トランジションを選択して、「Clip」モードで再生します。

サンプラートランス― 3D ピザボックス

クリップ間にドラッグアンドドロップする

ストーリーボードビューのときはトランジション用の□のスペースがありました（→P.61）が、タイムラインビューの場合は、特に印はなく、設定したいクリップとクリップの間にライブラリからドラッグして持っていくと、図のように反転します。それを確認してドロップします。

①クリップ間にドラッグアンドドロップします。

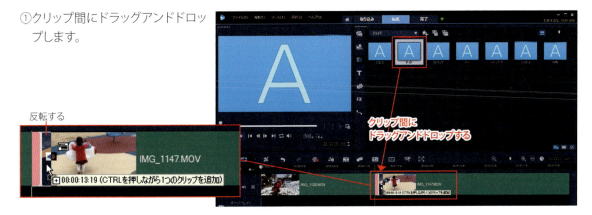

②トランジションはクリップ間に割り込むような形で、挿入されます。

③プレビューの「Project」モードで再生して効果を確認します。ここではカテゴリー「スライド」の「サイド」を使用しています。

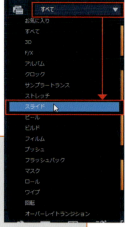

適用時間の変更と設定のカスタマイズ

初期設定ではトランジションを適用する長さは1秒で、画面が瞬時に切り替わります。この長さを変更するには、タイムライン上のトランジションをダブルクリックして、オプションパネルを開き、タイムコードを操作します。

そのほか、設定のカスタマイズもこのパネルでおこなうことができますが、変更できる内容はトランジションの種類によって変わります。

境界線とソフトエッジをカスタマイズしてみた

トランジションを置き換える

トランジションを置き換える場合は、適用したい新しいトランジションを選択して、タイムラインにドラッグアンドドロップします。

Point!
トランジションを挿入するときにキーボードの「Ctrl」キーを押しながらドロップすると、トランジション自体をクリップとして取り込めます。これはどちらか一方のクリップに効果を適用する機能です。

トランジションを削除する

削除する場合はトランジション上で右クリックして、「削除」を選択、クリックするか、選択してメニューバーの「編集」から削除を選択します。

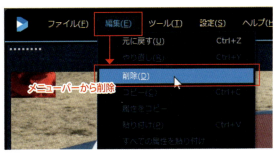

Reference ムービー全体の長さが変わる

トランジションは流麗な場面の切り替わりを実現します。そのため前のクリップの最後に効果を適用しながら、次のクリップの冒頭にも同じ効果を適用します。つまり3秒のトランジションを利用したとすると、その分だけクリップ同士が重なることになり、ムービー全体の長さが3秒短くなります。

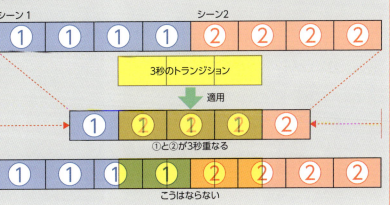

Chapter3
08 「フィルター」でクリップに特殊効果をかける

フィルターはクリップにさまざまなエフェクト（特殊効果）をほどこす機能です。

フィルターはビンテージフィルムの味わいある色彩の再現や水彩画風の趣のある画面などいろいろな効果を一瞬にしてかけることができます。

多彩なフィルター

たくさんあるフィルターの中から、いくつかピックアップしてみました。

フィルター適用前

「カメラレンズ」－「古いフィルム」

「描画効果」－「水彩画」

「2Dマッピング」－「つぶて」

「3Dテクスチャマッピング」－「フィッシュアイ」

「明暗/色彩」－「反転」

ライブラリを「フィルター」に切り替える

①ツールバーの「フィルター」ボタンをクリックします。

②ライブラリパネルの表示が「フィルター」に切り替わります。

効果を確認する

フィルターの効果はプレビューで確認することができます。

①ライブラリパネルからお好みの「フィルター」を選択します。

②「Clip」モードで再生して確認します。

> **Point!**
> フィルターによっては実際にクリップに適用しないと、効果が分かりにくいものもあります。

クリップにドラッグアンドドロップする

①設定したいフィルターをビデオトラックにあるクリップに、ドラッグアンドドロップします。ここではカテゴリー「2Dマッピング」の「さざ波」を設定しています。

②「Project」モードで再生して、効果を確認します。

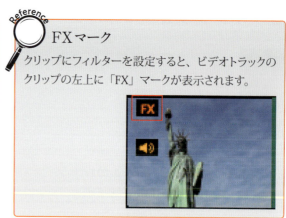

> **Point!**
> フィルターはストーリーボードビューでも、ドラッグアンドドロップで設定できます。またオーバーレイトラックのクリップにも適用できます。

フィルターをカスタマイズする

フィルターの種類によっては、効果の具合を細かくカスタマイズできるものがあります。

①フィルターを設定したクリップをダブルクリックして、ライブラリパネルのオプションパネルを開きます。

クリップをダブルクリックする

②オプションパネルの「効果」タブで、いろいろな設定をします。

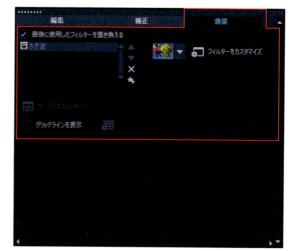

プリセットから選択する

フィルターによっては、カスタマイズ用のプリセットが用意されています。

　プルダウンメニューでプリセットを表示し、プレビューで効果を確認しながら気に入ったものを選択します。

> **Point!**
> プリセットとはあらかじめ設定値が調整された見本のことです。

さらに細かくカスタマイズする

フィルターによってはさらに詳細にカスタマイズすることも可能です。

①プリセットのプルダウンメニュー横の「フィルターをカスタマイズ」アイコンをクリックします。

②フィルター名のカスタマイズ用のウィンドウが開きます。

カスタマイズウィンドウ

　左側にオリジナル、右側に適用後のプレビューが表示されるので、見比べながらさらに細かい設定ができます。キーフレームを使って詳細に効果を設定（→P.118）することが可能です。

> **Reference**
> **他社製のフィルターのカスタマイズ画面**
> フィルターの中にはいろいろなビデオ編集ソフトに特殊効果のプラグインを提供している NewBlueFX 社製のものもあり、カスタマイズ画面を起動すると、また違ったウィンドウが開きます。

フィルターを置き換える

フィルターを別のものに置き換える場合は、新しいフィルターをクリップにドラッグアンドドロップします。ただしオプションパネルの「効果」タブの「最後に使用したフィルターを置き換える」にチェックが入っていないと、置き換わらずにそのまま複数のフィルターが適用されます。（初期設定ではチェックが入っています。）

フィルターを複数かける

フィルターは1つのクリップに複数設定することができます。また順番を入れ替えることで、その効果が変わります。

①すでにフィルターをかけたクリップに2つめのフィルターを加えます。ここでは「古いフィルム」を設定したクリップに「レンズフレア」を加えます。

②オプションパネルの「効果」タブで確認すると、「レンズフレア」が加わっています。

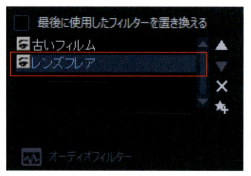

> **Point!**
> 「最後に使用したフィルターを置き換える」のチェックがはずれていないと、複数かけることはできません。

③「効果」タブの上下ボタンで、フィルターの順番を変更します。

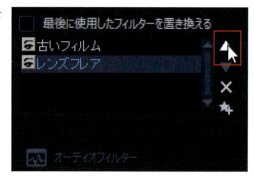

フィルターの順番

フィルターの順番を入れ替えると、効果が変化します。

「古いフィルム」→「レンズフレア」　　　　　　「レンズフレア」→「古いフィルム」

フィルターを削除する

フィルターを削除したい場合は「効果」タブで削除したいフィルターを選択して、「×」ボタンをクリックします。

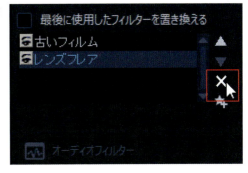

> **Point!**
> フィルター名の左にある目のアイコンをクリックすると、削除はされませんが効果を無効にすることができます。動画を書き出した場合も反映されません。

Reference：クリップを変形する

以前の VideoStudio にはこのフィルターのオプションパネルに「クリップの変形」というのがありました。しかし VideoStudio 2018 ではその項目がなくなっています。機能がなくなったわけではなくもっと簡単に扱えるようになりました。

①プレビューをダブルクリックして変形用のハンドルを表示させます。

②このハンドルをドラッグして変形します。■は全体の拡大・縮小ができ、■は各頂点を個別に変形することができます。

Chapter3
09 「タイトル」で文字を挿入する

動画に表示される文字をタイトルといいます。

　VideoStudio 2018は動画にタイトルを挿入することも、とても簡単にできます。画だけではわかりにくい場面も解説の文字や字幕を挿入すれば動画の完成度はアップします。プリセットも豊富で、あまり手間をかけずに魅力的な作品に仕上げることができます。

作成例

プリセットを使ってらくらく作成

オリジナルのタイトルで個性豊かに演出

縦書きのタイトル

プリセットを利用して簡単に作成する

　VideoStudio 2018には簡単にタイトルが作成できるように、アニメーションをはじめいろいろな設定がされたプリセットがたくさん用意されています。文字を差し替えれば見栄えの良いタイトルがすぐに作れます。

①タイトルを挿入したいクリップをビデオトラックに配置し、再生またはジョグ スライダーを動かして、タイトルを挿入したい箇所を見つけます。

②ツールバーの「タイトル」アイコンをクリックします。

③プレビューには「ここをダブルクリックするとタイトルが追加されます」と表示され、ライブラリパネルにはプリセットのタイトルが表示されます。

④ライブラリパネルにあるプリセットのタイトルの中から、お好みのものを探します。

Point!
選択すると、どんなタイトルなのかをプレビューで確認できます。

⑤「タイトルトラック」にライブラリパネルからドラッグアンドドロップします。

Point!
タイトルは「オーバーレイトラック」に配置することもできます。

⑥配置したタイトルのプリセットをダブルクリックします。

⑦プレビューにタイトルが表示されます。

⑧プレビュー内で変更したい文字列をダブルクリックして、文字が点線のみで囲まれた状態にします。

⑨キーボードの「Back space（バックスペース）」キーを押して、文字を削除します。

Point!
文字列の何文字目をクリックするかによって、⑨の削除が始まる位置が変わるので、キーボードの←→で調整します。

⑩文字を入力します。

ここでは「London holiday」と入力

⑪入力した文字を確定するには、プレビュー内の文字を囲んでいる点線の外側をクリックします。

⑫「Project」モードに切り替えて、再生して確認します。

Point!
いま入力した文字列を避ければ、プレビュー内のどこでもかまいません。

Point!
タイトルの表示時間を変更したり、文字色を変えたりなど、さらに細かいカスタマイズ方法は次項「オリジナルのタイトルを作成する」で解説します。

タイトルセーフエリア

完成した動画をパソコンモニターで見る場合はほとんど気にすることはありませんが、TVで視聴するときなど、まれにタイトルが画面からはみ出して見えない場合があります。それを確実に回避するためには、プレビューに表示されている四角い枠（タイトルセーフエリア）内に収めるようにしましょう。

編集中のタイトルの表示の違い

編集中のタイトルはプレビューで、次のように表示されます。

①点線のみで囲まれている。
　文字列を入力、編集できます。

②複数のハンドルのついた点線で囲まれている。
　ハンドルを操作して拡大・縮小／回転／影の移動ができます。

●選択モードから文字入力モードへ
選択モードの枠内をダブルクリックします。

●文字入力モードから選択モードへ
プレビューウィンドウの何もないところをクリックします。

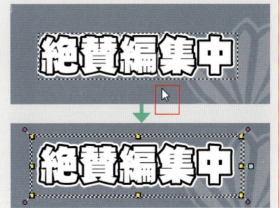

オリジナルのタイトルを作成する

文字の入力からスタートしてオリジナルタイトルを作成していきます。最初に文字を入力してからの手順はプリセットを使用する場合とあまり変わらないので、むずかしくはありません。

①タイトルを挿入したいクリップをビデオトラックに配置し、再生またはジョグスライダーを動かして、タイトルを挿入したい箇所を見つけます。

②ツールバーの「タイトル」アイコンをクリックします。

③プレビューに「ここをダブルクリックするとタイトルが追加されます」と表示されます。

④プレビュー上で、ダブルクリックします。位置はあとから移動できるので、大まかな場所でかまいません。

⑤点線で囲まれたカーソルが点滅します。

⑥文字を入力します。

ここでは「ゆうゆう散歩」と入力

⑦入力した文字を確定するには、プレビュー内の文字を囲んでいる点線の外側をクリックします。

文字以外のプレビュー内をクリック

Point!
以前に入力したことがある場合は、文字色やフォントのその設定を引き継いで入力されます。

⑧文字が確定されて、タイトルトラックに、タイトルのクリップが配置されました。

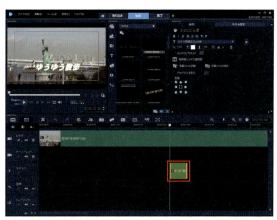

Point!
複数のタイトルを入力する場合は、再びプレビューの挿入したいところをダブルクリックするか、「タイトルトラック」を増やして(→ P.68) 入力します。

オプションパネルを表示する

タイムラインのタイトルクリップをダブルクリックすると、ライブラリパネルにオプションパネルが表示されます。オプションパネルはタイトルクリップに関するいろいろな設定ができます。

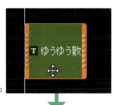

タイトルクリップをダブルクリックする

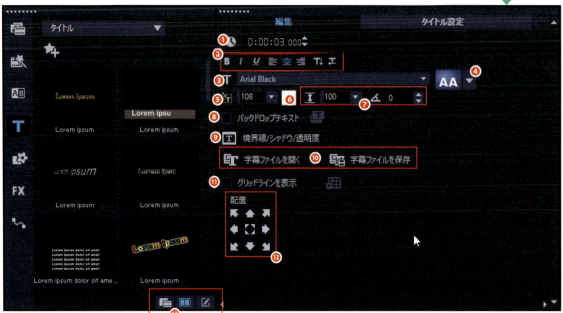

ライブラリパネルにオプションパネルが表示される

タイトルのオプションパネルの「編集」タブ

	機能
①	表示する長さを変更する。
②	太字や斜体にしたり、アンダーラインを引く。また「左揃え」「中央揃え」などの設定ができる。
③	フォント（書体）を変更する。
④	文字の飾りのプリセット
⑤	大きさを数値で指定する。
⑥	文字色を変更する。
⑦	行間、角度を変更する。
⑧	テキストの背景にグラデーションなどを設定する。
⑨	文字に影をつけたり、透明度を指定する。
⑩	字幕ファイルを読み込む、または保存する。
⑪	プレビューに目安となるグリッドラインを表示する。
⑫	タイトルを画面上のどこに配置するかを指定する。
⑬	ライブラリパネル、オプションパネルを切り替える。

表示時間の長さを変更する

タイトルが表示される時間は初期設定では3秒です。これをもっと長く表示されるように変更します。

①タイトルトラックにあるタイトルクリップを、ダブルクリックします。

②プレビューの文字が選択されている状態に変わります。

Point!
文字の内容を修正したいときは、プレビューの文字をダブルクリックします。

③オプションパネルのタイムコードの数字をクリックして点滅させてから、上下ボタンを操作して値を変更するか、キーボードから数字を直接入力します。

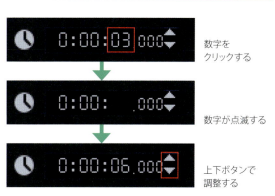

数字をクリックする

数字が点滅する

上下ボタンで調整する

④数字を変更したら、キーボードの「Enter」キーを押して確定させます。

⑤タイトルクリップの長さが変更されました。

Reference タイムライン上で操作する
タイムラインにあるタイトルクリップの両端をドラッグして、調整することもできます。

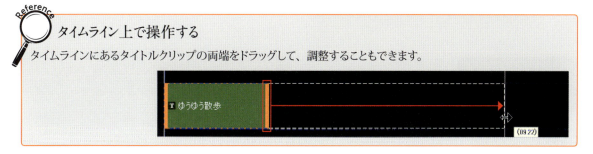

フォント（書体）を変更する

文字の書体いわゆるフォントの種類を変更します。

①タイムラインのタイトルクリップをダブルクリックします。

②プレビューウィンドウのタイトルが、選択されている状態になります。

③オプションパネルのフォントのプルダウンメニューから、使用したいフォントを指定します。

④選択したフォントが反映されます。

⑤変更を確定するには、プレビュー内の文字を囲んでいる点線の外側をクリックします。

Point!
使用できるフォントはパソコンの環境によって変わります。

文字の大きさを変更する

今度は文字の大きさを変更します。

①タイムラインのタイトルクリップをダブルクリックします。

②プレビューのタイトルが、選択されている状態になります。

③「フォントサイズ」のプルダウンメニューから大きさを指定するか、または数字をクリックして、キーボードから入力します。ここでは「108」から「150」に変更しています。

④プレビューで確認します。

変更前

変更前

⑤変更を確定するには、プレビュー内の文字を囲んでいる点線の外側をクリックします。

プレビューで操作する

②のタイトルが選択された状態のときに、文字の周りに表示されるハンドルをドラッグすると、直感的に拡大、縮小、回転が簡単に実行できます。
また文字の移動も同じようにカーソルが指の形に変わるのを確認して、ドラッグすれば、自由に移動できます。

カーソルの形が変わる

自由に移動できる

Point!
今バージョンから中心付近にタイトルを移動すると、十字線が表示され、画面内での位置関係が分かりやすくなりました。

Point!
これらのタイトルの各種設定の変更は、確定させる前であればつづけて一度に実行できます。

文字色の変更

文字の色を変更します。

①タイムラインのタイトルクリップをダブルクリックします。

②プレビューのタイトルが、選択されている状態になります。

③オプションパネルの色をクリックして、表示された色のリストから使用したい色を選択します。

④選択した色が反映されます。

⑤変更を確定するには、プレビュー内の文字を囲んでいる点線の外側をクリックします。

Reference　1文字ずつ色を変える

文字入力のときのように、点線だけで囲まれている状態であることを確認し、変えたい文字をドラッグして反転させ、同じ要領でオプションパネルで色を指定します。

境界線／シャドウ／透明度

文字の飾りつけの項目です。文字を縁どりしたり、半透明にしたりできます。

①タイムラインのタイトルクリップをダブルクリックして、プレビューのタイトルを選択した状態にし、オプションパネルの「境界線／シャドウ／透明度」をクリックします。

②「境界線／シャドウ／透明度」ウィンドウが開きます。

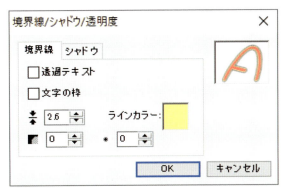

③「境界線」と「シャドウ」のタブを切りかえて、プレビューで効果を確認しながら設定していきます。

④設定を終えたら「OK」をクリックします。

Reference 「境界線／シャドウ／透明度」の代表例

「境界線」
文字を透けさせたり、縁取りの色を指定したりできます。

「シャドウ」
文字に影をつけることができます。種類によって印象が変わります。

「シャドウなし」

「ドロップシャドウ」

「グローシャドウ」

「押し出しシャドウ」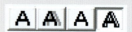

タイトルのアニメーション

①タイトルトラックにあるクリップをダブルクリックします。

②オプションパネルが開くので、「タイトル設定」タブを選択して切り替えます。

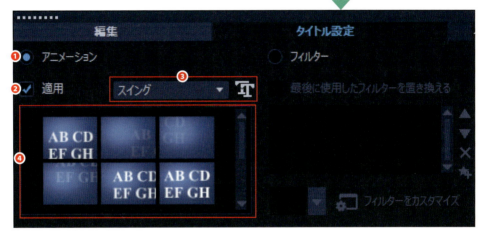

> **Reference** タイトルのオプションパネルの「タイトル設定」タブ
>
> | | 機能 |
> |---|---|
> | ❶ | アニメーションの設定に切り替える |
> | ❷ | 「適用」チェックボックス |
> | ❸ | カテゴリーとカスタマイズ |
> | ❹ | アニメーションのデモ画面※ |
>
> ※「適用」をチェックしないと表示されない

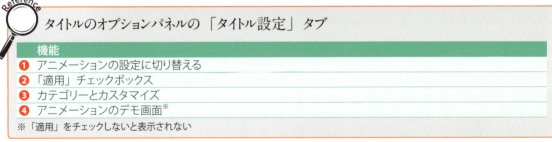

③❷「適用」にチェックを入れて、❹のデモ画面を表示します。

④カテゴリーのプルダウンメニューから動きを選択します。

⑤デモ画面を参考にして、アニメーションの動き方を選択します。ここでは「フライ」の最初のアニメーションを選択しています。

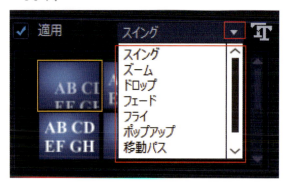
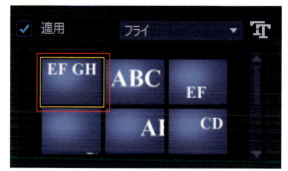

⑥プレビューで再生して、動き方の確認をします。

> ### 動きのカスタマイズ
> 詳細な動きのカスタマイズはカテゴリー名の横にあるアイコンをクリックします。
>
>
>
> 「フライ」のカスタマイズ
>
> カテゴリーによってはカスタマイズできないものもあります。

> ### テロップを作成する
> アニメーションの機能を使用すれば、TV番組のエンディングでスタッフの名前などが右から左に流れるテロップなどを作成することができます。使用するのはオプションパネルの「タイトル設定」の中で「フライ」が適当でしょう。
>
>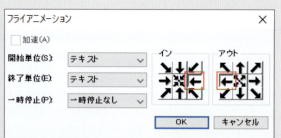
>
> おすすめの「フライ」の設定
>
> 「イン」がテロップの画面に入ってくる方向で、「アウト」が画面から消えていく方向を表しています。図のように設定すると画面の右側から左側に流れていくことになります。

タイトルにフィルターをかける

　タイトルのクリップには通常のビデオクリップと同じように「フィルター」というエフェクト（特殊効果）をかけることができます。細かい操作は「アニメーション」のときと同じく「タイトル設定」タブでおこないます。

①ツールバーの「フィルター」をクリックして、ライブラリパネルに「フィルター」の一覧を表示します。

②ライブラリパネルで選択した「フィルター」をタイトルトラックにあるクリップにドラッグアンドドロップします。ここではカテゴリー「メイン効果」の「渦巻き」を設定しています。

③カスタマイズはオプションパネルの「タイトル設定」で実行します。タイトルのクリップをダブルクリックしてオプションパネルを開き、「タイトル設定」タブをクリックします。

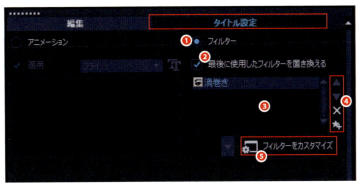

Reference タイトルのオプションパネルの「フィルター」

	機能
❶	フィルターの設定に切り替える。
❷	ここをチェックしておくとドラッグアンドドロップするたびに新しいフィルターに入れ替わる。
❸	現在かけているフィルターの一覧。
❹	フィルターの順番を入れ替えたり、削除する。お気に入りとして登録もできる。
❺	詳細なカスタマイズを実行する。

Point!　「フィルター」はクリップに対して複数かけることも可能です。（→ P.90）

④プレビューで再生して、効果の確認をします。

Reference 3Dタイトルエディター new （ULTIMATE限定）

ULTIMATEでは立体的な3D文字を制作することが可能になりました。簡単な操作であっという間に迫力のある立体文字を作ることができます。あなたの動画をワンランク上の豪華な作品に仕上げてみませんか。

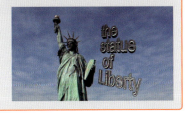

Chapter3

10 「オーディオ」で名場面を盛り上げる

オーディオはBGMや効果音など、シーンを盛り上げるのに欠かせない要素です。

VideoStudio 2018にはサンプルオーディオとして、BGM用の音楽や効果音などが数多く収録されています。ファイルは「サンプル」フォルダーを開くと確認できます。

オーディオをタイムラインに配置する

基本的にオーディオは「ミュージックトラック」、ナレーションなどの音声データは「ボイストラック」に配置します。

①ビデオトラックにあるクリップの再生またはジョグスライダーを操作してオーディオを開始したい位置を見つけます。

②ライブラリパネルのオーディオデータを「ミュージックトラック」に、ドラッグアンドドロップします。

オーディオファイルは基本的にミュージックトラックにドラッグアンドドロップする

Point! 配置するオーディオを確認したい場合は、「Clip」モードで再生します。

オーディオの音量を調整する

　動画の完成時に再生される音量を調整します。なお同じ方法でビデオクリップやボイストラックにあるクリップも調整できます。

①調整したいオーディオクリップをダブルクリックして、ライブラリパネルにオプションパネルを表示します。

②図のように上下ボタンか、その隣にある▼をクリックして、メーターを表示し、調整します。

上下ボタンで調整する

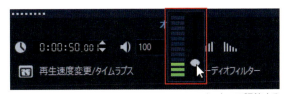

メーターで調整する

Reference プレビューのボリュームアイコン

プレビューのボリュームアイコンは編集作業中のボリュームを調整するもので、ここを操作しても完成した動画には反映されません。

③プレビューで再生して確認してみましょう。

Point!
オーディオの波形を利用して、視覚的に調整する方法もあります。（→ P.181）

オーディオクリップをトリミングする

オーディオクリップの長さを調整します。オーディオクリップがビデオクリップより長い場合、画面は真っ暗なのにBGMだけが流れることになります。そういう場合はオーディオクリップをビデオクリップの長さに合わせます。

オーディオクリップがビデオクリップより長い

①オーディオクリップを選択して、終点にカーソルを合わせ、カーソルの形が矢印型に変わるのを確認して、左方向へドラッグします。

②ビデオクリップと長さが同じになりました。

Point!
この方法でクリップを伸縮して、ほかのクリップの開始点／終了点に近づけると、そのクリップの長さと同じ位置に吸いつけられるようにスナップすることができます。この操作はオーディオ以外のクリップでも有効です。

フェードイン／フェードアウト

音が徐々に大きくなるのを「フェードイン」、逆にだんだん小さくなっていくのを「フェードアウト」といいますが、VideoStudio 2018ではこれをワンクリックで設定できます。

①調整したいクリップをダブルクリックして、ライブラリパネルにオプションパネルを表示します。

②クリックすることで、設定されます。もちろんフェードイン／フェードアウトを同時に設定することも可能です。

左がフェードイン、右がフェードアウト

オーディオフィルターを設定する

　クリップに特殊効果をかけるのがフィルターですが、オーディオには専用の「オーディオフィルター」が用意されています。

①ツールバーの「フィルター」をクリックします。

②ライブラリパネル上部にある「オーディオフィルターを表示」アイコンをクリックします。

③ライブラリパネルの表示が「オーディオフィルター」に切り替わるので、設定したいフィルターをタイムラインのオーディオクリップにドラッグアンドドロップします。ここでは「エコー」を使用しています。

オーディオクリップにドラッグアンドドロップする

④「Project」モードで再生して、効果を確認します。

さらに詳細に設定する

オーディオクリップをダブルクリックして、ライブラリパネルにオプションパネルを開き「オーディオフィルター」の文字列をクリックして、「オーディオフィルター」ウィンドウを表示します。

設定したフィルターの項目を確認して、「オプション」をクリックします。フィルター名のウィンドウが開くので、さまざまな調整をします。

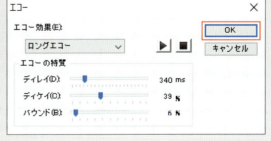

設定後、「OK」をクリックします。

オーディオフィルターを除去する

①タイムラインにあるオーディオクリップ上で、右クリックし、表示されるメニューから、オーディオフィルターを選択、クリックします。

(2)「オーディオフィルター」ウィンドウが開くので、「<<除去」または「すべて除去」を選択し、「OK」をクリックします。

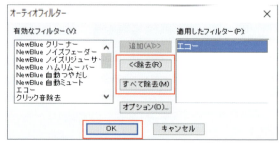

スコアフィッターミュージック

ビデオにBGMをつけたいけれど、ビデオの長さと合わない。動画の途中で終わってしまったり、真っ暗な画面に音楽だけが流れたり…それを解決してくれるのが「スコアフィッターミュージック」です。ビデオクリップの長さに合わせて音楽のエンディングをきれいに自動調整してくれます。

①ライブラリパネルの「スコアフィッターミュージック」をクリックします。

②「ライブラリを準備中」と表示されるので、終わるまで待ちます。

③ライブラリにアイコンが表示されたら、選択して「Clip」モードで試聴して、使用する曲を決定します。

④ミュージックトラックにドラッグアンドドロップします。

⑤そのほかのトラックのクリップとの兼ね合いを加味して、長さをビデオクリップに合わせます。

⑥処理が終わると「回転」から「音符」へとマークが変わるので、「Project」モードで再生して確認します。

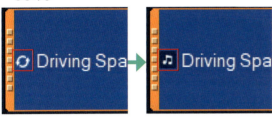

ミュージックトラックにドラッグアンドドロップする

Point!
配置する曲はいくつでもOKです。

Reference オートミュージック

「スコアフィッターミュージック」と同じ曲ですが、アレンジの違う「バージョン」を選択できる「オートミュージック」という機能もあり、こちらはツールバーから起動します。

①ツールバーの「オートミュージック」をクリックします。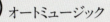

②ライブラリパネルにオプションパネルが表示されるので、左から「カテゴリー」→「曲」→「バージョン」を選択します。

③試聴は「選択した曲を再生」をクリックします。

④気に入った曲が見つかったら「タイムラインに追加」をクリックします。

Point!
追加する前にタイムラインのスライダーを挿入開始位置に動かしておきましょう。そうしないと曲が思いもよらない場所に挿入されてしまいます。また「オーディオトリム」のチェックも常に入れておくことをおすすめします。

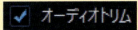

Chapter3
11 クリップの分割、オーディオの分割

所定の位置でクリップを分割する方法とクリップから音声を分割する方法です。

Chapter3-06で紹介したトリミングはクリップの中から必要なシーンを取捨選択して切り出す方法でしたが、ここではフィルムのカットのようにクリップ自体を分割する方法です。

クリップを分割する

①分割したいクリップをタイムラインに配置します。

②プレビューの下にあるジョグ スライダーを動かして、分割したいクリップの適切な位置を探します。

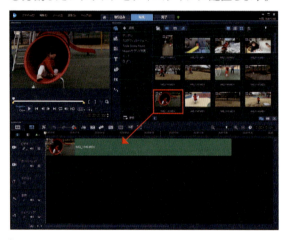

Point!
モードは「Project」、「Clip」どちらでもかまいません。

Point!
細かい調整はタイムコードや「前のフレームへ」「後のフレームへ」を使用します。

③分割したい位置を見つけたら、「はさみ」アイコンをクリックします。

④クリップが2つに分割されました。

Point!
ライブラリには元のクリップがそのまま残っています。

オーディオを分割する

　先ほどは1本のクリップを前後2本に分割しました。今度はクリップを映像部分と音声（オーディオ）部分に分割します。タイムライン上のイメージでは1本のクリップを上下で分割する感覚です。

①タイムライン上にあるオーディオを分割したいクリップを選択して、右クリックします。

②表示されるメニューから「オーディオを分割」を選択してクリックします。

③ボイストラックに分割されたオーディオクリップが配置され、元のクリップのオーディオのマークが「あり」から「なし」に変わりました。

 Point!
ボイストラックに何らかのクリップがすでにある場合は分割できません。

 Point!

オーディオあり　　　　　　　　　　　　　オーディオなし

Chapter3

12 クリップの属性とキーフレームの使い方を知ろう

動画編集を進める際に、知っておくと作業がはかどる「クリップの属性」。また凝った演出をサポートする「キーフレームの使い方」。2つの便利な機能を紹介します。

クリップの属性

属性とはそのものが持っている特徴や性質のことをいいますが、VideoStudio 2018ではクリップに設定した「フィルター」や「パン＆ズーム」などの効果をさします。

属性のコピー

クリップの属性はその設定をコピーして、ほかのクリップに適用することができます。写真に設定した「パン＆ズーム」の複雑な動きなどをコピーして、別の写真に適用すればまったく同じ動作をさせることが可能になるので、とても便利です。

①ここに「ビネット」や「モーションの動き」などを設定したクリップがあります。

②このクリップの属性をコピーします。タイムラインのクリップ上で右クリックし、表示されるメニューから「属性をコピー」を選択、クリックします。

元の映像

加工した映像

116

③属性を適用したいクリップ上で、右クリックし、表示されるメニューから「すべての属性を貼り付け」を選択、クリックします。

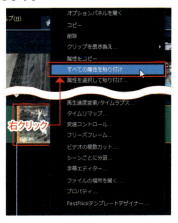

④すべての属性が引き継がれました。

属性を選択して貼り付け

①今度は属性の一部を選択して貼り付けてみます。右クリックで表示されるメニューで「属性を選択して貼り付け」を選択、クリックします。

②「属性を選択して貼り付け」ウィンドウが開くので、「フィルター」と「色補正」など流用したい属性にチェックを入れて、「OK」をクリックします。

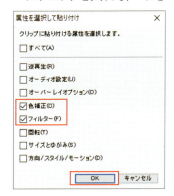

③一部の属性が引き継がれました。

キーフレームの使い方をマスターしよう

　キーフレームとは文字通りキー（鍵）となるフレームのことです。動画は連続した静止画像を順番に表示して動いているように見えています。その中で指定したフレームで効果を適用したり、今までと違う動きをするように指示を出したりすることによって、凝った演出を可能にします。

一定時間ごとに色を変化させる

　VideoStudio 2018ではフィルターなどのカスタマイズをしようとすると、キーフレームの設定画面がよく登場します。ここでは最も簡単だと思われるフィルター「デュオトーン」を使用してキーフレーム操作を覚えましょう。

①クリップに「デュオトーン」(カテゴリー「カメラレンズ」) を設定します。

②タイムラインのクリップをダブルクリックして、ライブラリパネルにオプションパネルを表示します。

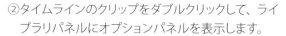

③「フィルターをカスタマイズ」をクリックします。

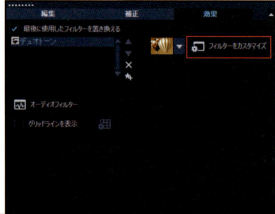

④「デュオトーン」ウィンドウが開きます。

操作ボタンの説明

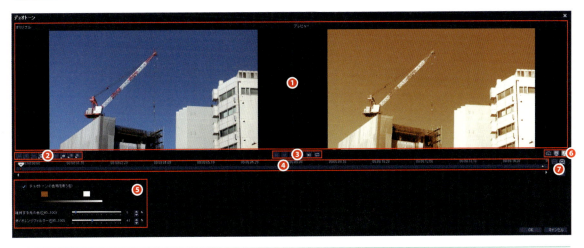

❶ プレビュー画面。左がオリジナルで右が適用後の画面。
❷ キーフレームの設定ボタン。追加したり、除去したりできる。（後述）
❸ 動画の最初、最後に移動、1コマ左、1コマ右に移動、ループ再生
❹ ジョグ スライダー。スライダーを移動させることによって目的の場所をすばやく見つけられる。また設定したキーフレームを表示する。
❺ デュオトーンのカスタマイズ項目。
❻ 再生速度の変更、デバイスの有効／無効、デバイスを変更する
❼ ❹のスケールを拡大・縮小する。

①ジョグ スライダーを4秒の位置に移動します。

②キーフレームを追加します。

③キーフレームが追加されました。

キーフレームの操作ボタン

❶ 前のキーフレームに戻る
❷ キーフレームを追加
❸ キーフレームを除去
❹ キーフレームを逆転
❺ キーフレームを左に移動
❻ キーフレームを右に移動
❼ 次のキーフレームに進む
❽ フェードイン
❾ フェードアウト

④色を変更します。図の箇所をクリックして、「Corel カラーピッカー」を開き、ここではブルーを選択しています。指定後は「Corel カラーピッカー」は「OK」で閉じます。

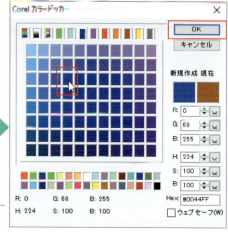

Corel カラーピッカー

⑤同じ要領であと2か所にキーフレームを追加します。

⑥設定が完了したら右下にある「OK」をクリックして「デュオトーン」ウィンドウを閉じます。

⑦プレビューで再生して確認しましょう。

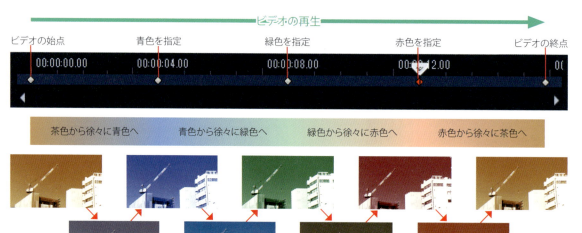

> **Point!**
> キーフレームを使いこなすことができれば、斬新でスタイリッシュな映像を制作できるようになります。ぜひチャレンジしてみてください。

Chapter 4

「完了」ワークスペース編
完成した作品を書き出す

編集完了！ 完成した作品を
いろいろな用途に合わせて書き出します。

01　MP4 形式で書き出してみよう
02　SNS にアップロードして
　　世界発信しよう
03　スマホやタブレットで
　　外に持ち出そう
04　メニュー付き DVD ディスクで
　　グレードアップ

Chapter4

01 MP4形式で書き出してみよう

VideoStudio 2018は編集した動画をいろいろな形式で書き出して、保存することができます。

　書き出したファイルでDVDビデオを作成するのか、スマホなどの携帯機器で再生するのか、目的や用途で保存形式も変わります。VideoStudio 2018は現在普及しているファイル形式にはほぼすべて対応しています。

①「完了」タブをクリックします。

②「完了」ワークスペースに切り替わりました。

③カテゴリー選択エリアから「コンピューター」を選択します。

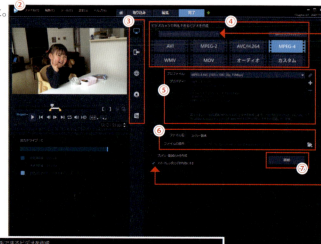

Point!
初期設定では「コンピューター」が選択されています。

④「MPEG-4」を選択します。

「コンピューター」のカテゴリーで選択できる形式

形式	説明
AVI	Windows 標準の動画用ファイルフォーマット。DV カメラなどに採用されている。
MPEG-2	DVD-Video で使われる形式。市販の DVD もすべてこの形式。
AVC/H.264	MPEG-2 より圧縮率が高く、しかも高画質。Blu-ray ディスク、AVCHD カメラなどで採用されている。
MPEG-4	スマホやデジタルカメラなどの動画に多く採用されており、iPhone や Android などで動画を扱う場合に使用する。HEVC（H.265）４Kも選択できる。
WMV	Windows Media Video 形式　Windows 標準の動画用ファイルフォーマット。
MOV	Apple 社独自の動画用フォーマット。AppleTV などで採用されている。
オーディオ	オーディオのみを保存する。
カスタム	主に古い形式のファイルを扱う。ガラケーなどの 3GPP 形式なども選択できる。

⑤自分の目的に合ったものをプロファイルのプルダウンメニューからから選択します。

Point!
「プロジェクト設定に合わせる」にチェックを入れると、「編集」ワークスペースで設定した解像度やフレームレートなどに自動調整されます。

Point!
横にある「＋」ボタンを利用すると、プロファイルをカスタマイズできます。

⑥ファイル名を入力し、保存場所を確認します。

←ファイル名を入力
保存場所の変更はここをクリック→

Point!
保存先は初期設定では以下のフォルダーに出力されます。
ドキュメント→ Corel VideoStudio Pro → 21.0

Reference
スマートレンダリングを有効にする
スマートレンダリングとは編集したビデオ全体を一から書き出すのではなく、カットやエフェクトなどの加工した箇所のみを処理する機能で、全体を書き出すのに比べて処理時間が短くなります。

⑦「開始」をクリックします。

⑧書き出しがスタートします。

Reference
書き出し中にできること
❶ プレビューに書き出している動画を表示します。
❷ 書き出しを一時停止します。再度クリックすると再開します。
❸ メーターが進行状況を表示します。
書き出しを中止する場合は、キーボードの「Esc」キーを押します。

⑨完了するとメッセージが表示されます。「OK」で終了します。

⑩再生して確認しましょう。

パソコンのプレーヤーで再生しています

Point!
書き出したファイルは VideoStudio 2018 のライブラリに自動的に登録されます。

Chapter4
02 SNSにアップロードして世界発信しよう

YouTubeで作品を公開してみましょう。

　作品が完成したら、一人で楽しむのはもったいない。SNSサービスを利用して公開してみてはいかがでしょう。そこまで行かなくてもアップロードしたURLを親戚や知人に知らせれば共有するのも簡単です。ここではYouTubeを例に解説します。

①「完了」タブをクリックします。

②「完了」ワークスペースに切り替わりました。

③ツールバーから「Web」を選択します。

④画面が切り替わるので、選択されているのが「YouTube」であることを確認して、「ログイン」をクリックします。

⑤ Googleアカウントのメールアドレス、パスワードを入力します。

Point!
YouTubeを利用するには「Googleアカウント」が必要です。持っていない人はあらかじめアカウントを取得しておいたほうが、これからの作業がスムーズに進められます。

⑥ VideoStudio 2018 が YouTube との通信をしていい
かどうかの許可を求められるので、「許可」をクリッ
クします。

⑦アップロードのための詳細を設定します。

❶	ログアウト	YouTube からログアウトする。
❷	タイトル	YouTube で公開されるタイトル。
❸	説明	内容の説明を入力する。
❹	タグ	Web の検索で見つけられるようにするための語句を入力する。
❺	カテゴリー	YouTube のカテゴリー。プルダウンメニューで選択する。
❻	プライバシー	公開範囲を指定する。
❼	ビデオを アップロード	「プロファイルの選択」からすでに保存してあるビデオをアップロードする。
❽	プロジェクトを アップロード	動画出力後にアップロードが開始される。
❾	プロジェクトの 設定	動画出力時の設定を変更する。
❿	ファイル名	出力する動画のファイル名を入力する。
⓫	ファイルの場所	出力する動画の保存場所。

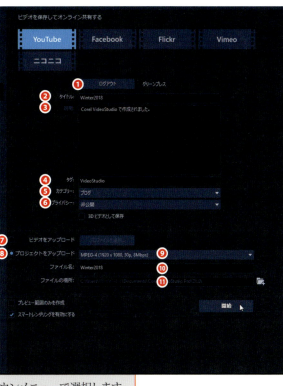

Reference プライバシーについて

❻のプライバシーはどこまで公開するかの範囲をプルダウンメニューで選択します。

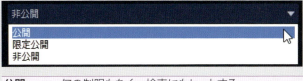

公開	何の制限もなく、検索にもヒットする。
限定公開	URL が分かれば、だれでも見ることができる。ただし検索にはヒットしない。
非公開	URL が分かれば見られるが、相手も Google アカウントを持っていなければならない。

⑧入力が完了したら、「開始」をクリックします。

⑨ここでは「プロジェクトのアップロード」を選択したので、動画の書き出し後アップロードが始まります。

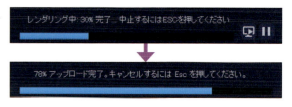

⑩アップロードが完了しました。

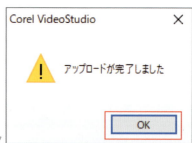

「OK」をクリック

⑪アップロードが完了するとブラウザが起動し、「YouTube」のログイン画面が開くので、ログインしてアップロードした動画を確認します。

著作権に注意しましょう

Webにアップロードする場合は第三者に権利のある画像や音楽を使用していないかなど、著作権に注意しましょう。

Chapter4
03 スマホやタブレットで外に持ち出そう

完成した動画をパソコンではなくスマホやタブレットで鑑賞します。

　完成した動画をスマホやタブレットに保存して、外出先で楽しみましょう。気軽に持ち出すことができれば、気の合った仲間たちとの集いの席などで、簡単に見てもらうことができます。

完成した動画をスマホ、タブレット用に書き出す

①「完了」タブをクリックします。

②「完了」ワークスペースに切り替わりました。

③ツールバーから「デバイス」を選択します。

④画面が切り替わるので、「モバイル機器」を選択して、プロファイルや保存先を確認して「開始」をクリックします。ここではファイル名を「駅」としています。

⑤書き出しが完了しました。

⑥再生して確認してみましょう。

Windows 標準のプレーヤーで再生

iPhoneに動画を転送する

iPhoneに動画を転送する場合はiTunesに一度取り込んでから行います。
iTunesを持っていない場合はAppleのWebサイトからダウンロードしてインストールしてください。

①まずiTunesに動画をコピーします。iTunesを起動して、動画をドラッグアンドドロップします。

②iTunesの「ホームビデオ」に動画が登録されました。

③iPhoneとパソコンをケーブルで接続して、同期します。

④iPhoneで再生できました。

Androidスマートフォンに動画を転送する

完成した動画を書き出す手順はiPhoneのときと変わりません。（→P.127）またAndroidに転送するのもiPhoneより簡単です。

① VideoStudio 2018で作成した動画をAndroidスマートフォンの「DCIM」フォルダーにドラッグアンドドロップでコピーします。

「DCIM」フォルダーにコピーする

Point!
機種によっては「DCIM」フォルダーの内容が異なる場合があるので、必ずスマートフォンの取扱説明書でご確認ください。

Reference AndroidではMP4を再生できない？
コピーしようとすると図のようなアラートが表示される場合がありますが、かまわず「はい」でコピーしてみましょう。

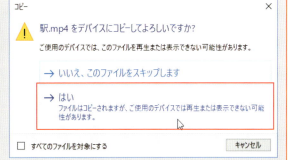

② Androidのスマートフォンで動画を再生することができました。

Chapter4
04 メニュー付きDVDディスクでグレードアップ

VideoStudio My DVDの使い方を解説します。

　VideoStudio 2018には本体から起動するDVD作成ソフトも付属していますが、ここでは別ソフトとして同梱されている「Corel VideoStudio My DVD（以下VideoStudio My DVD）」でメニュー付きのDVDディスクを作成してみましょう。

VideoStudio My DVDを起動する

　ここではDVDビデオの作り方を例に解説します。なおBlu-ray Discを作成するには別途プラグインの購入が必要です。（→P.215）

①デスクトップのアイコンをダブルクリックするか、「スタート」の「すべてのアプリ」から「Corel VideoStudio 2018」フォルダーを開き「VideoStudio My DVD」選択してクリックします。

②スプラッシュ画面が表示された後、最初のメニューが表示されます。

起動しました

Reference　最初のメニュー画面
① DVDビデオ作成する。
② AVCHDプレーヤー用のディスクを作成する。
③ Blu-ray Discを作成する（別途プラグインが必要）
④ 既存のプロジェクトを開く
⑤ 最新のプロジェクトを開く

③❶ DVD のアイコンをクリックします。

④プロジェクトに名前を付けるための画面が開きます。変更する場合は「名称」で入力します。

⑤「OK」をクリックして進みます。

「Magicモード」と「詳細モード」

VideoStudio MyDVDには簡易編集の「Magicモード」と細かい部分まで作り込める「詳細モード」があります。はじめてデスクトップのアイコンや「スタート」メニューからソフトを起動した場合は必ず「Magicモード」が起動します。

最初から「詳細モード」で編集したい場合は、つづけて下段の「詳細モード」アイコンをクリックします。

Point! 次回からは終了時に使用していたモードで、起動するようになります。

「Magicモード」で編集する

「Magicモード」は説明する必要がないくらい、直感的に使用することができます。

このようにわずか5ステップでDVDディスクが完成します。また①〜③は順番が変わってもかまいません。

> **Reference 「Magicモード」注意点**
> ①のDVDビデオの名前はDVDメディアをパソコンのドライブやDVDプレーヤーに挿入したときに表示されるメディア自体の名称で、DVDメニューのタイトルではありません。
> ③のムービーの配置は初期設定の画面では4つの場所しかないように見えますが、ウィンドウを拡大するとみられるようになります。また、ムービーの順番はドラッグアンドドロップで並べ替えたり、メディアパネルのものと入れ替えたりはできますが、削除はできません。

> **Point!**
> VideoStudio MyDVDが扱える動画であれば、ファイル形式はバラバラでもかまいません。

DVDに焼く前にプレビューで動作を確認する

DVDに焼く前にプレビューでメニューの動作や再生の状態を確認します。

①「プロジェクトのプレビュー」ボタンをクリックします。

②プレビュー画面が別ウィンドウで開きます。ここではテンプレートの「グリッド」を選択して作成しようとしています。問題があれば、プレビューを閉じて編集画面に戻り、調整しましょう。

DVDに焼く

パソコンのDVDドライブにDVDメディアをセットして、「プロジェクトの書き込み」をクリックします。

> **Point!**
> 左のフロッピーディスクのアイコンをクリックすると、イメージファイル（.iso）として書き出すことができます。

「詳細モード」に移行してカスタマイズする

「詳細モード」ではメニューの背景画像の変更をはじめ、カスタマイズ機能が充実しています。ここでは「Magicモード」から引き継いでいますが、もちろん最初から「詳細モード」で作業をはじめることも可能です。

①「詳細モード」をクリックします。　②確認のウィンドウが表示されるので、「次へ」をクリックします。

③「詳細モード」が開きました。　　　　④画面が小さいので右上にある「最大化」でモニター
　　　　　　　　　　　　　　　　　　　　全体に表示します。

「詳細モード」の概要

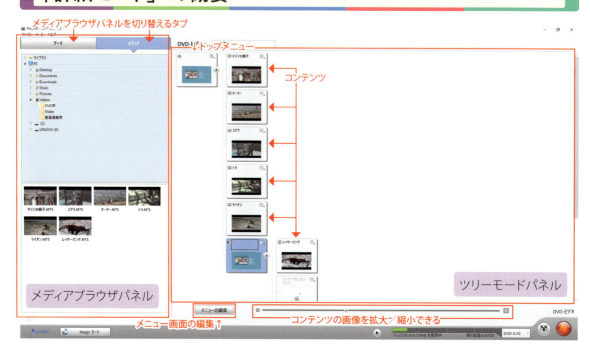

ツリーモードパネル

　DVDメニューの構造を、一覧で見ることができます。またタイトル（コンテンツ）の追加、メニューの追加、メニュー画面のタイトル名、コンテンツ名の変更ができます。
　作例では「Magicモード」のテンプレートで1ページに5タイトルしか表示できないものを選んだので、1つのコンテンツ（6本目のムービー）がサブメニューに送られています。

タイトル（コンテンツ）を追加する

ここでいうタイトルとはコンテンツ（ビデオ）のことです。

①ルートメニュー先頭の図のアイコンをクリックして「タイトルを追加」をクリックします。

②「開く」ウィンドウで追加したいビデオを選択します。

③タイトルが追加されました。

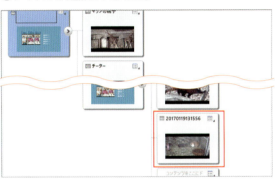

> **Point!**
> メディアブラウザから「コンテンツをここにドラッグ」というところにドラッグアンドドロップで追加することもできます。

メニューを追加する

メニューページを追加します。

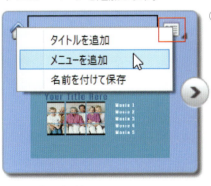

①ルートメニュー先頭の図のアイコンをクリックして「メニューを追加」をクリックします。

②サブメニューページが追加されました。

> **Point!**
> メニューページの追加は不用意に行うと、DVDプレーヤーで見るときに、ちゃんと動作しない場合があるので、ある程度限定的な機能となります。

名前を付けて保存

「名前を付けて保存」はメニューページのタイトル、コンテンツのタイトルを入力します。

①図のアイコンをクリックして「名前を付けて保存」をクリックします。

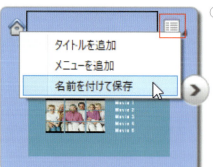

②メニューページのタイトルを入力します。

③入力が終わったら、キーボードの「Enter」キーを押して確定します。

Point!
これは DVD メニューのメインタイトルになります。

④同様にコンテンツのタイトルも同じ方法で変更できます。

Point!
これはメニューページのチャプター名になります。

チャプターを追加する

コンテンツのビデオにチャプターを追加して、プレーヤーで好きな箇所から再生できるようにします。

①コンテンツの図のアイコンをクリックして、「チャプターを追加」をクリックします。

②「チャプターを編集」ウィンドウが開くので、設定します。

❶	プレビュー	ビデオをプレビューする。
❷	ジョグスライダー	左右に動かすことで、チャプターの挿入位置を見つける。
❸	位置と期間	位置は現在の場所、期間はビデオ全体の時間を表示している。
❹	ナビゲーション	再生ボタン、早送り、などビデオを操作する。
❺	ここにチャプターを追加	クリックして、チャプターを追加する。
❻	チャプターを自動的に作成	「開始」をクリックすると、ビデオの再生が始まり、指定した時間毎に自動でチャプターを追加する。
❼	メディアブラウザ	追加したチャプターの先頭の画像が表示される。

③設定が終わったら、「OK」をクリックして、ウィンドウを閉じます。

④チャプターメニューページとチャプターの画像が追加され、ツリーモードパネルにも結果が反映されます。ここでは4つのチャプターを追加しています。

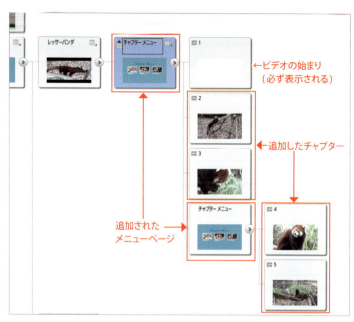

メニューの編集パネル

「メニューの編集」パネルを表示して、実際のメニュー画面を表示してメニューページのレイアウトを編集します。

①編集したいメニューページをダブルクリックするか、選択して「メニューの編集」をクリックします。

②メニューの編集パネルに切り替わります。

メニュー編集パネルの使い方

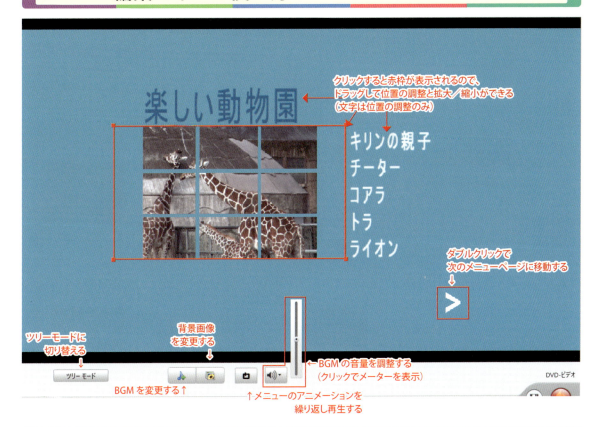

メニューの動作を確認する

下部にある「プロジェクトのプレビュー」でメニューの動作の確認をします。

動作に問題がないようであれば、DVDメディアに焼いてみましょう。(→P.133「DVDに焼く」)

イントロビデオを挿入する

　プレーヤーなどでDVDを再生して、メニューが表示される前に再生されるビデオをイントロビデオといいます。市販のDVDビデオなどを再生するとメーカーのロゴが表示されたりします。それを自作のDVDに挿入してカッコよくしましょう。

①メニューバーの「ツール」から「イントロビデオを追加」をクリックします。

②「開く」ウィンドウが表示されるので、挿入したいビデオを指定します。

③メニューの前に挿入されました。

④プレビューで確認してみましょう。

「イントロ」をクリックする

⑤再生後、メニューが表示されました。

Chapter 5
バラエティに富んだツールで さらに凝った演出

VideoStudio 2018にはまだまだたくさんの機能が搭載されています。
これらのツールを使いこなして、より完成度の高い作品をめざしましょう。

01 360度動画を編集して臨場感あふれる作品を

02 「**タイムリマップ**」で再生速度を自由自在にコントロールする

03 「**マルチカメラ エディタ**」でアングルを切り替える

04 オリジナルフォトムービーをつくる

05 「**モーショントラッキング**」でコミックのふきだしを演出

06 「**透明トラック**」でオーバーラップを簡単に演出

07 音に関する設定ならおまかせ「**サウンドミキサー**」

08 「**Corel FastFlick 2018**」で簡単に作品をつくろう

09 「**Live Screen Capture**」でモニター画面を録画する

10 「**分割画面テンプレート**」でカットイン演出 new

11 「**マスククリエーター**」で部分加工する ULTIMATE限定

Chapter5
01 360度動画を編集して臨場感あふれる作品を

全天球カメラを使って撮影した360度動画を用いて編集します。

最近身近なものになりつつあるVR映像。ここでは360°全方向が見られるパノラマ動画を、角度を切りかえながら見せる1本の動画に仕上げます。

全天球カメラで撮った動画

VideoStudio 2018 で編集

Reference 全天球カメラとは？
上下左右全方位の360度パノラマ写真または動画が撮影できる装置で、NikonのKeyMission 360、GoPro Fusionなどがあります。

Point!
VideoStudio 2018で扱えるのは「エクイレクタングラー」「フィッシュアイ」「デュアルフィッシュアイ」形式です。エクイレクタングラーから標準へ変換、またはフッシュアイからエクイレクタングラーに変換などができます。（VideoStudio 2018のエディションによっては対応していないものもあります）

タイムラインにクリップを配置する

①「編集」ワークスペースで、タイムラインに360°パノラマ動画を配置します。

通常のクリップと同様にドラッグアンドドロップする

Reference 表示が変わる

VideoStudio 2018 が360°動画であると認識するとプレビュー下の表示が変わります。

②クリップを選択してメニューバーの「ツール」から「360度ビデオ」→「エクイレクタングラーから標準」を選択、クリックします。

③「エクイレクタングラーから標準」ウィンドウが開きます。

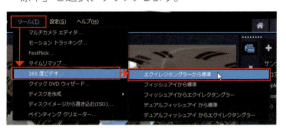

「エクイレクタングラーから標準」ウィンドウ

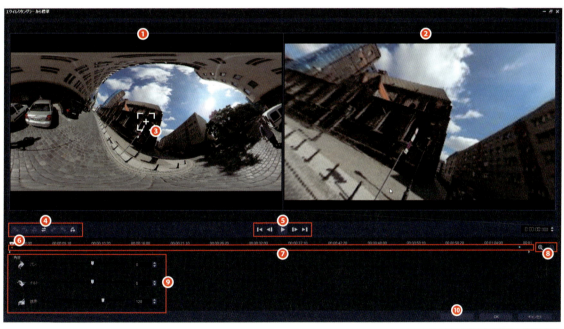

❶ 元の映像
❷ 標準の映像プレビュー
❸ 動かすと標準の映像プレビューも連動して動く。(ビュートラッカー)
❹ キーフレームの操作
❺ 再生ボタン、早送り、などビデオを操作する。
❻ 左右に動かして、目的の箇所を高速で見つける。
❼ キーフレームの位置を表示する(タイムフレーム)
❽ タイムフレームの大きさを変える(左がズームイン/右がズームアウト)
❾ カメラのアングル。パン(カメラを左右に振る)チルト(カメラを上下に振る)視界(寄りと引き)を数値で指定できる。
❿ すべての設定をリセットする。(使用できるときのみアクティブになる)

再生しながら自由にアングルを変えてみる

①右の標準の映像プレビューを見ながら、元の映像内のビュートラッカーを動かすか、標準の映像プレビュー内をドラッグして、スタートのアングルを決めます。

> **Point!**
> パンとチルトの数値が変化します。

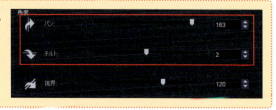

②同時にズームの状況も変化させたいときは、「角度」の「視界」のメーターを操作します。

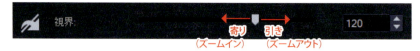

③「再生」を開始して、映像を見ながら自由にアングルを決めていきます。

④リアルタイムにパンとチルトの数値が変化します。またタイムフレームにそのアングルの変更がキーフレームとして次々に記録されていきます。

⑤設定が終わったら「OK」をクリックして、ウィンドウを閉じます。

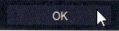

⑥タイムラインの動画にマークが表示されます。もちろん通常の動画として編集可能です。

> **Point!**
> 「OK」の前に「リセット」を押せば、何度でも最初からやり直すことができます。

もっと細かく編集する

①「エクイレクタングラーから標準」ウィンドウを開きます。

②キーフレームが先頭の位置にあるのを確認して、角度のメーターまたはビュートラッカーなどを操作して、最初のアングルを決めます。

③ジョグ スライダーを動かして、「キーフレームを追加」をクリックします。

④ジョグ スライダーの位置にキーフレームが追加されました。

⑤「角度」のメーターやビュートラッカーを操作して、アングルを変更します。

Reference キーフレームが増えた

自動で追加されたキーフレーム

アングルを操作しようとすると、少し前のタイムフレーム上に、キーフレームが自動で追加されます。これはキーフレームを扱う上での法則のようなもので、指定したキーフレームの動作を実現するための準備用のキーフレームです。ソフト側で処理するためのものなので、気にすることはありません。

⑥同じ要領でアングルの変更を指定していき、動作を確認したら、「OK」でウィンドウを閉じます。

Reference キーフレームの操作アイコン

❶ キーフレームを追加
❷ キーフレームを除去
❸ 前のキーフレームに戻る
❹ キーフレームを逆転
❺ キーフレームを左に移動
❻ キーフレームを右に移動
❼ 次のキーフレームに進む

※画像は合成です。各ボタンは使えるときのみアクティブになります。

Reference プレビューでVR体験

360°動画をタイムラインに配置して、プレビュー下のをクリックして再生するとプレビュー内をドラッグして視点を変えることができます。

YouTube、Vimeo、Facebookなどのサービスは360度動画に対応しているので、アップロードすれば手軽にVR映像を楽しむことができます。

ドラッグして自由に視点を変えられる

Chapter5
02 「タイムリマップ」で再生速度を自由自在にコントロールする

早送りやスローモーション、果ては逆回転再生まで簡単編集。

「タイムリマップ」は1本の動画の中で一部分をスロー再生したり、早送り再生したり、かと思うとなんと逆再生まで！活用すれば面白い動きのムービーが完成します。

「タイムリマップ」ウィンドウを開く

①タイムラインに配置したクリップを選択して、ツールバーの「タイムリマップ」アイコンをクリックします。

②「タイムリマップ」ウィンドウが開きました。

一部分の逆回転を3回繰り返す

ウィンドウの左側はクリップをトリミングするときに使用する「ビデオの複数カット」ウィンドウ（→P.79）に似ていますが、操作の仕方も大体同じです。

①プレビューで確認しながら動画を再生またはジョグ スライダーを移動して、効果を設定したい範囲をマークイン／マークアウトで指定します。

指定した箇所は白いラインで表示

②速度の変更や再生の設定はウィンドウの右側の項目で設定します。

❶	速度	再生速度を変更する。スライダーを左にドラッグすると遅くなり、右にドラッグすると速くなる。
❷	イーズイン	徐々に設定した効果が適用される。
❸	イーズアウト	設定した効果が徐々になくなっていく。
❹	フリーズフレーム	動画を静止画に変換して挿入する。右の秒：フレーム数で長さを調節する。
❺	巻き戻し	逆回転再生する。右の時間は回数の指定。1なら1回、3なら3回逆回転を繰り返す。

☞ *Point!*
タイムリマップの設定をした箇所の音声は自動的に削除されます。

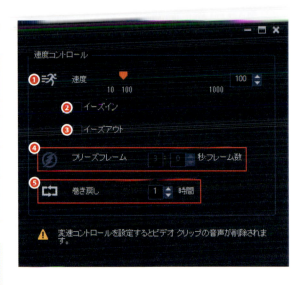

③ここではドリブルをしているシーンを逆回転して、3回繰り返します。「巻き戻し」のアイコンをクリックして、時間を「3」にします。

再生速度を変更する

①同様に複数箇所をマークイン／マークアウトで範囲指定します。指定をすると下にその箇所の最初のフレーム（画像）が表示されます。

②最初は早送りで再生、次にワンポイントで繰り返し再生、3番目はスロー再生して、最後は再び早送りで再生されるように設定しています。

「早送り再生」

選択して

スライダーを右へ移動するか、100から数値を大きくする

「スロー再生」

選択して

スライダーを左へ移動するか、100から数値を小さくする

③設定した効果を確認するには、クリップを選択して左にある「タイムリマップ結果を再生」アイコンをクリックします。

設定を削除する場合は「ゴミ箱」アイコンをクリックします。

かわいいアイコンが表示される

効果を適用すると以下のアイコンが表示されます。

「逆再生」
リバースアイコン

「スロー再生」
亀アイコン

「早送り再生」
うさぎアイコン

「フリーズフレーム」
稲妻アイコン

Point!
逆再生には同時に「早送り」か「スロー」を適用することができます。

フリーズフレーム

動画の中の逃したくない一瞬を切り取って、静止画として挿入します。

①静止画として保存したい箇所を動画の中から見つけます。

②フリーズフレームのアイコンをクリックします。時間は初期設定では3秒ですが、変更する場合は右にある「秒・フレーム数」を操作します。

③動画の途中に挿入されました。

> **Point!**
> フリーズフレームは再生速度変更や逆再生などを設定しようとしている箇所では、実行することができません。ジョグ スライダーの白いラインのないところで実行してください。

「タイムリマップ」を終了する

①すべての設定が完了したら、「タイムリマップ」ウィンドウ下段の「OK」をクリックしてウィンドウを閉じます。

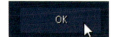

②タイムラインにあるクリップに、設定が反映されました。

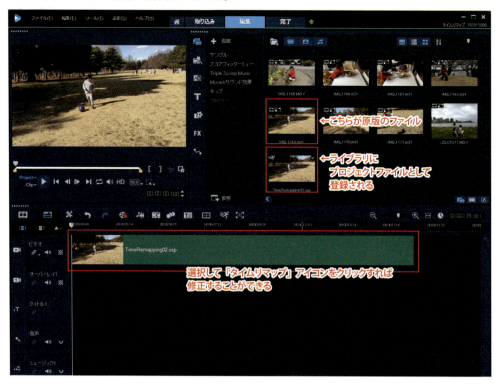

> **Point!**
> 最初の手順に戻り、タイムラインに配置されたクリップを選択して、ツールバーの「タイムリマップ」アイコンをクリックすれば、設定をやり直すことができます。

Chapter5

03 「マルチカメラ エディタ」で アングルを切り替える

複数のカメラで同時撮影した動画を、VideoStudio 2018で同時再生しながら編集します。

　複数のカメラで撮影した動画を取り込んで、タイムラインに並べ、テレビ局のカメラのスイッチングのように、簡単にアングルを変えながら編集ができます。

マルチカメラ エディタを起動する

①「編集」ワークスペースのツールバーの「マルチカメラ エディタ」アイコンをクリックします。

②「ソースマネージャー」ウィンドウが開くので、編集したいビデオがあるフォルダーを開きます。

③ドラッグアンドドロップでフォルダーからクリップを読み込み、「OK」をクリックして次に進みます。

Point!
カメラ4台分まで取り込めます。ULTIMATE は 6 台まで編集可能です。

マルチカメラ エディタの概要

❶	マルチビュー	各カメラの映像を表示する。
❷	メインプレビュー	マルチカメラのタイムラインの映像が表示される。※
❸	ツールバー	カメラの台数の切り替え、ソース同期タイプ、同期アイコンなどのツール。
❹	すべてのトラックをロック／ロック解除	同期後のトラック上のクリップの位置がずれないようにロックする。
❺	ソースマネージャー	読み込んだ動画データの詳細を表示して、クリップの追加／削除ができる。
❻	音声波形ビューを表示／非表示	クリップの音声の波形ビューの表示を切り替える。
❼	ジョグ スライダー	メインプレビューの表示を高速で切り替える。
❽	マルチカメラ／PIP	マルチカメラ機能とPIP（ピクチャー・イン・ピクチャー機能）を切り替える。
❾	このトラックをロック／ロック解除	鍵マークをクリックしてトラックごとにロックとロック解除を切り替える。
❿	同期のために有効にする	トラックごとに同期に含めるか、除外するかをクリックして指定できる。
⓫	タイムライン	取り込んだ動画データやオーディオデータが並ぶ。
⓬	設定	ファイルの保存、スマートプロキシ マネージャーの設定ができる。
⓭	元に戻す／やり直す	クリックして手順を元に戻す／やり直す

※マルチビューの映像を選択していないと表示されません。

マルチカメラ エディタは動画をマルチビューで同時に再生させながら、アングルを決定していきます。その前に重要な作業が各クリップの同期を図ることす。

1 ソースマネージャーで動画データをマルチカメラ エディタに**読み込む**

2 各クリップを**同期**する
・音声で同期
・選択範囲
・マーカーで同期
・撮影日時で同期

3 再生しながら、カメラを切り替えて、**アングルを決めていく**

Reference スマートプロキシファイルを自動生成

タイムラインにクリップが取り込まれたときに、スマートプロキシの設定が有効になっているとファイルの作成が自動で開始されます。完了するとクリップ上部のオレンジのラインが緑色に変わります。スマートプロキシについては→ **P.79**

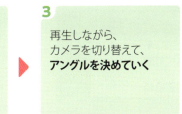

オレンジから緑色へ

音声で同期する

クリップに収録されている音声で同期します。

Point! クリップに音声が含まれている必要があります。

①ツールバーの「ソース同期タイプ」が「オーディオ」であることを確認して、「同期します」をクリックします。

↓ソース同期タイプ　↓「同期します」

②分析が始まります。

③同期されました。

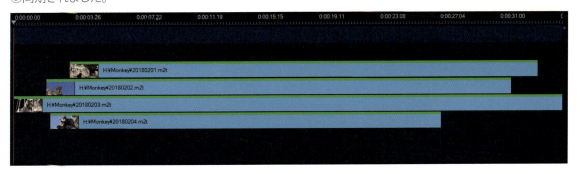

Reference そのほかの同期の方法

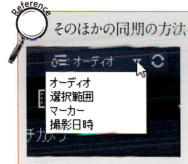

音声で同期する方法以外に以下のタイプがあります。

選択範囲	ビデオの範囲を指定して解析し、同期を図ります。
マーカー	ビデオを再生して映像を見ながら、同期を取りたい箇所に手動でそれぞれのクリップにマーカーを打ち、そのマーカーでクリップを揃えます。
撮影日時	ビデオのファイルが持っている撮影日時などのメタデータを根拠に同期を図ります。

Point!
同期は慣れないうちは難しいかもしれません。いろいろな方法を試してみてください。この項の最後に複数のカメラで撮影する場合のコツをまとめていますので、参考にしてください。

カメラアングルを選択する

再生またはジョグ スライダーを操作して、アングルを決めていきます。

①最初のカメラをマルチビューで選択します。作例では「カメラ3」の映像しかありませんので、それをクリックしています。

タイムラインの「マルチカメラ」に配置されます

②基本的にはメインプレビューにビデオを再生して映像を流しながら、マルチビューでカメラのアングルを確認しつつ、2つから4つのカメラの映像を切り替えていきます。
メインプレビュー下の「再生」をクリックします。

「再生」をクリックして、作業開始

③メインプレビューの映像を見ながら、マルチビューの各カメラの映像をチェックして、画面内をクリックして随時指定していき、カメラアングルを決定していきます。

指定したアングルを変更する

指定したアングルをほかのカメラに変更したい場合は、マルチカメラトラックのクリップを選択します。

①変更したいクリップを選択します。

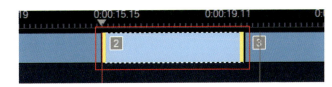

②クリップ上で右クリックをして、表示されるメニューからカメラ番号を選択します。

「カメラ2」を「カメラ4」に変更

③反映されました。

> **Point!**
> 長さの調整も通常と同じようにクリップを選択して、両端をドラッグすれば可能です。またそれに連動して前後のクリップの長さが自動で調整されます。
>
>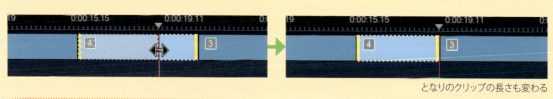
>
> となりのクリップの長さも変わる

トランジションを挿入する

アングルを切り替えた場所にトランジションを、挿入することができます。

①アングルの切り替えたい付近まで、ジョグ スライダーを移動します。

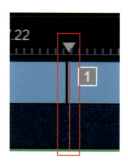

②挿入可能な場所に来ると、ツールバーにある「トランジション」ボタンがアクティブになるので、クリックします。

アクティブな状態

③トランジション「クロスフェード」が追加されます。

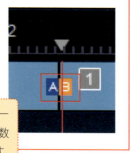

> **Point!**
> ここで挿入できるのは「クロスフェード」のみです。また長さはとなりの数字を変更します。初期設定は3秒です。

「黒」または「空白」を挿入する

アングルを選択するときに、カメラではなく「B」または「0」をそれぞれ挿入することができます。
「B」を挿入した場合は、その部分は真っ暗な動画として再生され、「0」を挿入した場合はその部分はなかったこととなり、これを動画として書き出すと、その部分は次に指定したカメラの映像が表示されます。

音声の指定

音声は初期設定では「カメラ1」が使用されますが、これを切り替えることができます。

① 「メインオーディオ」のプルダウンメニューを表示して、カメラ番号で切り替えます。

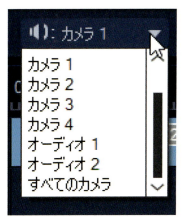

② 「自動」を選択すると、そのとき選択されている映像の音声が再生されます。「なし」を選択すると無音になります。

編集を終了する

①編集が終了したら最下段の「OK」をクリックします。

②ライブラリに登録されます。

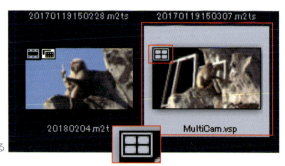

ライブラリに登録される

 名前を付けて保存

「設定」から「名前付けて保存」を選択して、プロジェクトファイルとして保存することも可能ですが、編集を終え「OK」をクリックした時点で 151 ページで示した「ソースマネージャー」に表示されている名前でライブラリに自動で登録されます。

「ソースマネージャー」ウィンドウ

Point!
保存先は初期設定では「ドキュメント」→「Corel VideoStudio Pro」→「21.0」→「MultiCam」フォルダーです。

 マルチカメラの撮影のコツ

- 基本的には複数のカメラで、いろいろな角度から被写体を撮影します。
- 同じ方向から撮影する場合でも、一台は顔の表情のアップだけを、もう一台は全体像をといった工夫でこれまでにない動画をつくることが可能です。
- 収録されている音声で動画同士を同期させるので、撮影のときからたとえば映画撮影のカチンコのように、何かきっかけとなる音を意識しておくといいでしょう。
- 複数のカメラの内蔵時計の時間を合わせておけば、撮影日時のデータでも同期が可能です。
- 一台のカメラで違う角度から撮影した動画でも、映像を見て手動でタイミングを合わせることができるので、映像内に目印となるようなものを置いたり、被写体の動きをリピートしたりといろいろ工夫をしてみてください。
- VideoStudio 2018 で扱える動画形式であれば、撮影するカメラの動画保存形式が揃っていなくても問題ありません。
- 最大 4 台（ULTIMATE は 6 台）までの、カメラの映像を編集可能です。

運動会や結婚式などのイベント、コンサートのライブ会場などで複数のカメラで同時に撮影すれば、臨場感あふれる動画を残すことができます。

Chapter5 04 オリジナルフォトムービーをつくる

写真を使ったオリジナルフォトムービーをつくります。

　撮りためた画像を使って、オリジナルのフォトムービーを作ります。パン＆ズームなども駆使して、見栄え良く仕上げていきます。

動画から静止画を切り出す

　動画から気に入ったショットを一枚の静止画として保存します。

①ビデオトラックにクリップ（動画）を配置します。

②再生やジョグ スライダーを操作して、ベストショットを見つけたら、ツールーバーの「記録／取り込みオプション」をクリックします。

③「記録／取り込みオプション」ウィンドウが開くので、「静止画」をクリックします。

④画像としてライブラリに登録されます。

保存形式を変更する

静止画の保存形式は初期設定で.BMP（BITMAP）ですが、.JPG（JPEG）形式に変更することができます。

①メニューバーの「設定」から「環境設定」を選択、クリックするか、キーボードの「F6」キーをクリックします。

②「環境設定」ウィンドウのタブを「取り込み」に切り替えて、静止画形式のプルダウンメニューで設定して、「OK」をクリックします。

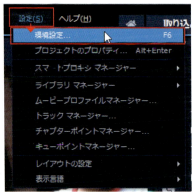

メニューバーから開く

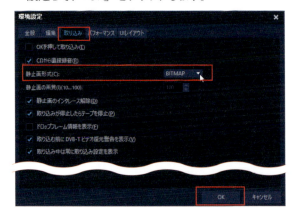

タイムラインに画像を配置する

動画から切り出した画像も揃えて、ライブラリに必要な画像を取り込んで、フォトムービーを編集します。タイムラインにクリップを配置します。

Point! 画像の並べ替えはストーリーボードビューに切り替えての作業が便利です。

アスペクト比を調整する

ビデオカメラとデジタルカメラではアスペクト比が異なる場合が多いので、調整します。

アスペクト比

アスペクト比とは縦と横の辺の長さの比率です。
AVCHDカメラなどのフルハイビジョンは16：9、昔のアナログテレビなどは4：3です。デジタルカメラも大概の機種は4：3、一眼レフのカメラは3：2が主流なので、アスペクト比の違いで仕上がりに差が出ます。

①一眼レフカメラで撮影した写真を読み込むと、画面に黒い部分があります。

②タイムライン上のクリップをダブルクリックして、オプションパネルを開きます。

オプションパネル

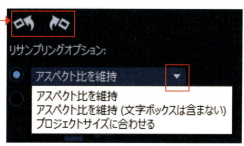

③プレビューで確認しながら、「リサンプリングオプション」の「アスペクト比を維持」のプルダウンメニューから選択します。

画像比較

アスペクト比を維持

現状維持

アスペクト比を維持（文字ボックスは含まない）

両側の黒い部分が取り除かれ、寄りの画になる

プロジェクトに合わせる

プロジェクトの比率 16：9 に合うように左右に引き伸ばされる

> **Reference　画像を回転**
> 画像を 90 度回転したい時は、このアイコンをクリックします。

色を補正する

VideoStudio 2018では画像やビデオの色味を補正する機能が搭載されています。

タイムラインに配置したクリップをダブルクリックして、オプションパネルを表示し、「補正」タブに切り替えて「色補正」をクリックします。

🌈 ホワイトバランスの調整

ホワイトバランスとは画像の中の白を基調にして、ほかの色を調整する機能です。

①「ホワイトバランス」のチェックボックスにチェックを入れると、自動である程度調整されます。

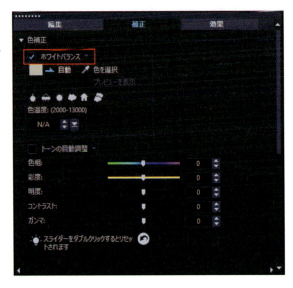

元の画像

自動で調整

②自分で画像の基調となる白い部分を、選択することもできます。「色を選択」をクリックします。

③カーソルがスポイトの形に変わるので、プレビューに移動して、基調となる白を選択します。

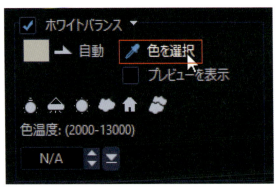

④色が変わりました。

自動調整された画像

さらに手動で調整した画像

色温度
光源の発する色を基に色を調整します。
左から「電球」「蛍光灯」「日光」「曇り」「日蔭」「厚い雲」で，クリックするとその光源下で撮影された場合の色を計算して色味が変化します。

例「蛍光灯」

トーンの自動調整

トーンの自動調整はチェックすると、明るさを調整してくれます。また横にあるプルダウンメニューを表示して、程度を指定することが可能です。

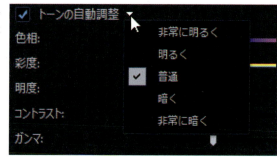

スライダーで調整

スライダーで詳細に色を調整することも可能です。動かしたスライダーはダブルクリックすればリセットされます。

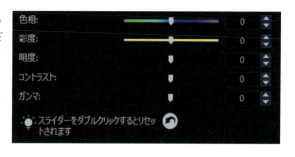

レンズの歪みを補正する new

最近はアクションカメラと呼ばれる「GoPro」やドライブレコーダーなど、ワイドレンズや魚眼レンズで撮影するカメラが増えています。そういった特殊なカメラで撮影した映像はときに歪みが目立ってしまうことがあります。それを解消してくれるのが「レンズの補正」です。

タイムラインに配置したクリップをダブルクリックして、オプションパネルを表示し、「補正」タブに切り替えて「レンズの補正」をクリックします。

📁 プロファイルを活用する

「GoPro」には機種別にプロファイルが用意されているので、「初期設定」のプルダウンメニューを開き、機種を選択して適用します。

詳細な補正はプレビューで確認しながら、スライダーや数値を調整して補正します。

プロファイルで一発補正

Point!
「初期設定」を選択すればすぐに元の映像に戻せるので、いろいろ試してみましょう。最後は好みもあるので、正解というものはありません。

補正前

補正後

表示時間を変更する

写真をタイムラインに配置したときは、初期設定で表示する時間が3秒です。これを変更したい場合にはいくつか方法があるのですが、手軽なのはタイムラインにあるクリップを選択して、両端を伸縮させて調整する方法です。

> **Reference タイムコードで変更**
> オプションパネルの「編集」タブにあるタイムコードの数値で変更することもできます。

パン&ズーム

撮影用語でパンは固定したカメラを左右に振ること、ズームは被写体を拡大することをいいます。写真はそのままでは動きがないので、パンやズームを設定してビデオのように動きをつけます。

①オプションパネルにあるリサンプリングオプションの「パン&ズーム」を選択して、有効にします。

②有効にするとテンプレートが選択できるようになります。

③テンプレートは選択するだけで、すぐに反映されます。

パン&ズームをカスタマイズする

パン&ズーム機能は今バージョンでかなり強化されており、「編集モード」を切り替えて使いこなせば、映像にこれまでにない多彩なアクションを設定することができます。

① 「カスタマイズ」ボタンをクリックするか、ツールバーの「パン/ズーム」アイコンをクリックします。

② 「パンとズーム」ウィンドウが開きます。

「パンとズーム」ウィンドウのおもな機能

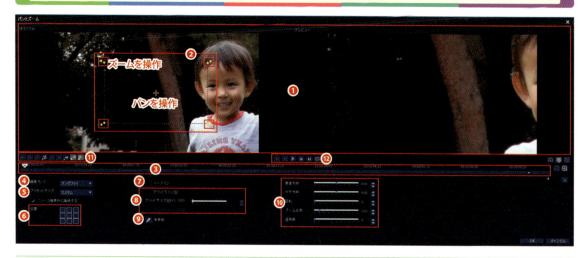

❶ 左がオリジナルで右が適用後の画面
❷ 設定ツール。中心の+でパンを操作。四つの角でズームを操作する。
❸ ジョグ スライダーとバー。キーフレームを追加するとバーに表示される。
❹ 編集モード。「アニメーション」「オンザフライ」「静止」を選択する。
❺ プリセットサイズ。❷の大きさを変更する。
❻ 画像を9分割してすばやく動作する方向を決定できる。
❼ イーズイン。チェックを入れると設定した動きを徐々に加速させる。
❽ グリッドラインの表示/非表示とその設定
❾ 画像がフレームより小さいときに表示される背景色を変更する。
❿ 設定を数値またはスライダーで調整する。
⓫ キーフレームの操作ボタン
⓬ 再生、1フレーム左右に移動、繰り返し再生などの操作ボタン

基本の設定

設定は「オリジナル」の画面で❷を動かすか、❿の数値を操作して決めていきます。

①キーフレームの最初を選択して、❷を動かしてプレビューで確認しながら画像の動きを決めます。

②最後のキーフレームを選択して、再び❷を動かして最後のアングルを決定します。

③再生してプレビューし、問題がなければ「OK」をクリックします。

Point!
キーフレームを使用すれば、さらに細かい動作を指定することができます。キーフレームについてはChapter3-12を参照してください。

編集モードの違い

編集モードによって仕上がりに違いがあります。

アニメーション	ゆるやかに画像が推移していきます。
オンザフライ	途中にキーフレームを設定すると、それに合わせて自動でキーフレームが追加され、極端な動きをするようになります。
静止	設定したまま最初から最後まで動きません。キーフレームも使用できません。

Reference 動画にも設定可能
パン＆ズームは写真だけでなく、動画にも設定できます。

そのほかの要素

これで画像に関する設定は完了したので、画像と画像をきれいにつないでくれるトランジションをはじめ、タイトルや、BGMを設定します。これらの設定につてはChapter 3をご覧ください。

すべての設定が終わったら「完了」ワークスペースに切り替えて、書き出します。

Chapter5 05 「モーショントラッキング」で コミックのふきだしを演出

モーション（motion：動き）をトラッキング（tracking：追跡、追随）します。

どんなことができる?

動画内でターゲットを定め、それに追随する画像を設定したり、ターゲット自体にモザイクをかけたりできます。

動きに合わせて
モザイクをかける

モーショントラッキングの設定手順

①ビデオトラックにクリップを配置して、選択状態にして、ツールバーから「モーショントラッキング」アイコンをクリックします。

②「モーショントラッキング」ウィンドウが開きます。

> **Point!**
> 開いた直後にはプレビューに使い方の説明が表示されます。

動画の範囲を指定する

③まず、「モーショントラッキング」を実行したい動画の範囲を指定します。プレビューを見ながら、ジョグスライダーを移動して開始点を見つけ、「トラックイン」ボタンをクリックします。続けて終了点を決めて、「トラックアウト」ボタンをクリックします。

ジョグ スライダー
トラックイン　　　範囲を指定　　　トラックアウト

> **Point!**
> キーボードの「F3(トラックイン)」、「F4（トラックアウト）」を押しても指定できます。

ターゲットを指定する

④指定した開始点にジョグ スライダーを戻します。

開始点に戻す

⑤プレビュー内の図の赤いターゲットマーク(トラッカー)を、追いかけたい対象の部分にドラッグアンドドロップします。

周囲が拡大される

> **Point!**
> ここではピンポイントで追いかけるようにトラッカーを設定していますが、もっと広い範囲（エリア）で指定したい場合はトラッカーのタイプを切り替えます。
>
>
>
> ❶ ピンポイントで設定する。
> ❷ エリアで設定する。
> ❸ 四辺形の頂点で設定する。(モザイク専用)
> ❹ モザイクの大きさや形を設定する。

⑥「オブジェクトの追加」がオンになっているのを確認して、画像エリア（#01）の位置と大きさを調整します。

オーバーレイ	トラッカーに重なって表示される。
右上	トラッカーの右上に表示される
左	トラッカーの左に表示される
右	トラッカーの右に表示される
カスタム	ドラッグして自由に自分で配置する

⑦ここではドラッグして、大きさと位置を調整しています。

ドラッグで移動・四つの角をドラッグして拡大／縮小

⑧「モーショントラッキング」アイコンをクリックします。

⑨指定した範囲の動画を再生しながら解析が始まります。

進捗がパーセントで表示される

だいま解析中

⑩解析が終わりました。

指定したポイントが動画内で移動した軌跡

挿入予定の画像の範囲

↑解析前はオレンジだったバーの色がブルーに変わる

図のように設定したポイントを追いかけて、トラッカーの軌跡が記録され、追随する画像エリア（#01）もいっしょに移動します。

Point! 軌跡の表示、非表示はここをクリックします。

右は「デフォルトの位置に戻す」すべての設定をリセットします

Point! トラッカーの設定を何か変更した場合、必ず「モーショントラッキング」アイコンをクリックして、解析を再度実行してください。

Reference トラッカーは複数設定できる

トラッカーは一つの動画に複数設定することが可能です。増やす場合は「＋」ボタンをクリックします。

新しいトラッカーを追加

⑪設定が終了したら右下にある「OK」をクリックして、「モーショントラッキング」ウィンドウを閉じます。

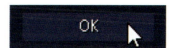

オーバーレイトラックのクリップを交換する

⑫タイムラインのオーバーレイトラックにクリップが追加され、ビデオトラックのクリップ上部にモーショントラッキングを設定したという印の青いラインとマークが表示されます。

⑬オーバーレイトラックのクリップ（画像）を交換します。ライブラリにあらかじめ用意した画像をドラッグします。ただしドロップする前にキーボードの「Ctrl」キーを押して、図のように「クリップを置き換え」という文字を確認してから、ドロップします。

Point!
「Ctrl」キーを押さずにドロップすると、置き換えにならずオーバーレイトラックにあるクリップの前後に挿入されてしまいます。

⑭「Project」モードで再生して確認してみましょう。

女の子の動きに合わせて吹き出しがついていく

 トラッカーが途中ではずれるときは
トラッカーがターゲットを見失い、うまくいかないときは以下の方法を試してみてください。
- トラッカーの指定する箇所を変えてみる。
- トラッカーのタイプを変えてみる。
- トラッカーの数を増やして、適用範囲を細分化してみる。
- 「モーショントラッキング」ウィンドウで、トラッカーがズレているところまでフレームを戻し、トラッカーの位置を修正してそこから再度「モーショントラッキング」を実行する。

「モーショントラッキング」を削除する

①「モーショントラッキング」を設定したクリップをタイムライン上で選択して、「モーショントラッキング」ウィンドウを開きます。

②新しいトラッカーを追加します。

③トラッカー01（削除したいトラッカー）を選択して「－」ボタンをクリックして削除して、「OK」ボタンをクリックします。

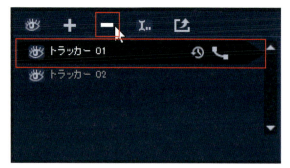

Point!
トラッカーが1個しかないと「－」ボタンがアクティブにならず、削除することができないので、新しいトラッカーをあえて足して、元のトラッカーを削除しています。

モザイクをかける

モザイクもほぼ同じ手順でかけることができます。

①クリップをビデオトラックに配置して、ツールバーの「モーショントラック」アイコンをクリックします。

②モザイクをかけたい動画の範囲を「トラックイン」と「トラックアウト」で指定します。ここでは全体にモザイクをかけるので、範囲は指定していません。

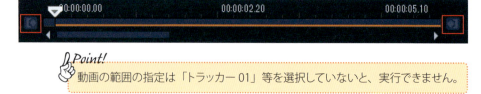

Point!
動画の範囲の指定は「トラッカー01」等を選択していないと、実行できません。

③「モザイクの適用／非適用」のプルダウンメニューからモザイクの形を選択します。

④プレビュー内でトラッカーとモザイクエリアの大きさを指定します。

⑤モザイクのタイルの大きさは数値で設定します。1〜99まで選択することができます。数字が大きいほど1枚のタイルが大きくなります。

⑥準備が整ったら、「モーショントラッキング」アイコンをクリックします。

⑦設定が終了したら「OK」をクリックして、「モーショントラッキング」ウィンドウを閉じます。

モザイクの状態の確認は本体のプレビューで行います。

Reference: マルチポイントトラッキング

トラッカーを四角形で指定します。ターゲットが四角いものなら、これを利用しましょう。モザイク専用の機能です。

「モザイクの適用／非適用」が自動でオンになる

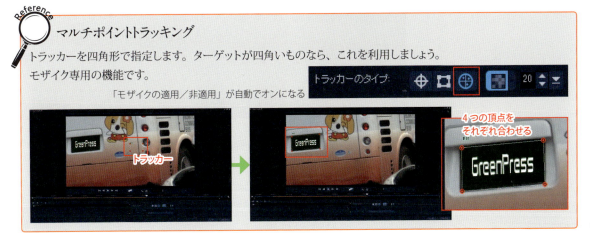

Chapter5 06 「透明トラック」でオーバーラップを簡単に演出

クリップの透明度を自在に指定してオーバーラップの映像をつくります。

ビデオトラックとオーバーレイトラックにクリップをそれぞれ配置し、透明度を調整します。

映像を重ね合わせるオーバーラップ

「透明トラック」に切り替える

①透明度を調整したいクリップが配置されたトラックの「透明トラック」アイコンをクリックします。ここではオーバーレイトラックを選択していますが、ビデオトラックも同様に調整することができます。

③タイムラインパネルが「透明トラック」モードに変わりました。

「透明トラック」モード

全体に同じ透明度を設定する

黄色いラインを上下にドラッグして透明度を調整できます。

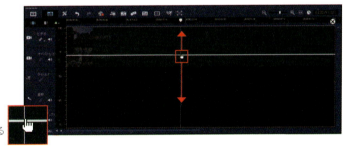

ドラッグするとカーソルが指の形に変わる

キーフレームで不透明度をコントロール

①黄色いライン上をクリックして、キーフレームを追加します。

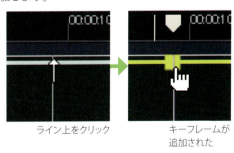

ライン上をクリック　　キーフレームが追加された

②同様にあと3か所に追加します。キーフレームはあとからドラッグして動かせるので、適当な位置でかまいません。

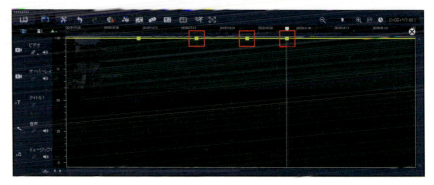

③キーフレームをドラッグして設定します。ここでは図のように設定しました。

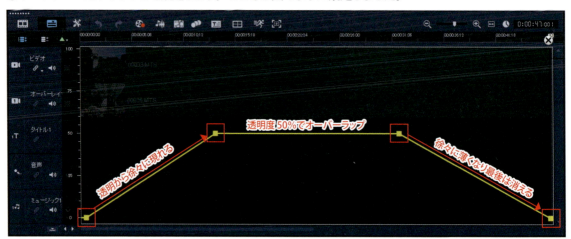

キーフレームを削除する

不要になったキーフレームを削除するには、キーフレーム上で右クリックし、表示されたメニューから「キーフレームを削除」を選択、クリックします。

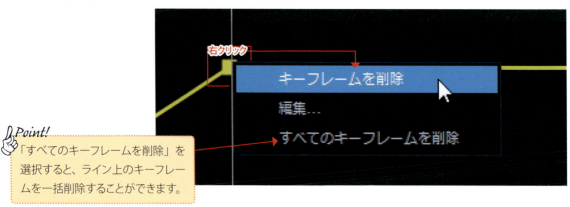

Point!
「すべてのキーフレームを削除」を選択すると、ライン上のキーフレームを一括削除することができます。

Chapter5
07 音に関する設定ならおまかせ「サウンドミキサー」

「サウンドミキサー」を使用して行う音に関する設定のいろいろを紹介します。

　サウンドミキサーはクリップの音に関する設定がいろいろ行えます。ボリュームの調整はもちろん、ステレオや5.1chの設定も行えます。

サウンドミキサーを起動する

①トラックに各種クリップが配置されている状態で、ツールバーからサウンドミキサーを起動します。

②ライブラリのオプションパネルに「サラウンドサウンドミキサー」が表示され、タイムラインにあるクリップもオーディオ編集モードに変わります。

サラウンドサウンドミキサー

サウンドミキサーを閉じれば、タイムラインのクリップは元の表示に戻ります。

サラウンドサウンドミキサー

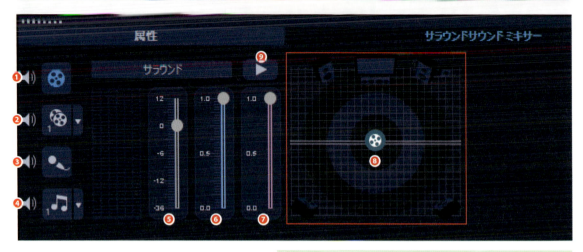

❶ ビデオトラックの音量を調整する。
❷ オーバーレイトラックの音量を調整する。
❸ ボイストラックの音量を調整する。
❹ ミュージックトラックの音量を調整する。
❺ 全体の音量
❻ 中央（スピーカー）
❼ サブウーファー
❽ バランスの調整（視覚的に調整）※
❾ 再生

※ 5.1ch サラウンドの場合

ビデオトラックの音量を調整する

①サラウンドサウンドミキサーの❾再生ボタンか、プレビューの再生ボタンをクリックします。

②オプションパネルの全体の音量を上下すると、リアルタイムにビデオトラックの音量も変化します。

5.1chサラウンドを設定する

最近のビデオは画質の向上とともに音響も進歩を遂げています。家庭でも手軽に映画館のようなサウンドシステムを構築できます。再生しながら図のアイコンをイラスト内で動かすと音のバランスが変化し、設定することができます。

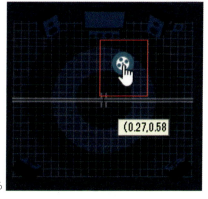

サラウンドであれば自由にバランスを設定できる

設定した変更をリセットする

タイムラインにある音量を変更したクリップ上で右クリックして、表示されるメニューから「ボリュームをリセット」を選択、クリックします。サウンドに関する変更はすべてリセットされます。

5.1chサラウンドをステレオに変更する

5.1chサラウンドの音声をステレオに変更することができます。

①サウンドミキサーを起動して、メニューバーの設定から「プロジェクトのプロパティ」を選択します。

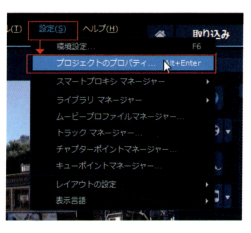

179

②「プロジェクトのプロパティ」ウィンドウが開くので、「編集」をクリックします。

③開いた「プロファイル編集オプション」ウィンドウのタブを「圧縮」に切り替えます。

④「オーディオタイプ」のプルダウンメニューから「2/0 (L,R)」を選択して「OK」をクリックします。

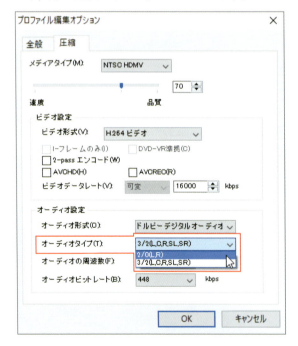

⑤つづけて「OK」をクリックします。チャンネルを変更すると今までのキャッシュが削除されるという旨のアラートが表示されますが、かまわず「OK」をクリックします。

⑥オプションパネルの「サラウンド」が「ステレオ」に変わり、バランスの調整もステレオなので左右にしか、動きません。

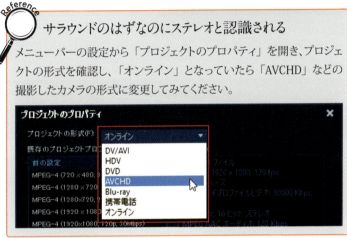

サラウンドのはずなのにステレオと認識される

メニューバーの設定から「プロジェクトのプロパティ」を開き、プロジェクトの形式を確認し、「オンライン」となっていたら「AVCHD」などの撮影したカメラの形式に変更してみてください。

視覚的に音量を調整する

①サウンドミキサーを起動して、オーディオ編集モードにします。

②黄色いライン上にカーソルを持っていくと、カーソルの形が変化するので、その場所でクリックします。

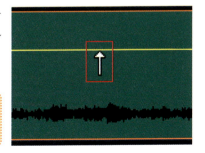

Point!
ラインが黄色ではなく青い場合はそのクリップが選択されていません。クリックして選択しましょう。

③コントロール用の■が追加されます。同じようにここでは4か所クリックし■を追加しました。

④■をドラッグするとラインが動きます。下に引っ張るとその部分のオーディオの音量が下がり、上に引っ張ると音量が上がります。青いラインが元の音量です。

⑤コントロール用の■を削除するには、削除したい■をドラッグしてタイムラインの外へ持っていき、ドロップします。

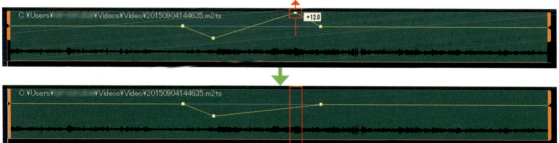

サウンドミキサーの「属性」タブ

サウンドミキサーの「属性」タブではフェードイン／フェードアウト、ボリュームの調整ができます。またオーディオファイルによっては「オーディオチャンネルを複製」をチェックすることによって、ステレオ音源の片方の音を無音にすることができます。

オーディオダッキングで音声をクリアにする

　BGMとボイストラックにある音声の音量のバランスを自動的に分析して、音声を聞き取りやすくしてくれる機能が「オーディオダッキング」です。

🎨 オーディオのウェーブデータを表示する

　効果がよくわかるように、クリップの音声とミュージックのウェーブデータを表示します。

①ツールバーの「サウンドミキサー」アイコンをクリックします。

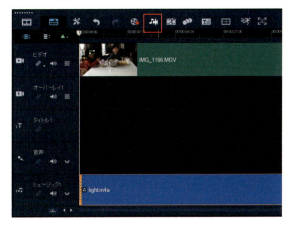

②ウェーブデータが読み込まれます。

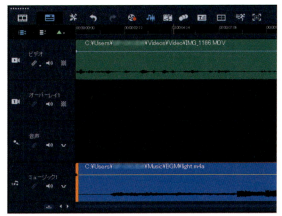

③ミュージックトラックにあるオーディオを選択して、右クリックします。表示されるメニューから「オーディオダッキング」をクリックします。

④「オーディオダッキング」ウィンドウが開きます。

❶	ダッキングレベル	0〜100の間で指定する。数字が大きいほど適用部分のBGMの音量が低くなる。
❷	感度	ダッキングをするために必要な音量のしきい値。
❸	アタック	❷の設定に合致したあと、音量が下がるまでにかかる時間を設定する。
❹	ディケイ	❸とは逆に元の音量までに戻るまでにかかる時間を設定する。

> **Point!**
> しきい値とはその値を境に条件などが変わる境界の値のことです。

⑤感度やダッキングレベルを調整して、最後に「OK」をクリックします。

⑥分析後、ミュージックトラックの音量が調整されました。

⑦プレビューで再生して確認してみましょう。

> **Point!**
> 一度で思い通りの結果を得るのは、難しいかもしれません。感度やダッキングレベルを調整して、何度か試してみることをおすすめします。

> **Reference**
> **ボイストラックの音声にも有効**
> 作例ではボイストラックにクリップがありませんでしたが、ナレーションなどのクリップがある場合は、ボイストラックの音も分析の対象になります。

Chapter5
08 「Corel FastFlick 2018」で簡単に作品をつくろう

おしゃれなテンプレートに動画や写真を当てはめるだけで、素敵な作品が完成します。

Corel FastFlick 2018 を起動する

Corel FastFlick 2018（以下FastFlick 2018）の起動はデスクトップのアイコンをダブルクリックするか、スタート画面のアプリ一覧のアイコンをクリックします。

デスクトップアイコン

アプリ一覧のアイコン

【ステップ1】テンプレートを選択

①起動した画面です。
　右側に25種類のテンプレートが並んでいます。選択して再生ボタンをクリックすると、テンプレートの内容を確認することができます。

②テンプレートを選択して、次のステップに進みます。ここでは1番上の中央にあるテンプレートを選んでいます。

【ステップ2】メディアの追加

③テンプレートを選択したら、下段にある「2　メディアの追加」をクリックします。

④画面が切り替わるので、右側にある「＋」をクリックします。

> **Point!**
> 直接この場所へファイルをドラッグアンドドロップして、追加することも可能です。また写真と動画が混在していても、同時に取り込めます。

⑤「メディアの追加」ウィンドウが開くので、パソコンに保存してある写真または動画を選択して「開く」をクリックします。

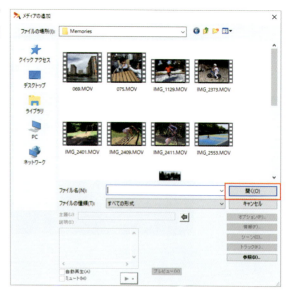

⑥再生して確認します。

【ステップ3】保存して共有する

⑦「3 保存して共有する」をクリックします。

⑧画面が切り替わります。書き出す設定は通常の「完了」ワークスペース（→ P.122）とほぼ同じです。

⑨「ムービーを保存」をクリックすると書き出しがスタートします。

⑩書き出しが完了すると、ファイルが表示されます。

⑪「最新のムービーを再生」をクリックすると、専用のプレーヤーが起動して、内容を見ることができます。

ここまでがFastFlick 2018の基本的な使い方です。

「VideoStudioで編集」

「VideoStudioで編集」ボタンをクリックするとVideoStudio 2018が起動し、今「FastFlick 2018」で編集している内容がそのまま、VideoStudio 2018のタイムラインに反映されます。さらに詳細に編集したいときに使用します。

VideoStudio 2018が起動する

クリップの順番を入れ替える

ここからはカスタマイズの方法です。作業はすべて「2 メディアの追加」で行います。

①クリップの位置を入れ替える。

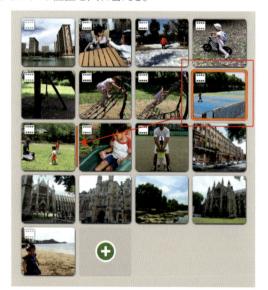

②入れ替わりました。

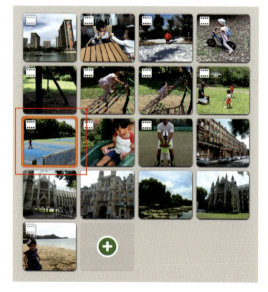

クリップを編集する

読み込んだ写真や動画を簡易的に編集することができます。

①写真を選択してクリップ上で右クリックすると、メニューが表示されます。

写真を選択

②「補正 / 調整」は ■ を操作することで、ズームによるトリミングなどがおこなえます。

「補正 / 調整」ウィンドウ

> **Reference** 動画もトリミング
>
> 読み込んだクリップが動画の場合も再生範囲の指定（トリミング）がおこなえます。
>
>

タイトルを変更する

ムービーの中で表示されるタイトルは、ジョグ スライダー下に紫色のバーで表示されます。

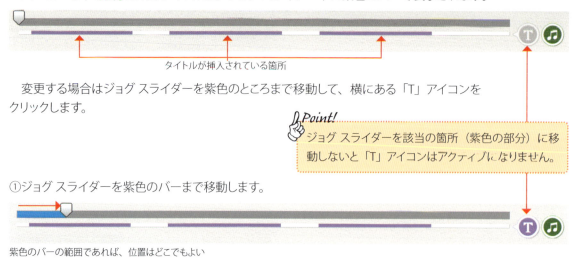

タイトルが挿入されている箇所

変更する場合はジョグ スライダーを紫色のところまで移動して、横にある「T」アイコンをクリックします。

> Point!
> ジョグ スライダーを該当の箇所（紫色の部分）に移動しないと「T」アイコンはアクティブになりません。

①ジョグ スライダーを紫色のバーまで移動します。

紫色のバーの範囲であれば、位置はどこでもよい

②「T」アイコンをクリックします。

③右側に設定用のオプションメニューが開き、プレビューのタイトルが選択された状態になります。

④プレビューで「FastFlick」をクリックして、タイトルを変更します。ここでは「Memories」と入力しています。

⑤入力した文字を確定する場合は、文字の枠の外側をクリックします。

枠の外をクリックする

⑥枠の形が変わり、●や○が表示されます。

⑦●をドラッグすれば文字を回転、○をドラッグすれば拡大 / 縮小することができます。

縦型の映像にも対応

スマホなどで撮影した縦型の写真や動画はテンプレートによっては、横に引き伸ばされてしまうものもありますが、自動で縦長の映像に調整されるものも数多くあります。いろいろ試してみましょう。

引き伸ばされてしまうテンプレートも VideoStudio 2018 本体に読み込めば、映像の比率（アスペクト比）を自由に調整できます。

オプションメニューでさらにカスタマイズ

オプションメニューではフォントやBGMを変更したり、ムービーの長さを調整したり、さらにいろいろなカスタマイズができます。

◼ タイトルオプション

フォント（書体）や文字色の変更ができます。

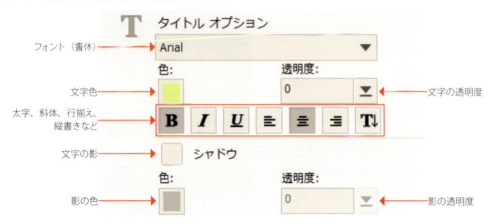

◼ ミュージックオプション

曲の変更やミュージックとビデオの音声のバランスなどを調整できます。

◼ 画像のパン&ズームオプション

チェックを入れると画像のパン（カメラを左右に振る）とズーム（拡大/縮小）を、自動調整してくれます。

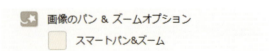

ムービーの長さ

ミュージックとムービーの長さが異なる場合、どちらに合わせるかを選択します。

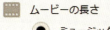

プロジェクトの保存

FastFlick 2018を終了するときに、「プロジェクトを保存しますか」というアラートが表示されます。保存する場合は「はい」をクリックします。拡張子がVideoStudio 2018のプロジェクトは.VSPですが、FastFlick 2018は.vfpとなっているので、ファイルのアイコンをクリックするとFastFlick 2018が起動します。また途中で保存したい場合は図のメニューをクリックして保存します。

FastFlick 2018のプロジェクトファイル

プロジェクトファイルを保存する

テンプレートの「全般」

画像よりも動画に特化したテンプレートで、これらを利用すると、さまざまなエフェクトが適用された作品に仕上がります。

インスタントプロジェクト

「FastFlick 2018」は3ステップで簡単にムービーを作ることができました。しかしそれではなんとなく物足りないという人はVideoStudio 2018本体にある「インスタントプロジェクト」もおすすめです。テンプレートを使用していながら、いろいろ凝った演出の動画を仕上げることが可能です。

カテゴリー別に、さらにたくさんのテンプレートが用意されている

Chapter5 09 「Live Screen Capture」でモニター画面を録画する

パソコンの画面をまるごと録画できるのが「Live Screen Capture」です。

Live Screen Capture の起動

Live Screen Captureを起動します。起動はデスクトップのアイコンをダブルクリックするか、スタート画面のアプリ一覧のアイコンをクリックします。

デスクトップのアイコン

アプリ一覧のアイコン

操作画面

起動すると「ライブ画面キャプチャー」ウィンドウが開きます。

「設定」をクリックすると、詳細設定の画面が開きます。(→P.196)

録画開始

実際に画面を録画してみましょう

①「録画開始」ボタンをクリックします。

②開始の3秒前からカウントダウンが始まります。

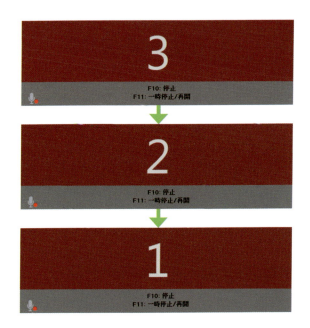

③一時停止するときはキーボードの「F11」を押します。録画を停止するときは「F10」を押します。一時停止したときは図のようなウィンドウが開くので、再び録画ボタンをクリックするか、「F11」を押すと録画を再開することができます。

一時停止したときのウィンドウ

④録画を停止すると保存したファイルのある場所のウィンドウが自動で開きます。

> **Point!**
> 初期設定では録画したファイルは以下の場所に「取り込み（番号）」というファイル名で保存されます。
> 「ドキュメント」→「Corel VideoStudio Pro」→「21.0」

録画したファイルを VideoStudio 2018 に取り込んだところ

詳細設定画面

保存先やフレームレートなどを変更できる詳細設定の画面です。

❶	「録画開始」	クリックして録画を開始する。
❷	「停止」	録画を停止する。
❸	録画領域	録画領域の指定をする。
❹	ファイル名	録画するファイルの名前を指定する。
❺	保存先	ファイルの保存先を指定する。
❻	ライブラリへ取り込み	VideoStudio 2018 から起動した場合のみ選択できる。(後述)
❼	取り込み形式	WMV 形式で取り込まれる。(変更不可)
❽	フレームレート	1 秒何コマで録画するかを指定する。
❾	オーディオ設定	音声、システムの音の有効／無効を切り替える。
❿	マウスクリックアニメーション	マウスのクリック動作などをアニメーションで記録する。(後述)
⓫	F10／F11 ショートカットキー	キーボードの F10 で録画停止。F11 で一時停止／再開できる。
⓬	モニターの設定	サブモニターがある場合、録画する画面を切り替えることができる。

録画領域の設定

画面の録画する領域を指定することができます。初期設定では画面全体を録画するように設定されています。

①モニター画面の隅の 8 か所に□が表示されているので、これにカーソルを合わせてドラッグします。

②指定した領域（図の明るい部分）しか録画されません。

Reference アプリに合わせた領域を自動設定

「Skype」など、アプリによっては録画領域を自動で設定できるものがあります。まず対象のアプリを起動してから、Live Screen Captureを起動します。❸ 録画領域のプルダウンでそのアプリが表示されていれば、選択します。

アプリ画面の大きさに自動調整される

VideoStudio 2018 から起動する

VideoStudio 2018内から「Live Screen Capture」を起動することができます。その場合のみ録画したムービーをVideoStudio 2018のライブラリに自動で登録することができます。

①「編集」ワークスペースで、ツールバーから「記録／取り込みオプション」を選択、クリックします。

② 「記録／取り込みオプション」ウィンドウが開くので、「ライブ画面キャプチャー」を選択、クリックします。

同様に「取り込み」ワークスペースからも起動でき、その場合も「ライブ画面キャプチャー」を選択、クリックします。

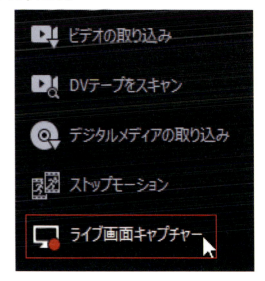

 「ライブラリへ取り込み」が有効に

詳細設定の❻の項目は、VideoStudio 2018から「Live Screen Capture」を起動した場合のみ有効になります。

マウスクリックアニメーション

詳細設定の❿「マウスクリックアニメーション」にチェックを入れると、録画中にマウスをクリックしたときに図のようなアニメーションの輪が表示され、これも記録されます。ただし録画したムービーを再生しないと見えません。

Point! この機能を利用すればパソコンのモニター上で表示される映像はすべて動画として記録する※ことができます。
（※著作権で保護された画面は録画できないことがあります）

Chapter5
10 「分割画面テンプレート」でカットイン演出 new

画面を分割してそれぞれに別の映像をはめ込みます。

　VideoStudio 2018の新機能として「分割画面」が搭載され、アニメーションでよく用いられる演出でコックピットの複数の操縦者が画面に割り込んできて緊迫感を盛り上げるというシーンがあります。そういった凝った映像も簡単につくることができます。

インスタントプロジェクトを開く

「分割画面テンプレート」は「インスタントプロジェクト」に収められています。

①ライブラリをインスタントプロジェクトに切り替えます。

②ライブラリに「分割画面テンプレート」が表示されます。

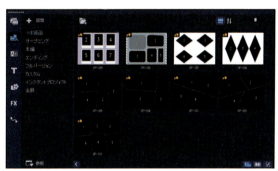

③気に入ったテンプレートをライブラリからタイムラインにドラッグアンドドロップします。ここではIP-02を選択しています。

④タイムラインに配置されました。

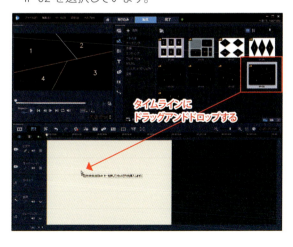

オーバーレイトラックの仕組み

「分割画面テンプレート」はたくさんのオーバーレイトラックを利用しますが、これこそデジタル編集の優れた点の最たるもので、画像合成などに大いに力を発揮します。

オーバーレイトラックの画像を置き換える

オーバーレイトラックの仮の画像を動画や写真に置き換えます。

⑤ライブラリから置き換えたい画像もしくは動画をドラッグアンドドロップします。プレビューに表示された番号とオーバーレイトラックの番号はリンクしています。

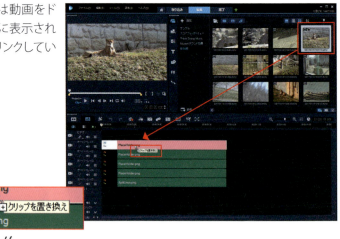

Point!
置き換える場合はキーボードの「Ctrl」キーを押してからドロップします。

クリップの長さ

初期設定でオーバーレイトラックの仮の画像のクリップの長さは 10 秒に設定されています。写真であれば簡単に置き換えることができますが、動画はクリップの長さが 10 秒より短い場合は置き換えることができません。どうしても置き換えたい場合はオーバーレイトラックのクリップの時間を調整しましょう。

動画に合わせた時間に調整する

⑥同じようにして残りの動画を置き換えます。

クリップの大きさを調整する

これでは単にクリップが重なっただけなので、動物たちの顔が画面に出るように、調整します。

⑦調整したいクリップを選択します。

⑧プレビューで四つの■をドラッグして、調整します。

> **Point!**
> 小さい■をドラッグすると拡大／縮小ではなく個別に変形します。

⑨同じようにして残りのクリップの大きさも調整します。

> **Reference**
> **パン／ズームも併用できる**
> 調整するときにツールバーの「パン／ズーム」を起動して併用することが可能です。（→ P.166）
>
> もっとアップにする

⑩プレビューの「Project」モードで再生して確認して、問題がなければ「完成」ワークスペースに切り替えて書き出してみましょう。

動画が10秒より長い

動画が10秒より長く、もっと活用したい場合はタイムラインのクリップを通常のときと同じように伸ばすことが可能です。

動画の長さの分伸ばすことが可能

音声はどうなる？

音声はそのままだとすべて再生されます。不要な音声は各トラックのミュート／ミュート解除を利用しましょう。

ミュート（無音）状態　　ミュート解除状態

分割画面テンプレートクリエーター ULTIMATE限定 new

今までにない映像を作れる「分割画面テンプレート」ですが、ULTIMATEにはオリジナルテンプレートを作る機能が搭載されています。作成したテンプレートはファイルとして書き出すことができ、Proでも読み込んで使用することができます。

分割画面テンプレートクリエーター

曲線も作れる

いろいろな図形で分割できる

Chapter5
11 「マスククリエーター」で部分加工する ULTIMATE限定

動画のある部分を隠すことを「マスク合成」といいます。

　VideoStudio 2018には通常版のProと、エフェクトや様々なテンプレートのプラグインが追加された上位版の「ULTIMATE」があります。ここではULTIMATEのみに搭載されている「マスククリエーター」を紹介します。

「マスク合成」を簡単に実現

「マスク合成」は動画の一部を隠して通常ではありえない世界をつくりだすことができます。

作例

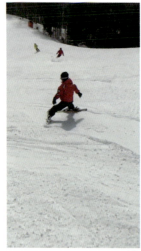

元の映像　　主役だけに色をつけ目立たせる

マスククリエーターを起動する

　タイムラインに「マスク合成」したいクリップを配置して、ツールバーの「マスククリエーター」アイコンをクリックします。

「マスククリエーター」ウィンドウ

❶	プレビュー	現在作業中のビデオを表示します。
❷	ビデオを表示	ビデオをフレームに分けて表示します。
❸	ナビゲーション	ビデオを再生などの操作ができます。
❹	マスクタイプ	作業中のクリップの形式（自動で選択されます）
❺	マスキングツール	マスクを指定するツール（後述）
❻	編集ツール	マスクの表示／表示を切り替えたり「元に戻す」などの操作ボタン
❼	保存オプション	現在作業しているマスクを反転※することができます。
❽	保存先	作成したマスクの保存先。変更したい場合は「フォルダー」アイコンをクリックします。
❾	モーション検出	指定したマスクをビデオの内容に合わせて分析、マスクの適用範囲を検出します。（後述）

※「マスクの反転」はタイムラインに戻ったときに実行されます。

Reference マスクの反転

タイムライン上のオーバーレイトラックで確認できます。

マスク　　　　　　　　反転したマスク

マスキングツールで指定する

マスキングツールでマスクを設定したい部分を、塗っていきます。

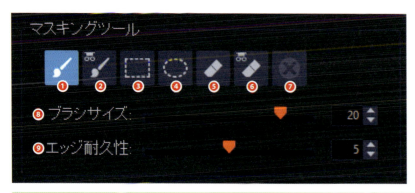

❶	マスクブラシ	フリーハンドでマスク部分を指定します。
❷	スマートマスクブラシ	エッジを検出しながら指定できます。
❸	矩形ツール	マスク部分を長方形で指定します。
❹	楕円形ツール	マスク部分を円形で指定します。
❺	消しゴム	指定したマスクを除去します。
❻	スマート消しゴム	エッジを検出しながら除去します。
❼	マスクを削除	マスクの指定を一度に解除できる
❽	ブラシサイズ	ブラシと消しゴム（スマートも含む）の直径を変更します。
❾	エッジ耐久性	ブラシと消しゴム（スマートも含む）使用時のエッジの検出度を変更します。

①「マスクブラシ（またはスマートブラシ）」を選択します。

②ブラシのサイズを調整して、マスクを指定したい部分を、プレビュー内でドラッグしながら塗っていきます。
　ここではブラシのサイズを「10」に設定して「エッジ耐久性」を「1」にしています。

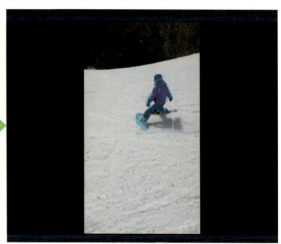

エッジの耐久性とは?

指定したマスクの部分と隣接した部分を、ピクセルの一致度合いで分析して、マスクに含めるかどうかを判断してくれます。低い数値ほど近いピクセルのみがマスクに取り入れられます。また「スマートブラシ（スマート消しゴム）」はその精度をさらに高めてくれます。

②「消しゴム」、「スマートブラシ」なども駆使しながら、指定しました。

モーション検出

❶ 次のフレーム	動きを検出して、次のフレームまでのマスクを調整します。
❷ クリップの終わり	動きを検出して、現在のフレーム位置からビデオの最後まで全フレームのマスクを調整します。
❸ 指定したタイムコード	動きを検出して、現在のフレーム位置から、タイムコードで指定した位置までのマスクを調整します。

これはビデオのみで使用できる機能ですが、「モーション検出」でマスクを自動で適用します。

①「クリップの終わり」をクリックします。

②検出が始まり、全フレームのマスクが調整されます。

> **Point!**
> クリップの長さや品質によって、処理の時間は異なります。

マスクの状態を確認する

クリップの内容にもよりますが、正確なビデオマスクを作成するには調整が必要です。

①プレビューの下にあるタイムコードでフレームを移動して、マスクとして塗った部分を確認します。

②図のように青いマスク部分をブラシや消しゴムで修正します。

③調整が完了したら「OK」をクリックします。

④完成したマスクはオーバーレイトラックに配置されます。

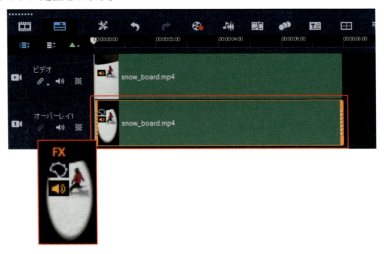

元の映像を加工する

このままではマスクが元の映像に重なって、再生されるだけなので、なんの効果も確認できません。

①元の映像を加工します。ここではフィルターの「古いフィルム」を適用しています。

②プレビューを「Project」モードで再生して、効果を確認します。

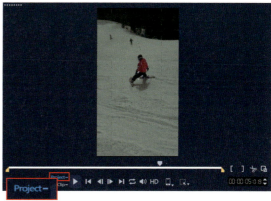

マスクを保存する

作成したマスクは保存することができます。作業を終え、「OK」をクリックする前に「名前を付けて保存」をクリックします。

①「名前を付けて保存」をクリックします。

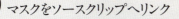

②「名前を付けて保存」ウィンドウが開くので、ファイル名を入力して「OK」をクリックします。

> **Reference マスクをソースクリップへリンク**
> チェックするとマスクをオリジナルのクリップにリンクすることができます。ファイルごとに1つのマスクをリンクできます。

> **Point!**
> 作成されたマスクのクリップは、ライブラリに登録することも可能です。オーバーレイトラックにあるクリップをライブラリにドラッグアンドドロップすれば完了です。

縦型の動画を保存する

　スマホでビデオを撮影する場合に多いのが、縦型の動画です。VideoStudio 2018では普通に取り込んで通常のビデオのような編集ができます。ただそれを縦型のままムービーとして書き出したい場合は「完了」ワークスペースで「デバイス」のカテゴリーから「モバイル機器」を選択してください。

> **Reference**
> ### 静止画のマスク
> 静止画のマスクも同様の手順で実行できます。マスクを塗り終えたら「OK」をクリックします。
>
>
> 作業中
>
>
> 元の画像
>
> 背景を差し替えました

マスクを修正する

①オーバーレイトラックにあるマスクのクリップを選択して、ツールバーの「マスククリエーター」をクリックするか、もしくはクリップ上で右クリックして、表示されるメニューから「マスクを編集」を選択、クリックします。

「マスククリエーター」をクリック

右クリックしてから「マスクを編集」をクリック

②再び「マスククリエーター」が起動するので、修正します。

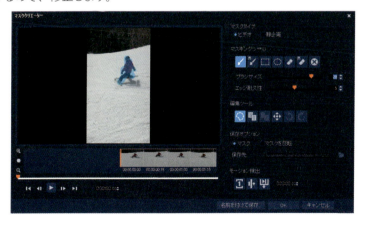

索引

数字

- 360 度動画 142
- 3D タイトルエディター 9, 107
- 3D ムービー 27
- 4K 122
- 5.1ch 179

アルファベット

- Android 48, 129
- AVC/H.264 122
- AVCHD カメラ 22, 39
- AVI 122
- BDMV 40
- Blu-ray 22
- Clip モード 24
- DCIM 40, 50
- DVD 22
- DV カメラ 22
- FastFlick 2018 185
- GoPro 164
- HD プレビュー 24
- HEVC（H.265）....................... 122
- iPhone 48, 128
- JPG 形式 49
- Live Screen Capture 16, 194
- Magic モード 131
- MOV 122
- .MOV 形式 49
- MP4 122
- MPEG-2 122
- MPEG-4 122
- Muserk サウンド効果 25
- PRO 16
- Project モード 24
- STREAM 40
- Triple Scoop Music 25
- ULTIMATE 16
- VideoStudio 2018 8
- VideoStudio 2018 経由 43
- VideoStudio 2018 に読み込む ... 51
- VideoStudio MyDVD 16, 130
- VR 146
- .VSP 36
- Web 27, 124
- Web にアップロード 126
- WMV 122
- YouTube 124

あ行

- アスペクト比 160
- アタック 184
- アップロード 124
- アニメーション 167
- アンインストール 18
- イーズアウト 148
- イーズイン 148
- 一眼レフカメラ 39
- 色温度 163
- 色を補正 162
- インスタントプロジェクト
  .... 65, 193, 199
- インストール 14
- イントロビデオ 140
- 「インポート」............................. 42
- インポート機能 41
- インポート設定 45
- エクイレクタングラー 142
- エクスプローラーで
  ファイルを参照 65
- エッジ耐久性 206
- オーディオ 108
- オーディオクリップ 110
- オーディオタイプ 180
- オーディオダッキング 183
- オーディオデータ 54
- オーディオトリム 113
- オーディオの音量 109
- オーディオの分割 115
- オーディオファイルを開く 70
- オーディオフィルター 111
- オーディオフィルターを除去 .. 112
- オートミュージック 65, 113
- オーバーレイオプションを適用
  72
- オーバーレイトラック
  .... 66, 71, 200
- 押し出しシャドウ 104
- オブジェクトのグループ化 76
- オブジェクトの追加 170
- オプションパネル 62, 79, 98
- オンザフライ 167
- 音声で同期 153
- 音声の指定 157

か行

- 開始点 24
- 外部記憶装置 42
- 角度 98
- カスタム 122
- カテゴリー 106
- カテゴリー選択エリア 27, 122
- カテゴリー名 62
- カメラアングル 154
- カラー / 装飾 65
- 環境設定 20, 62
- 感度 184
- 「完了」ワークスペース 26, 122
- キーフレーム 89, 118
- キーフレームの操作ボタン 119
- 既存のフォルダー名 28
- 起動 17
- 逆回転 147
- 逆再生 149
- 境界線 103
- 行間 98
- 切り出した画像を表示 80
- 記録 / 取り込みオプション 64
- クリップ 10, 42
- クリップの再リンク 31
- クリップの種類 30
- クリップの順番 59, 188
- クリップの属性 116
- クリップの長さ 201
- クリップの表示 30

クリップの分割 114
クリップを置き換え 60, 171
クリップを削除 59
クリップを配置 11
クリップを変形 91
クリップをリスト表示 30
グループ解除 76
グローシャドウ 104
クロスフェード 61
形式エリア 27
消しゴム 206
限定公開 125
公開 125
「効果」タブ 88
高度なモーション 73
個人的な設定 19
個別に変形 71
コンテンツ 134
コンテンツの取得 20
コンピューター 27

さ行

再生 24
再生速度 148
サウンドミキサー 65, 177
撮影日時 154
撮影情報 45
サムネイル 29, 58
サラウンドサウンドミキサー .. 178
サンプル 25
視界 144
システム要件 16
字幕エディタ 65
シャドウ 103
終了 17
終了点 24
詳細モード 131
情報エリア 27
情報パネル 22
ジョグ スライダー 24
シリアル番号 15
新規プロジェクトの保存 35
ズームスライダー 67
スケールモード 25

スコアフィッターミュージック
.... 25, 112
ステレオ 179
ストーリーボードビュー 56
すべての可視トラックを表示
.... 66, 67
スマート消しゴム 206
スマートフォン 129
スマートプロキシ 79
スマートマスクブラシ 206
スマートレンダリング 69, 123
スロー再生 148
静止 167
設定 20
選択範囲 154
ソース同期タイプ 153
ソースマネージャー 151
属性をコピー 116
属性を貼り付け 117

た行

体験版 16
タイトル 12, 65, 92
タイトルセーフエリア 95
「タイトル設定」タブ 105
タイトルトラック 66
タイトルトラック 93
タイトルにフィルター 107
タイトルのアニメーション 105
タイトルを変更 190
タイムコード 24
タイムコードの読み方 59
タイムラインに追加 113
タイムラインパネル 25
タイムラインビュー 56, 64
タイムリマップ 65, 147
ダッキングレベル 184
縦型の動画 210
タブレット端末 49
チャプターを追加 137
デュアルフィッシュアイ 142
チルト 144
ツールバー 25
ツールバーをカスタマイズ 64
次のフレームへ 24

ツリーモード 134
ディケイ 184
ディスク 27
適用時間 62
デジタルメディアから取り込み
.... 47, 53
デジタルメディアの取り込み
.... 22, 44, 53
デバイス 27
デュオトーン 118
テロップ 106
テンプレート 185
動画から静止画 159
透明度 103, 175
透明トラック 66, 174
トラッカー 169
トラッカーのタイプ 169
トラック 68
トラックアウト 169
トラックイン 169
トラックの追加 / 削除 68
トラックの表示 / 非表示 68
トラックマネージャー 66
トランジション 12, 61, 65, 83
トランジション名 62
トランジションを入れ替える 63
トランジションを置き換える 85
トランジションをカスタマイズ
.... 62
トランジションを削除 63, 85
「取り込み」 10
取り込みオプション 22
「取り込み開始」 45, 54
「取り込み」ワークスペース 21
トリミング 77
トリミングモード 25
トリムマーカー 24, 82
ドロップシャドウ 104

な行

ナビゲーションエリア ... 22, 24, 27

は行

「はさみ」アイコン 114
パス 65

213

早送り再生 149	プロパティ 24	メニュー付き DVD 130
パン 144	プロファイル 27, 127	メニューの動作 139
パン / ズーム 65	分割 24	メニューの編集 138
パンとズーム 166	分割画面テンプレート 9, 65, 199	メニューバー 21, 23, 26
ピクチャー・イン・ピクチャー 71	分割画面テンプレートクリエーター 203	メニューを追加する 133
非公開 125	別のクリップと差し替える 60	モーション検出 207
ビデオクリップのトリム 82	「編集」タブ 98	モーショントラッキング 65, 168
ビデオチュートリアル 17	「編集」ワークスペース 23, 56	モーションの生成 73
ビデオトラック 66	ボイストラック 66, 108, 115	モザイク 172
ビデオトラックでトリミング 81	ホームビデオ 128	文字色 102
ビデオの取り込み 22	保存形式 160	文字の大きさ 100
ビデオの複数カット 79	保存して共有 187	モバイル機器 127
ビュートラッカー 143	ボリューム 24	**や行**
ビューの切り替え 56	ホワイトバランス 162	有効なコンテンツ 45
表示時間 99	**ま行**	ユーザーアカウント制御 14
ファイルの場所 125	マークアウト 24, 81	ユーザー登録 15
フィッシュアイ 142	マークイン 24, 81	ようこそブック 20
フィルター 65, 86	マウスクリックアニメーション 198	**ら行**
フィルターの順番 91	前のフレームへ 24	ライブラリ 11, 28
フィルターを置き換える 90	マスキングツール 206	ライブラリから削除 29
フィルターをカスタマイズ 88	マスク & クロマキー 72	ライブラリのアニメーション 62
フィルターを削除 91	マスククリエーター 204	ライブラリの出力 32
フェードイン / フェードアウト 110	マスク合成 204	ライブラリの初期化 34
「フォト」 39	マスクタイプ 205	ライブラリの取り込み 33
フォルダーの参照 44	マスクブラシ 206	ライブラリのフォルダー 28
フォント 100	マスクを修正 211	ライブラリパネル 22, 25, 65
フォントサイズ 101	マルチカメラ 152	ライブラリ マネージャー 32
複数のトランジション 63	マルチカメラ エディタ 65, 151	リップル編集 66, 74
プライバシー 125	マルチビュー 152	リムーバブルディスク 40
プラグイン 17	マルチポイントトラッキング 173	リンク切れ 31, 42
フリーズフレーム 149	ミュージックトラック 66, 108, 183	レンズの歪み 164
プリセット 89, 92	ミュート 66, 203	レンダリング 123
フレームをマスク 72	ムービーを保存 187	録画開始 194
プレビュー 21, 23, 26	メディア 65	録画領域の設定 196
プロジェクト 35, 58	メディアの追加 186	**わ行**
プロジェクト設定に合わせる 123	メディアファイルを参照 52	ワークスペース 20
プロジェクトに合わせる 65	メディアファイルを挿入 51	ワークスペース切り替えタブ 21, 23, 26
プロジェクトのアップロード 126	メディアファイルを取り込み 51	
プロジェクトの長さ 58	メディアブラウザパネル 134	
プロジェクトのプロパティ 24	メディアライブラリ 33	
プロジェクトをタイムラインに合わせる 67		ユーザー ID　press201
プロジェクトを開く 36		パスワード　recft18

購読者特典！ VideoStudio Pro 2018
フィルター・トランジションカタログブック

このたびは本書をお買い上げいただき誠にありがとうございます。特典として「VideoStudio Pro 2018 フィルター・トランジションカタログブック」（非売品）（フィルター全87種類／トランジション全127種類）をご提供します。

手順

1. 弊社サイトにアクセスします。
   グリーン・プレスの Web ページ

   # https://greenpress1.com/

2. トップページのアイコンをクリック

3. 「ユーザー ID」と「パスワード」※を入力し，「ログイン」をクリックします。

4. 利用にあたっての注意事項を確認の上，「同意してダウンロード」をクリックします。

5. ページが遷移しますので，「ダウンロードする」をクリックします。

6. 表示される指示に従ってダウンロードしてください。

   閲覧にはアドビ社の「Acrobat Reader」が必要です。お持ちでない場合は以下からダウンロードしてください。

   ## https://get.adobe.com/jp/reader/

   ※ユーザー ID ／パスワードは前ページに掲載しております。

Blu-ray Disc のご利用について

Blu-ray Disc（読み込み／書き出し）をご利用いただくには別売りのプラグインの購入が必要です。
- 購入方法：VideoStudio 2018 プログラム内のメニュー [ヘルプ] － [Blu-ray オーサリングの購入] を選択，または [完了] タブ－ [ディスク] － [ブルーレイ] を選択。（購入にはインターネット接続が必要です）
- 支払方法：クレジットカードまたは PayPal
- 販売価格：900 円前後（為替レートによって変動します。

・著者略歴・

山口 正太郎（やまぐち・しょうたろう）

エディター＆ライター。
ソフトウエア解説関連・IT・医療・コミックス・生活全般等にわたって幅広いフィールドで編集，著作に携わり続けている。その編集，著作内容のわかりやすさときめ細かさには定評がある。1962年生まれ。主な編集刊行物に『PaintShop Pro ガイドブックシリーズ』『Parallels Desktop ガイドブックシリーズ』（グリーン・プレス）など。著作に『VideoStudio X10 オフィシャルガイドブック』などがある。映画・ドラマの劇作批評家としての活動歴も長く，鋭い寄稿が多い。

モデル：清 水 秀 真
清水優里菜

装丁・本文デザイン：八 木 秀 美

グリーン・プレス デジタルライブラリー 49
Corel
VideoStudio 2018 PRO/ULTIMATE オフィシャルガイドブック
（ビデオスタジオ）

2018年4月27日　初版第1刷発行

著　　者	山口正太郎	
発 行 人	清 水 光 昭	
発 行 所	グリーン・プレス	

〒 156-0044
東京都世田谷区赤堤 4-36-19　UK ビル 2 階
TEL03-5678-7177/FAX 03-5678-7178

※上記の電話番号はソフトウェア製品に関するご質問等には対応しておりません。
製品についてのご質問はソフトウェアの製造元・販売元のサポート等にお問い合わせ下さいますようお願い致します。

http://greenpress1.com

印刷・製本　シナノ印刷株式会社

2018 Green Press,Inc. Printed in Japan
ISBN978-4-907804-40-4　©2018 Shotaro Yamaguchi

※定価はカバーに明記してあります。落丁・乱丁本はお取り替えいたします。
　本書の一部あるいは全部を，著作権者の承諾を得ずに無断で複写，複製することは禁じられています。

作りおきしても朝作ってもOKのかんたんレシピ

朝10分！中高生のラクチン弁当320

食のスタジオ 著

GOOD TIME

お手軽レシピで無理なく続く！

育ちざかりの中高生に愛情たっぷりのお弁当を！

中高生になった子どもたちにおいしいお弁当を作ってあげたい！
でも、毎日頑張れるかちょっと不安…。
この本にはそんなお悩みを解決する、栄養たっぷりのお手軽レシピがたくさん。
ボリューム満点＆彩り豊かなお弁当で、育ちざかりの子どもたちを応援しましょう！

CONTENTS

- 002 育ちざかりの中高生に愛情たっぷりのお弁当を！
- 010 この本なら週末作りおき派も時短調理派も無理なく作れます！
- 011 作りおき＋時短調理でラクチン弁当
- 012 男女別　中高生の喜ぶお弁当ポイント
- 014 タイプ別　中高生の喜ぶオススメのお弁当
- 016 味つけの基本をマスターしてラクチンお弁当作り
- 017 色別おかずを使ってお弁当に彩りを！
- 018 お弁当の詰め方あれこれ
- 020 お弁当の衛生マニュアル
- 022 この本の使い方

PART 1
男子も女子も大満足！
[シーン別]
中高生に人気のお弁当

- 024 [男子人気No.1] **鶏のから揚げ弁当**
  鶏のから揚げ／フリフリカレーエッグ／ハムとマカロニのサラダ
- 026 [女子人気No.1] **照り焼きチキン弁当**
  照り焼きチキン／かぼちゃとレーズンのデリサラダ／ラディッシュときゅうりの白だしあえ
- 028 [男子人気No.2] **みそカツ弁当**
  みそカツ／にら玉の両面焼き／キャベツのナムル
- 030 [女子人気No.2] **チキンカツ弁当**
  香草チキンカツ／ツナとレモンのポテトサラダ／さやえんどうとコーンのバター炒め
- 032 [男子人気No.3] **ハンバーグ弁当**
  チーズハンバーグ／ハムと野菜のナポリタン／ブロッコリーのグラッセ風
- 034 [女子人気No.3] **ミートボール弁当**
  中華風ミートボール／かにかま卵焼き／チンゲン菜とパプリカの中華おひたし

塾弁

- 036 **鶏のマヨ竜田弁当**
  鶏もも肉のマヨ竜田／のり巻き卵焼き／ほうれん草のおかかあえ
- 037 **ぱくっとおにぎり弁当**
  さけとしらすのおにぎり／プチハンバーグのトマト煮／ブロッコリーのツナマヨ

模試弁

- 038 **サンドイッチ弁当**
  明太ポテトサンド／彩りミニトマトのピクルス／りんごデザートヨーグルト
- 039 **あじフライ弁当**
  あじフライ／アスパラのオーロラ焼き／グレフルマスタードサラダ

部活弁

- 040 **チキンチャップ弁当**
  チキンチャップ／
  高野豆腐のチーズフライ／
  ほうれん草ののりあえ

- 041 **ビビンバ丼弁当**
  ビビンバ丼

- 042 **チーズつくね弁当**
  ひと口チーズつくね／
  うずら卵のしそふりかけ漬け／
  彩り野菜のアーモンドあえ

- 043 **牛肉のすき焼き風卵とじ弁当**
  牛肉のすき焼き風卵とじ／はんぺんの
  チーズ焼き／ピーマンのなめたけあえ

- 044 **チキンロール弁当**
  チキンロール／にんじんとツナの
  しりしり／かぶときゅうりの浅漬け

- 045 **きのこの炊きこみごはん弁当**
  きのこの炊きこみごはん／
  さけのチーズ焼き／
  小松菜とひじきのごまあえ

試合弁

- 046 **豚肉と麩のチャンプルー弁当**
  豚肉と麩のチャンプルー／
  マカロニのチーズサラダ／
  キャベツのさっぱりあえ

- 047 **うなぎの甘酢炒め弁当**
  うなぎの甘酢炒め／
  厚揚げの明太子チーズ焼き／
  さやえんどうの貝柱煮

夏弁

- 048 **ジャージャーめん風肉みそ焼きそば弁当**
  肉みそ焼きそば／赤パプリカのごまあえ／
  フルーツのマリネ

- 049 **豚しゃぶそうめん弁当**
  豚しゃぶそうめん／蒸しなすの梅肉あえ／
  ピリ辛枝豆ザーサイ

冬弁

- 050 **牛肉とごぼうのしょうが煮弁当**
  牛肉とごぼうのしょうが煮／
  かぼちゃのごまみそあえ／長ねぎのマリネ

- 051 **きのこのクリームリゾット弁当**
  3種のきのこリゾット／えびとかぶの
  ハーブソテー／小松菜のナッツあえ

- 052 **COLUMN1**
  あると便利！
  お弁当作りが楽しくなる名脇役

- 053 **PART 2**
  冷めてもおいしい！
  [食材別]
  # メインおかず

- 054 **朝10分！ すぐできのっけ弁当**
  牛肉のみそだれ焼き弁当／タコライス弁当

- 056 **詰めるだけ！ 作りおき弁当**
  タンドリーチキン弁当／
  たらのバタポンムニエル弁当

005

豚こま切れ肉

- 058 豚こまとごぼうのにぎり焼き／豚肉とコーンのコンソメソテー
- 059 ごろっと豚そぼろ／豚こまシュウマイ／ねぎみそ焼き
- 060 豚ケチャ炒め／スパイシーから揚げ
- 061 豚肉の高菜炒め／カツ煮風／アスパラのシシカバブ

豚薄切り肉

- 062 チーズロールカツ／豚しゃぶのごまみそあえ
- 063 豚肉のサテ／青のりピカタ／豚肉とじゃがいものハニーマスタード炒め
- 064 豚とオクラのサブジ／チンジャオロール
- 065 ピザ風ホイル焼き／ペーパーソーセージ／かみカツ

豚バラ肉

- 066 クイック酢豚／サムギョプサル
- 067 お好み焼き風キャベツ巻き／はんぺんの和風サルティンボッカ／豚バラ肉のトンポーロー

鶏もも肉

- 068 フライドチキン／レンジで鶏チャーシュー
- 069 鶏と大根のさっぱり煮／クリスピーチキンスティック／鶏の甘辛揚げ
- 070 タンドリー風チキンソテー／鶏肉のコチュジャン炒め
- 071 チキン南蛮／鶏のハニーマスタード焼き／鶏と野菜の甘酢炒め

鶏むね肉

- 072 鶏むね肉のトマトクリーム煮／ジューシーバジルチキン
- 073 ひと口チキンカツ／鶏むねチーズロール／ガリバタチキン

鶏ささみ肉

- 074 蒸し鶏のバンバンジー風／鶏のオレンジマスタード煮込み
- 075 鶏ささみの甘酢あん／鶏ときのこの照り焼き／ねぎ塩チキン

牛肉

- 076 牛巻き串揚げ／牛肉のピリ辛煮
- 077 しいたけのチーズタッカルビ風／牛肉のマリネ／ミラノ風カツレツ
- 078 牛こまのごま肉だんご／牛肉とかぼちゃのこっくり炒め
- 079 牛巻きコロッケ／牛肉とブロッコリーの中華炒め／ビーフストロガノフ

ひき肉

- 080 ふわふわつくね／豆腐チキンナゲット
- 081 ルーロー飯風肉そぼろ／ピーマンの肉詰め／鶏の松風焼き風
- 082 トマトチリコンカン／ひと口スコッチエッグ
- 083 手づくりソーセージ／やわらかキャベツメンチ／レンジミートボール

肉加工品

- 084 コンビーフのポテトグラタン／なすとコンビーフのソテー
- 085 ウインナーのケチャ照り焼き／ちびカレーアメリカンドッグ／ウインナーとアスパラのチーズ串焼き

CONTENTS

- 086 ハワイアンハムステーキ／
ベーコンのクルクルチーズ焼き
- 087 厚切りベーコンのゆずこしょう焼き／
ハムとコーンの揚げぎょうざ／
ベーコンのエリンギ巻きフライ

卵
- 088 魚肉ソーセージの卵焼き／
お好み焼き風卵焼き
- 089 中華風卵焼き／
しらすと青のりの卵焼き／
ポテトの洋風卵焼き
- 090 さくらえびと卵のいり煮／
肉巻きゆで卵
- 091 レンジ茶巾卵／
うずら卵のカレーマリネ／
卵の巾着焼き

豆腐・大豆製品
- 092 厚揚げのピーナッツ炒め／
カレー風味のおから煮
- 093 高野豆腐のベーコン巻き／
厚揚げのコチュジャン煮／
豆腐の蒲焼き風

さけ
- 094 さけの甘酢照り焼き／
さけの香草パン粉焼き
- 095 さけのから揚げ／
さけのオイマヨ焼き／
さけとエリンギのレンジ蒸し

ぶり
- 096 ぶりのごま照り焼き／ぶり角煮
- 097 ぶりカツ／ぶりの韓国風焼き／
ぶりのトマト煮

さんま
- 098 さんまのピリ辛蒲焼き／
さんまの塩竜田揚げ
- 099 さんまの甘露煮風／さんまのバジル焼き／
さんまの南蛮漬け

さば
- 100 さばのイタリアングリル焼き／
さばのカレー竜田
- 101 さばのみそ煮／さばの照りマヨ焼き／
さばのカラフルタルタル焼き

たら
- 102 たらのバタポンムニエル／
たらの甘酢あんかけ
- 103 たらのみそマヨチーズ焼き／
たらとチンゲン菜のミルク煮／
たらのフリット明太マヨソース添え

めかじき
- 104 めかじきのにんにくしょうがソテー／
めかじきの香味だれ
- 105 めかじきの梅しそ焼き／めかじきの照り焼き／
めかじきのおろし煮

その他魚介類
- 106 えびとブロッコリーのオーロラ炒め／
カリカリえびフライ
- 107 ロールいかのしょうが焼き／
ほたてのチーズソテー／
たことじゃがいものマスタード炒め

魚介加工品
- 108 魚肉ソーセージの韓国風炒め／
しいたけのツナマヨ詰め

109	ツナのスパイシーポテトおやき／はんぺんベーコン巻き／魚肉ソーセージとうずらの串焼き
110	**特集** **主食が主役のお弁当** おにぎり／変わりごはん／サンドイッチ／スープジャー／めん

PART 3
組み合わせ自由自在！
［色別］
サブおかず

119

赤のおかず

120	にんじんとコーンのグラッセ／にんじんとハムのサラダ
121	にんじんのごまあえ／赤ピーマンとツナのマリネ／ささみの梅あえ
122	ミニトマトの中華あえ／ミニトマトのベーコン巻き／ミニトマトのこんがりチーズ
123	にんじんとれんこんのきんぴら／セロリのベーコン巻き／カリカリしらすの梅肉あえ
124	ラディッシュと玉ねぎのサラダ／みょうがと赤かぶの甘酢あえ／かんたんケチャップえびチリ
125	厚揚げのケチャップ炒め／かにかまとカシューナッツのペッパー炒め／キドニー豆のトマト煮

紫のおかず

126	セロリの赤じそあえ／みそなす
127	紫キャベツとツナのサラダ／紫玉ねぎのマスタードマリネ／紫玉ねぎのエスニックあえ

緑のおかず

128	コンビーフのキャベツあえ／キャベツのペペロンチーニ風
129	緑野菜のささっと炒め／キャベツとじゃこのサラダ／小松菜と豆もやしの中華あえ
130	スナップえんどうの辛みそだれ／さやえんどうとわかめのさっと煮／さやいんげんのマヨネーズ焼き
131	さやえんどうの切り昆布あえ／ゴーヤーのおかかあえ／アスパラのバター炒め串
132	きゅうりのごまあえ／たたききゅうりの磯のりあえ／きゅうりとカッテージチーズのサラダ
133	ほうれん草のくるみあえ／ほうれん草とコーンのソテー／ピーマンの和風炒め
134	水菜の煮びたし／ブロッコリーのバジルソース炒め／ブロッコリーのごま酢あえ
135	ブロッコリーとさけのマヨあえ／ブロッコリーの塩昆布あえ／ししとうとじゃこのピリ辛炒め

黄のおかず

136	黄パプリカとクリームチーズの和風あえ／黄パプリカと油揚げのピリ辛あえ

CONTENTS

- 137 さつまいもの辛子マヨサラダ／かんたん大学いも／さつまいものココナッツミルク煮
- 138 ぎんなんのみそ焼き／たけのこの辛子みそあえ／フライドかぼちゃのチーズ風味
- 139 コーンのタルタルソースあえ／コーンのおやき／コーンクリームのカップグラタン
- 140 カレークリームのマカロニサラダ／たこのチーズ卵焼き／カリフラワーのカレー炒め
- 141 かまぼこいり卵／たらこポテトサラダ／たくあんと白菜のあえもの

白のおかず

- 142 かぶの昆布茶漬け／かぶのアンチョビー炒め
- 143 長いものり巻き／もやしの中華風サラダ／れんこんと豆もやしのささっと炒め
- 144 れんこんのごまマヨネーズあえ／れんこんの唐辛子漬け／えのきのバターソテー
- 145 りんごと豆のヨーグルトあえ／カリフラワーのピクルス／ホワイトアスパラの卵サラダ

茶・黒のおかず

- 146 大豆ポテトサラダ／じゃがいもとねぎのミニチヂミ
- 147 しめじとじゃがいものごまサラダ／じゃがいもガレット／山いもの黒ごまあえ
- 148 里いもの八丁みそ焼き／きのこのアンチョビー炒め／きのこと豆のソテー
- 149 きのことツナのタルタルあえ／きのことブロッコリーのマリネ／しいたけつくね
- 150 ごぼうスティック／ごぼうの黒酢煮／なすと塩昆布の浅漬け
- 151 ひじきとハムのマヨネーズサラダ／ひじきと豆腐のみそグラタン／ツナとひじきのさっと炒め
- 152 おからとツナのサラダ／焼き豚とセロリのコロコロサラダ／切り干し大根の和風ペペロン
- 153 切り干し大根とまいたけポン酢煮／わかめときゅうりの韓国風あえ／わかめとねぎの酢みそあえ

- 154 **COLUMN2** ピンチを救う！ **すきま埋めおかずアイデア集**

- 156 素材別INDEX

[この本のきまり]
- 材料は1人分を基本にしていますが、レシピによっては作りやすい分量で記載している場合があります。
- カロリーは1人分を表示しています。
- 小さじ1は5ml、大さじ1は15ml、お米1合は180mlです。
- 特に記載のない場合は、しょうゆは濃口しょうゆ、砂糖は上白糖を使用しています。
- 少々は小さじ1/6未満、適量はちょうどよい量を示しています。
- 電子レンジは600Wを使用しています。500Wの場合は加熱時間を1.2倍、700Wの場合は加熱時間を0.8倍にしてください。メーカーや機種によって異なる場合があるので、様子を見ながら調整してください。
- 調理時間は、もどす、漬けるなどの下準備や、冷ます時間以外の調理にかかる目安を示しています。
- 保存期間は目安です。冷蔵・冷凍庫内の冷気の循環状態、開け閉めする頻度などにより、おいしく食べられる期間に差が出る可能性がありますのでご注意ください。

この本なら

週末作りおき派も 時短調理派も 無理なく作れます！

ほとんどのレシピが3ステップ以内なので、週末にまとめて作りおきしてもよし、朝の短時間で作ってもよし。コツをつかんでお弁当作りの手間を減らしましょう。

無理なく作れる
[作りおきルール]

まとめて調理する作りおきは、コツをおさえて作業をラクに。

RULE 1　調理工程はまとめて

食材を切る、調味料を量る作業はまとめて行うことで、効率がアップ。下準備したものは料理ごとにバットなどに分けましょう。

RULE 2　よく加熱してよく冷ます

加熱をするおかずは、しっかりと中まで火を通しましょう。また、保存をする際はよく冷まし、清潔な保存容器に詰めましょう。

RULE 3　ラベルを貼って管理

マスキングテープなどに日付と料理名を書いて、作りおきおかずを入れた保存容器に貼れば、何が残っているかわかりやすくなります。

手早く作れる
[時短調理ルール]

朝パパッと作るには事前の準備と作業の効率化がカギです。

RULE 1　できる準備は前もって

前日の夜などのすきま時間をうまく利用して、乾物を水でもどしたり、食材をたれに漬けておけば、翌朝すぐに調理にとりかかれます。

RULE 2　並行調理でいっぺんに

同じ鍋で時間差でゆでたり、電子レンジやトースターで同時に並行して調理するなど、調理器具を有効活用して、作業の効率化を図りましょう。

RULE 3　味つけは1回で決める

調味前にまとめて調味料を量っておけば、味つけで手間どりません。焼き肉のたれなど、市販の合わせ調味料なら、さらにかんたんに。

＼ 朝10分で完成 ／
作りおき＋時短調理で ラクチン弁当

何かと忙しい朝にすべてのお弁当おかずを作るのは大変。週末にまとめて作りおきして、朝手早くできるおかずをプラスするなど、ライフスタイルに合った組み合わせを。

たとえばこんな感じ！

主食
ごはんは最初に詰めて冷ましておく

＼ 作りおき ／
メイン2
にら玉の両面焼き
→ レンチンして冷まして詰めればOK

＼ 時短調理 ／
サブ1
キャベツのナムル
→ 材料をあえてそのまま詰めるだけ

＼ 作りおき ／
メイン1
みそカツ
→ レンチンして冷まして詰めればOK

バランスばっちり！

男女別 中高生の喜ぶお弁当のポイント

FOR BOYS 男子

主食はたっぷりと
食べざかりの男子にはエネルギー源となるごはんをしっかり詰めて。特に白米がオススメです。

炭水化物をもう1品入れても
たっぷりの主食に加えておかずにも炭水化物を取り入れることで、満足感がアップします。野菜もとれるパスタサラダなどで、栄養バランスを意識して。

肉は外せない!!!
中高生男子にはなんといってもお肉！ 卵料理と組み合わせてメインおかずを2品にするなど、ボリューム重視でたっぷりと入れましょう。

定番の味つけが一番
ごはんがすすむ濃いめの味つけで。見た目から味が想像できる料理だと、さらに食欲がアップするそうです。

DATA

[必要なカロリー]
800〜1000 kcal

[弁当箱容量]
900 ml

[ボリュームの目安]

主食	200〜250g
主菜	100g
副菜	120g

中高生のお弁当ってどのくらいの量を持たせればよいの？どんなおかずが喜ばれる？
ここではそんな疑問にお答えする男女別のデータと、喜ばれるポイントをご紹介します。
おいしそうに食べる姿を想像しながら、お弁当を作りましょう！

FOR GIRLS
女子

主食は適度な量で
中高生女子の主食は、少ない量でも満腹感がある炊きこみごはんや混ぜごはんがオススメ。ヘルシーな雑穀米も人気。

彩りとかわいらしさはマスト！
ピックでとめたり、色合いで華やかさを添えたりと、見た目はとても重要なポイント。お弁当小物は本人に選んでもらっても。

野菜もたっぷり取り入れて
美容なども気にしがちなお年頃。いろいろな野菜やナッツ類を含んだおかずで、ヘルシーかつおしゃれに仕上げましょう。

ひと口サイズで食べやすく
メインは切り分けたり、シェアしやすいひと口サイズにするなど、楽しく食べられるような工夫を。

DATA

[必要なカロリー]
600〜800 kcal

[弁当箱容量]
700 ml

[ボリュームの目安]

主食	150〜200g
主菜	100g
副菜	120g

タイプ別 中高生の喜ぶオススメのお弁当

FOR BOYS 男子

\ いくら食べても足りない！ /
THE体育会系
男子には

がっつり弁当でスタミナ回復
ビビンバ丼弁当
→ P.041

どーんと1.5人前のお弁当！ とにかくごはんやお肉をしっかり摂れるメニューにしましょう。市販食品を使っておやつをプラスしても。

消化のよいおかずをたっぷりと
豚肉と麩の
チャンプルー弁当 → P.046

一般的な活動量の男子にとっても、ボリュームはもちろん重要！ お肉だけに偏り過ぎないよう、野菜や消化のよい食材も適度に取り入れましょう。

\ 集中力もスタミナも使うんです！ /
文武両道
男子には

\ 頭を使うにはエネルギーが必要！ /
熱血勉強
男子には

主食とおかずをバランスよく
鶏のマヨ竜田弁当
→ P.036

体よりも頭を使うタイプには、バランスが何より大事。疲労回復効果のある食材を使ったおかずをごはんといっしょに食べて、脳に栄養補給を。

ここではタイプ別にオススメのお弁当をご紹介。
中高生は部活や活動量に応じて食べる量が変わってきます。おいしくて
バランスのいい献立作りで、成長期の子どもたちをサポートしましょう。

ぴったりのお弁当を見つけてね！

FOR GIRLS 女子

\部活に全力投球！/
スタミナ
女子には

パワーみなぎるボリューム弁当
**牛肉のすき焼き風
卵とじ弁当** → P.043

活動量が多い女子のお弁当にはメインおかずも主食もたっぷり詰めて。ただし、くどくならないよう味にメリハリをつけましょう。

彩りやおしゃれを意識して
**きのこのクリーム
リゾット弁当** → P.051

成長期に食べる量を減らすのはNG。色鮮やかな見た目で食欲を刺激し、食物繊維の豊富な食材を使って、美容と健康を手助けしましょう。

\食べてきれいになりたい！/
ヘルシー志向
女子には

\授業を集中して受けたい！/
効率重視
女子には

片手で食べられるのがうれしい
ぱくっとおにぎり弁当
→ P.037

手軽に食べられて栄養を摂取できる小さめおにぎりがオススメ。おかずもひと口サイズに仕上げて、勉強の合間でも食べやすいようにしましょう。

\ 料理のコツ /

味つけの基本をマスターして
ラクチンお弁当作り

基本となる味つけは4パターン。この本のレシピにある味別マークを参考に、
しょっぱい、辛い、甘い、酸っぱいがバランスよく入ったお弁当を作りましょう。

基本1 [おかず選びは4つの味の組み合わせで]

いろんな味のおかずが入っていると、最後までおいしく食べることができます。
紹介する調味料例を参考に、飽きのこないお弁当を。

塩
[しょっぱい]

塩・塩こうじ
ハーブソルト・みそ

\たとえば/

メイン1

牛巻き串揚げ
→ P.076

辛
[辛い]

こしょう・唐辛子
コチュジャン・豆板醤
カレー粉

\たとえば/

メイン2

厚揚げの
コチュジャン煮
→ P.093

甘
[甘い]

砂糖・みりん
はちみつ
ピーナッツバター

\たとえば/

サブ1

にんじんとコーンの
グラッセ
→ P.120

酸
[酸っぱい]

酢・レモン
ワインビネガー
梅

\たとえば/

サブ2

カリフラワーの
ピクルス
→ P.145

基本2 [味つけに濃淡をつけてメリハリを]

お弁当は冷めてもおいしい濃い味が基本ですが、
さっぱり味のおかずを1品添えるとちょうどいい箸休めに。

\たとえば/

濃

[濃い味のおかず]

甘辛炒め・南蛮漬け・
しょうが焼き

薄

[薄い味のおかず]

塩きんぴら・レモン蒸し・
白だしあえ

味つけいろいろ
うれしいな

\ 見た目もおいしく /
色別おかずを使ってお弁当に彩りを！

彩りの基本は赤・黄・緑。この他に華やかな紫、他の色を際立たせる白、引き締め色の茶・黒のおかずを組み合わせて見栄えのよいお弁当に。

[基本の3色＋αでバランスよく]

主食やメインおかずとのバランスも考慮しながら、1つのお弁当につき1～2種の色別おかずを入れて、見た目のメリハリをつけましょう。

基本の3色

[パプリカ・トマトなど]
→ P.120

彩りおかずの代表格。野菜以外に、トマトケチャップなどの調味料でも色みを添えられます。

[コーン・かぼちゃなど]
→ P.136

黄色の食材は限られていますが、1品あるだけでお弁当の印象がやわらかくなります。

[キャベツ・ほうれん草など]
→ P.128

葉野菜など種類が豊富にある緑。アレンジもしやすく、献立に取り入れやすいのが特長です。

プラスαの4色

[もやし・かぶなど]
→ P.142

淡白な味の野菜が多い白は、濃い味のメインおかずが多いときに箸休めとして取り入れて。

[きのこ・ひじきなど]
→ P.146

単品では彩りに欠きますが、他の色おかずと組み合わせれば、引き締め色として活躍します。

[紫玉ねぎなど]
→ P.126

たまに入れると新鮮な彩りの紫おかず。酢やレモン汁で色止めすると鮮やかに発色します。

お弁当の詰め方あれこれ

主食に合わせて

HOW TO 基本の詰め方

1 ごはんを詰める

中身がずれないようにきっちり詰めて冷まします。このときおかず側に傾斜をつけると、おかずが盛りつけやすくなります。

2 形がしっかりしたおかずを詰める

大きいおかずを先に詰めれば、自然と他のおかずの位置も決まります。味移りが気になるなら葉野菜やバランで仕切っても。

3 形を変えられるおかずを詰める

残りのスペースに形を調整できる小さいおかずを詰めます。汁けのあるものはカップに入れましょう。

4 すきま埋め、トッピングで調整する

すきま埋め食材、またはサブおかずをもう1品詰めて、中をしっかり固定します。ふりかけやお漬けもので彩りを添えても。

中高生は何かと荷物が多いもの。
通学中にお弁当がくずれてしまわないよう、
詰め方のコツを覚えて、食べるときまで
見栄えをキープさせましょう。

おにぎりの詰め方

おにぎりはお弁当箱にサイズを合わせて作ることがポイント。三角よりも丸や俵形のほうが詰めるのがラクです。

1

おにぎりを詰める

2

形がしっかりしたおかずを詰める

3

形を変えられるおかずを詰める

パンの詰め方

サンドイッチは高さをそろえて切ることと、取り出すときを考えて詰めすぎないようにすることがコツ。

1

サンドイッチを詰める

2

すき間におかずを詰める

取り出しやすいの助かるー！

二段弁当の場合

高さをそろえて

おかずの量に合わせて仕切りながら詰めれば、見た目が整います。一段弁当より幅や高さがないので、大きいおかずはカットするなどの工夫を。

のっけ弁の場合

ごはんをたっぷり詰めて

お弁当箱の半分から1/3の高さまでごはんを詰めて、たっぷりとおかずをのせるだけ。おかずは水分が出ないよう、汁けをしっかりきることがコツ。

忘れちゃいけない！

お弁当の衛生マニュアル

CHECK これは絶対

[お弁当の衛生管理３か条]

お弁当には水分が大敵！　おかずは汁けをきるなど普段の料理とは違った配慮で、時間がたってもおいしく安全に。

3か条 1 　加熱はしっかり

肉や魚は75℃以上でしっかり加熱しましょう。揚げものなどは竹串を刺して、肉汁が透明になったら火が通った目安です。1個切って中を確認するとさらに安心。

3か条 2 　よく冷ます

温かいまま詰めて、ふたをすることが傷みの一番の原因。ごはんは最初に詰めて冷ましておきましょう。調理したおかずはお皿に平たく広げておくと冷めやすくなり、早く詰めることができます。

3か条 3 　水けを出さない

水分が多いと細菌が繁殖するだけでなく、かばんを汚してしまうことも。おかずは汁けをふき取ってから詰めましょう。煮ものにはかつお節や麩など、水分を吸収してくれる食材を使うのがオススメです。

お弁当作りで一番大切なことは衛生。
学校には冷蔵庫も電子レンジもないので、
暑い季節は特に配慮が必要です。
衛生の基本を覚えて、安心・安全なお弁当作りを。

衛生面って大事なんだね

CHECK さらに万全

[知っておきたいプチ衛生テク]

衛生管理の3か条にプラスして、傷みを防ぐ食材やグッズの活用など
ちょっとした心がけでできる衛生テクを覚えておきましょう。

防腐効果のある食材を使う

テク1

ごはんに酢を入れて炊いたり、梅干しをのせたりすることで菌の繁殖を抑える作用が期待できます。青じそやレモンは防腐効果もあるうえ、おかずの仕切りとしても使えるのでオススメ。

素手で料理に触らない

テク2

食中毒の大きな原因が手の雑菌によるもの。お弁当箱に詰めるときは必ず菜箸を使って、料理ごとにふき取りながら詰めるようにしましょう。おにぎりもラップを使ってにぎると安全です。

市販の保冷グッズを活用

テク3

保冷剤でお弁当箱の上下をはさむようにして保冷バッグに入れれば、お昼まで冷たさをキープできます。近年人気のスープジャーは保冷・保温どちらもできてオススメ。

[この本の使い方]

本書は、PART1 シーン別お弁当（P.023~）、PART2 メインおかず（P.053~）、PART3 サブおかず（P.119~）の3つのパートで構成されています。調理時間やカロリー、保存期間、調理器具別、味別マークなどお弁当作りに役立つ情報がいっぱいです。

調理時間＆カロリー

調理時間の目安と、1人分のカロリーを表示しています。

保存期間マーク

冷蔵3日／冷凍3週間

冷蔵・冷凍それぞれの場合の保存期間の目安を表示。作りおきをすれば、朝の弁当作りが時短に！

調理法別マーク

トースター

「フライパン」「電子レンジ」などの調理法を表示。異なる調理法のおかずを組み合わせれば、同時に作るのもラク。

味別マーク

甘い

「甘い」「しょっぱい」「酸っぱい」「辛い」に分類。4種類の味のおかずを組み合わせれば、バランスのよいお弁当に。

ミニコラム

♥ 愛情メモ
見た目やボリュームなど、中高生に喜んでもらえるポイントを紹介しています。

⏱ 時短のコツ
調理時間を短縮して、お弁当作りをちょっとラクにするコツやお役立ちテクを紹介。

▶ ARRANGE
さらにバリエーションが広がる食材や味つけのアレンジ例を紹介しています。

＼ 便利なタイムテーブルつき ／

朝パパッと作りたい人のために同時調理のタイムテーブルを紹介しています。

[朝作る TIMETABLE]

	5min.	10min.
メイン1	鶏肉に下味をつける	衣をつける
メイン2	卵をゆでる	
サブ	マカロニをゆでる	材料を切って塩もみする

RAKUCHIN BENTO FOR BOYS & GIRLS

PART 1

\ 男子も女子も大満足！/

シーン別

中高生に人気のお弁当

男女別の人気弁当BEST3と、部活や塾などシーン別におすすめのお弁当レシピをご紹介！　朝パパッと作りたい人のためのタイムテーブルもあるので、忙しい朝でも効率よくお弁当作りができます。

男子 人気No.1 FOR BOYS

食べざかり男子の
定番人気!

鶏の
から揚げ
弁当

総カロリー
1014 kcal

[朝作るTIMETABLE]

		5min.	10min.	15min.	20min.
メイン1	鶏肉に下味をつける	衣をつける		揚げ焼きにする	
メイン2	卵をゆでる		カレー粉と塩をまぶす	詰める	
サブ	マカロニをゆでる	材料を切って塩もみする	あえる		

PART_1 男子人気 No.1

メイン1

漬け込みいらずの時短から揚げ

鶏のから揚げ

| 冷蔵3日／冷凍3週間 |
| フライパン |
| しょっぱい |

376 kcal

[材 料]（1人分）
鶏もも肉 … ½枚
A しょうゆ … 大さじ½
　酒 … 小さじ1
　しょうがのすりおろし … ½片分
B ごま油 … 小さじ½
　小麦粉 … 大さじ1
　片栗粉 … 大さじ½
サラダ油 … 適量

[作り方]
1 鶏肉はひと口大に切ってボウルに入れ、Aを加えてしっかりもみ込む。
2 1にBを順に加えて混ぜる。
3 多めのサラダ油を入れたフライパンを中火で熱し、2を入れる。3〜4分揚げ焼きにして、しっかり油をきる。

♥ 愛情メモ
ごはんはおかずの下にも盛って、たっぷりと詰めることが中高生男子に喜ばれる弁当の秘訣！　レタスでおかずの味移りを防ぎ、多めのメインおかずとさっぱりサブおかずで、ボリュームのあるお弁当に仕上げましょう。

メイン2

スパイシーなゆで卵

フリフリ カレーエッグ

| 冷蔵3日／冷凍× |
| 鍋 | 辛い |

79 kcal

[材 料]（1人分）
卵 … 1個
A カレー粉 … 小さじ⅛
　塩 … 少々

[作り方]
1 鍋に卵とかぶるくらいの水を入れて強火にかける。
2 沸騰したら弱火にして8分ゆで、冷水に取って冷まし、殻をむく。
3 ビニール袋にAを合わせ、しっかりと水けをふいた2を入れてよくまぶし、半分に切る。

好物をたくさん詰めて！

サブ1

ボリュームアップにもう1品

ハムと マカロニのサラダ

| 冷蔵3日／冷凍× |
| あえるだけ |
| しょっぱい |

92 kcal

[材 料]（1人分）
マカロニ … 10g
きゅうり … ¼本
玉ねぎ … 10g
ロースハム … ½枚
塩 … 適量
A マヨネーズ … 小さじ1
　塩、こしょう … 各少々

[作り方]
1 マカロニは塩（分量外）を入れた熱湯で表示通りにゆで、水けをしっかりきる。
2 きゅうり、玉ねぎは薄切りにして塩をもみ込み、5分ほどおいて水けをしぼる。ハムは細切りにする。
3 ボウルに1、2、Aを入れてあえる。

作りおきで すきま埋め

サブ2

ごまに酢を加えてさっぱりと

ブロッコリーの ごま酢あえ

→P.134　詰めるだけ

- 女子 -
人気 No.1
FOR GIRLS

おしゃれさも意識した
ボリューム弁当

照り焼きチキン弁当

総カロリー
736 kcal

[朝作るTIMETABLE]

		5min.	10min.	15min.	20min.
メイン	鶏肉の下処理をする	焼く	調味料をからめる		
サブ1	かぼちゃをレンチンする	つぶして材料を混ぜる		詰める	
サブ2	材料を切る	白だしと合わせてレンチンする	ピックでとめる		

メイン

甘めのたれがじゅわっと広がる

照り焼きチキン

冷蔵3日／冷凍3週間
フライパン　甘い

280 kcal

[材料]（1人分）
鶏もも肉 … 1/2枚
片栗粉、サラダ油 … 各小さじ1
水 … 大さじ1/2
A しょうゆ、みりん … 各小さじ1
　酒 … 大さじ1/2
　砂糖 … ひとつまみ

[作り方]
1 鶏肉は皮にフォークで数か所穴をあけて、片栗粉を薄くまぶす。
2 フライパンにサラダ油を熱し、皮目を下にして強火で両面焼き色をつける。水を加えてふたをし、2〜3分蒸し焼きにする。
3 Aを加えて照りが出るまで煮からめる。

サブ1

カフェみたいなデリ風おかず

かぼちゃと
レーズンのデリサラダ

冷蔵3日／冷凍2週間
電子レンジ　酸っぱい

172 kcal

[材料]（1人分）
かぼちゃ … 80g
レーズン、クリームチーズ
　… 各大さじ1/2
A マヨネーズ … 大さじ1/2強
　塩、こしょう … 各少々

[作り方]
1 かぼちゃはひと口大に切る。水にくぐらせてラップで包み、電子レンジで2分ほど加熱する。
2 ボウルに1、Aを入れてかぼちゃを粗くつぶしながら混ぜる。
3 レーズンとちぎったクリームチーズを加えてさっくりと混ぜ合わせる。

サブ2

ひと手間加えてかわいさアップ

ラディッシュと
きゅうりの白だしあえ

冷蔵3日／冷凍×
電子レンジ
しょっぱい

10 kcal

[材料]（1人分）
ラディッシュ … 2個
きゅうり … 1/4本
白だし … 大さじ1/2

[作り方]
1 ラディッシュは葉と根を除いて星形に飾り切りにする。きゅうりは皮を縞目にむき、長さを半分に切る。
2 耐熱容器に1と白だしを合わせて入れ、電子レンジで10秒加熱してそのまま冷ます。
3 ラディッシュときゅうりを1組にして、ピックでとめる。

PART_1　女子人気 No.1

デリみたいなメニューに！

♥ 愛情メモ

味や色合い、飾り切りなどで、カフェのワンプレートごはんのように見せて。雑穀米や仕切りに使う葉野菜でおしゃれさがワンランクアップします。

男子 人気No.2 FOR BOYS

たっぷりおかずで
スタミナ満点！

みそカツ弁当

総カロリー
957 kcal

[朝作るTIMETABLE]

		5min.	10min.	15min.	20min.
メイン1	豚肉に下味をつける	衣をつける	揚げ焼きにしてみそをかける		
メイン2	にらを切る	材料を入れて両面を焼く		詰める	
サブ	材料を切る	レンチンする	あえる		

028

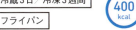

メイン1

甘みそ味でごはんがすすむ

みそカツ

冷蔵3日／冷凍3週間
フライパン
しょっぱい

400 kcal

[材 料]（1人分）
豚もも肉（とんカツ用）… 1枚
塩、こしょう … 各少々
A 天ぷら粉 … 大さじ1
　水 … 大さじ2
パン粉、サラダ油 … 各適量
B みそ、中濃ソース … 各小さじ1
　はちみつ … 小さじ½
白いりごま … ひとつまみ

[作り方]
1 豚肉は3等分に切ってめん棒で軽くたたき、塩、こしょうをふる。合わせたAをからめて、パン粉をまぶす。
2 多めのサラダ油を入れたフライパンを中火で熱し、1を入れて2〜3分揚げ焼きにして油をきる。
3 合わせたBを2にかけて、白いりごまをふる。

メイン2

こんがり香ばしい！

にら玉の両面焼き

冷蔵3日／冷凍2週間
フライパン
しょっぱい

79 kcal

[材 料]（1人分）
にら … 1本
卵 … 1個
ごま油 … 小さじ½
しょうゆ … 適量

[作り方]
1 にらは3cm長さに切る。
2 フライパンにごま油を熱し、卵を割り入れる。へらで軽く卵黄をつぶし、1をのせて半分に折る。
3 へらを押しつけながら両面をこんがりと焼く。あら熱がとれたら半分に切り、お好みでしょうゆをかける。

サブ

レンチンでささっと作れる

キャベツのナムル

冷蔵3日／冷凍3週間
電子レンジ
しょっぱい

33 kcal

[材 料]（1人分）
キャベツ … 1枚
にんじん … 10g
A ごま油 … 小さじ½
　顆粒鶏ガラスープの素 … 小さじ⅙
　塩、こしょう … 各少々

[作り方]
1 キャベツはひと口大に切る。にんじんは皮をむいてせん切りにする。
2 耐熱容器に1を入れてラップをし、電子レンジで1分30秒加熱する。
3 あら熱がとれたら水けをしぼり、Aを加えてあえる。

スタミナつけて午後もファイト！

♥ 愛情メモ

こってり濃いめのみそカツはたっぷりの白米といっしょに召し上がれ。にら玉の両面焼きにかけるしょうゆは、ミニ調味料入れに詰めて、汁もれを防ぎましょう。

女子人気 No.2 FOR GIRLS

ひと工夫の味つけで
女子が喜ぶテイストに

チキンカツ弁当

総カロリー
670 kcal

[朝作るTIMETABLE]

		5min.	10min.	15min.	20min.
メイン	鶏肉に下味をつける	衣をつける	揚げ焼きにする		
サブ1	材料を切ってレモン汁、塩、こしょうとあえる	じゃがいもをレンチンする	混ぜ合わせる	詰める	
サブ2	さやえんどうを炒める	コーンを加えて炒める			

メイン

粉チーズでコクをプラス

香草チキンカツ

冷蔵3日／冷凍3週間
フライパン
しょっぱい

 234 kcal

[材料]（1人分）
鶏むね肉 … 1/3枚
塩、こしょう … 各少々
サラダ油 … 適量
A 天ぷら粉 … 大さじ1
　水 … 大さじ2
　粉チーズ … 小さじ1
B パン粉 … 大さじ3
　パセリのみじん切り … 小さじ1

[作り方]

1 鶏肉は3等分のそぎ切りにして塩、こしょうをふり、合わせたAをからめてBをまぶす。
2 多めのサラダ油を入れたフライパンを中火で熱し、1を入れて2～3分揚げ焼きにし、油をきる。

サブ1

ツナマヨのコクとレモンの酸味

ツナとレモンの ポテトサラダ

冷蔵3日／冷凍×
あえるだけ
酸っぱい

125 kcal

[材料]（1人分）
じゃがいも … 1/2個
紫玉ねぎ … 1/8個
レモンの薄切り … 1枚
A レモンの搾り汁 … 小さじ1/2
　塩、こしょう … 各少々
B ツナ缶、マヨネーズ
　　… 各大さじ1/2

[作り方]

1 玉ねぎは薄切りに、レモンは房ごとに切ってAとあえる。
2 じゃがいもは皮をむいてひと口大に切る。ラップで包み、電子レンジで2分ほど加熱する。
3 ボウルに2を入れ、1、Bを加えてさっくり混ぜる。

サブ2

包丁いらずでラクチン

さやえんどうと コーンのバター炒め

冷蔵3日／冷凍3週間
フライパン
しょっぱい

 38 kcal

[材料]（1人分）
さやえんどう … 4枚
ホールコーン缶 … 大さじ2
バター … 小さじ1/2
水 … 大さじ1/2
塩、こしょう … 各少々

[作り方]

1 フライパンにバターを入れて溶かし、すじを取ったさやえんどうを軽く炒め、水を加える。
2 1の水けがなくなったら、コーンを加えて手早く炒め合わせ、塩、こしょうをふる。

PART_1　女子人気 No.2

♥ 愛情メモ

パン粉に香草を混ぜると、冷めても香りよくいただける上品なお弁当になります。ごはんにトッピングした赤じそ風味ふりかけで、彩りやさわやかさがアップ！

女子もたくさん食べてほしいな

男子 人気 No.3 FOR BOYS

食べごたえ満点の
洋食おかずを詰めて

ハンバーグ弁当

総カロリー
1017 kcal

[朝作るTIMETABLE]

		5min.	10min.	15min.	20min.
メイン	肉だねを混ぜて成形する	焼く	チーズをのせる		
サブ1	材料を切る	スパゲッティをゆでる	炒める	詰める	
サブ2	ブロッコリーをレンチンする	バターと調味料をレンチンする	あえる		

PART_1 男子人気 No.3

メイン

チーズの飾りでひと工夫
チーズハンバーグ

冷蔵3日／冷凍3週間
フライパン
しょっぱい

386 kcal

[材 料]（1人分）
合いびき肉 … 100g
玉ねぎ … 1/8個
A パン粉、牛乳 … 各大さじ2
　 オリーブ油 … 小さじ1
　 塩、こしょう … 各少々
サラダ油 … 小さじ1
水 … 大さじ2
スライスチーズ … 1/2枚

[作り方]
1 玉ねぎはみじん切りにし、ボウルにひき肉、Aとともに入れてよく混ぜ、小判形に整える。
2 フライパンにサラダ油を熱し、1を入れて両面焼き色がつくまで焼く。水を加えてふたをし、水けがなくなるまで蒸し焼きにして火を止める。
3 スライスチーズは帯状に切って、ハンバーグの上に格子状にのせ、ふたをして余熱で溶かす。

サブ1

昔懐かしい味わい
ハムと野菜のナポリタン

冷蔵3日／冷凍2週間
フライパン
しょっぱい

173 kcal

[材 料]（1人分）
スパゲッティ … 20g
玉ねぎ … 15g
ピーマン … 1/2個
ロースハム … 1枚
塩 … 適量
オリーブ油 … 小さじ1
A トマトケチャップ … 大さじ1/2
　 めんつゆ（3倍濃縮）… 小さじ1/2
　 こしょう … 少々

[作り方]
1 玉ねぎは薄切り、ピーマンは半分の長さに切って細切りにする。ハムは半分に切って1cm幅に切る。
2 スパゲッティは3等分に折って、塩を入れた熱湯で表示通りにゆでて水けをきる。
3 フライパンにオリーブ油を熱して1を入れて炒め、しんなりしたら2、Aを加えて炒め合わせる。

サブ2

バター風味でこっくりと
ブロッコリーのグラッセ風

冷蔵3日／冷凍3週間
電子レンジ
甘い

29 kcal

[材 料]（1人分）
ブロッコリー … 3房
A バター … 小さじ1/2
　 顆粒コンソメスープの素、
　 砂糖 … 各ひとつまみ

[作り方]
1 ブロッコリーはさっと水にくぐらせてラップで包み、電子レンジで50秒ほど加熱する。
2 耐熱容器にAを入れて電子レンジで30秒加熱し、水けをきった1を加えて混ぜ合わせる。

♥ 愛情メモ
大きめのハンバーグと濃厚チーズで食べごたえアップ。
スパゲッティには野菜も入れて、栄養バランスを整えて。
すきま埋めのミニトマトはヘタを除いて入れましょう。

洋食屋の味をお弁当で！

女子人気 No.3 FOR GIRLS

あっさり味の中華風で食べやすい

ミートボール弁当

総カロリー **715** kcal

[朝作るTIMETABLE]

		5min.	10min.	15min.	20min.
メイン1	肉だねを混ぜて成形する	揚げ焼きにする	あんを作ってからめる		
メイン2	材料を切って卵と合わせる	焼く	切り分ける	詰める	
サブ	材料を切る	レンチンする	あえる		

とろーり甘酢あんがたまらない

中華風ミートボール

| 冷蔵3日／冷凍3週間 |
| フライパン |
| 甘い |

310 kcal

[材 料]（1人分）
豚ひき肉 … 100g
サラダ油 … 適量
A おろししょうが（チューブ）
　　… 小さじ¼
　酒、ごま油 … 各小さじ½
　片栗粉 … 小さじ1
　塩 … 少々
B ポン酢しょうゆ、水
　　… 各大さじ1
　砂糖 … 大さじ½
　片栗粉 … 小さじ½

[作 り 方]
1 ボウルにひき肉、Aを加えて練り混ぜ、5等分にして丸める。
2 多めのサラダ油を入れたフライパンを中火で熱し、1を揚げ焼きにしてしっかりと油をきる。
3 Bを耐熱容器に入れてよく混ぜる。ラップをして電子レンジで1〜2分、途中でかき混ぜながら加熱する。とろみがついたら2を加えてからめる。

♥ 愛情メモ

ひと口サイズにすると、見た目もかわいらしく仕上がります。卵や彩り野菜を使って、鮮やかな見栄えにしましょう。ごはんにはお好みでふりかけをかけて。仕切りのレタスにおかずの味がしみるのもお弁当の醍醐味。

かに風味でほんのり塩加減

かにかま卵焼き

| 冷蔵3日／冷凍2週間 |
| フライパン |
| しょっぱい |

106 kcal

[材 料]（作りやすい分量）
卵 … 2個
かに風味かまぼこ … 2本
A 酒 … 小さじ2
　塩、こしょう … 各少々
サラダ油 … 小さじ½

[作 り 方]
1 ボウルに卵、みじん切りにしたかに風味かまぼこ、Aを混ぜる。
2 卵焼き器にサラダ油を熱して1を⅓量ほど流し入れ、半熟になったら手前に巻く。奥に寄せて油をひいたら、同様にあと2回くり返す。
3 あら熱がとれたら、食べやすく切る。

オイスターソースで濃厚

チンゲン菜とパプリカの中華おひたし

| 冷蔵3日／冷凍2週間 |
| 電子レンジ |
| しょっぱい |

21 kcal

[材 料]（1人分）
チンゲン菜 … 1株
赤パプリカ … ⅛個
A オイスターソース、しょうゆ
　　… 各小さじ½
黒いりごま … 少々

[作 り 方]
1 チンゲン菜は葉を3等分に切り、茎部分を4等分のくし形に切る。パプリカは細切りにする。
2 1をさっと水にくぐらせラップで包み、電子レンジで1分加熱してざるにあげて冷ます。
3 2の水けをしぼってAを加えてあえ、ごまをふる。

カラフル弁当で楽しいお昼を

PART_1 女子人気 No.3

塾弁

放課後の塾はお腹がペコペコ。集中力が維持できる適量を詰めて

家に帰るまで腹持ちするお弁当をお願い！

メイン2
サブ
メイン1
総カロリー
941
kcal

おかず多めでスタミナアップ
鶏のマヨ竜田弁当

メイン1

マヨでふっくらジューシー
鶏もも肉のマヨ竜田

冷蔵3日／冷凍3週間
フライパン　しょっぱい

492 kcal

[材 料]（1人分）
鶏もも肉 … 1/2枚
A（マヨネーズ、しょうゆ各大さじ1、酒小さじ1、にんにくのすりおろし小さじ1/2）
片栗粉 … 大さじ2
サラダ油 … 適量
B（マヨネーズ、しょうゆ各小さじ1）
貝割れ大根 … 適量

[作り方]
1. ひと口大にした鶏肉とAをもんで10分おき、片栗粉をまぶす。
2. 多めのサラダ油を入れたフライパンを中火で熱し、1を揚げ焼きにしたら、Bをからめて、貝割れ大根をのせる。

メイン2

磯の香りがさわやか
のり巻き卵焼き

冷蔵3日／冷凍2週間
フライパン　甘い

133 kcal

[材 料]（作りやすい分量）
卵 … 2個
のり … 1/2枚
A（砂糖大さじ2、顆粒和風だし、しょうゆ各少々）
サラダ油 … 小さじ1

[作り方]
1. ボウルに卵、Aを混ぜる。
2. 卵焼き器にサラダ油を熱して1を1/3量ほど流し入れ、半熟になったらのりをのせ、手前に巻く。奥に寄せて油をひき、残りの卵液を2回に分けて流し入れ、巻く。
3. あら熱がとれたら食べやすく切る。

サブ

トマトで彩りプラス
ほうれん草のおかかあえ

冷蔵3日／冷凍×
あえるだけ　しょっぱい

29 kcal

[材 料]（1人分）
ほうれん草 … 1/2株
ミニトマト … 2個
A（じゃこ5g、かつお節2g、しょうゆ少々）

[作り方]
1. ほうれん草は熱湯で1分ゆでて冷水にとって冷まし、水けをきって3cm幅に切る。ミニトマトは4等分に切る。
2. ボウルに1、Aを入れてあえる。

[朝作るTIMETABLE]

		5min.	10min.	15min.	20min.
メイン1	鶏肉に下味をつける			揚げ焼きにする	
メイン2	材料を合わせる	焼く		切り分ける	詰める
サブ	ほうれん草をゆでる	材料を切ってあえる			

PART_1 塾弁

食べたあとの授業はどうしてもだるくなりがち…

食べやすくて勉強もはかどる
ぱくっとおにぎり弁当

総カロリー **905** kcal

主食

小さめににぎるのがポイント
さけとしらすのおにぎり

| 冷蔵× / 冷凍3週間 |
| 混ぜるだけ / しょっぱい |

 380 kcal

[材料]（1人分）
ごはん … 120g
さけフレーク … 大さじ2
しらす干し … 10g
白いりごま … 大さじ1
ごま油 … 小さじ1

[作り方]
1 すべての材料をボウルに入れて混ぜ合わせる。
2 半分に分け、ラップを使ってそれぞれ丸形ににぎる。

メイン

ひと口サイズでつまみやすい
プチハンバーグのトマト煮

| 冷蔵3日 / 冷凍3週間 |
| フライパン / しょっぱい |

 354 kcal

[材料]（1人分）
A（合いびき肉80g、玉ねぎのみじん切り1/6個、パン粉大さじ1、塩、こしょう、ナツメグ各少々）
サラダ油 … 小さじ1
トマトソース（市販） … 大さじ3
キャンディーチーズ … 4個

[作り方]
1 ボウルにAを入れてよく混ぜ、4等分にして丸形に整える。
2 フライパンにサラダ油を熱して1を焼き、トマトソースを加えて5分煮る。
3 2、キャンディチーズをピックでとめる。

サブ

和風のこっくりあえもの
ブロッコリーのツナマヨ

| 冷蔵3日 / 冷凍2週間 |
| あえるだけ / しょっぱい |

 167 kcal

[材料]（1人分）
ブロッコリー … 1/6株
ツナ缶 … 小1/2缶
A（かつお節2g、しょうゆ、マヨネーズ各小さじ1）

[作り方]
1 ブロッコリーは熱湯でゆでて水けをきる。ツナは缶汁をきる。
2 ボウルにAを混ぜ、1を加えてあえる。

[朝作るTIMETABLE]

		5min.	10min.	15min.	20min.
主食	材料を混ぜ合わせる	おにぎりをにぎる			詰める
メイン	肉だねを成形する	焼いてから煮る	ピックでとめる		
サブ	ブロッコリーをゆでる		あえる		

模試弁

休憩中も勉強したい模試の日はすきま時間にささっと食べられるものを

> 勉強しながらつまめるお弁当がいいな！

片手で食べられるのがうれしい
サンドイッチ弁当

総カロリー **567** kcal

主食
惣菜パンで腹持ちよく
明太ポテトサンド

冷蔵×／冷凍× ／ 電子レンジ ／ しょっぱい

443 kcal

[材 料]（1人分）
- サンドイッチ用食パン … 4枚
- じゃがいも … 1個
- レタス … 2枚
- A（ほぐし明太子1腹分、マヨネーズ大さじ1、塩、粗びき黒こしょう各少々）

[作り方]
1. じゃがいもは皮をむいて4つ切りにする。ラップで包み、電子レンジで3分加熱する。
2. 1にAを入れて混ぜる。
3. 食パン1枚にレタス1枚をおいて2の半量をのせ、食パン1枚ではさみ、半分に切る。同様にもう1つ作る。

サブ1
湯むきすると味がよくしみる
彩りミニトマトのピクルス

冷蔵4日／冷凍× ／ 漬けるだけ ／ 酸っぱい

51 kcal

[材 料]（1人分）
- 好みの色のミニトマト… 3個
- A（酢、砂糖各大さじ2、水大さじ1、塩小さじ1/2）

[作り方]
1. ミニトマトは小さく切れ目を入れ、熱湯で10秒ゆでて冷水にとり、皮をむく。
2. ボウルにAを混ぜ合わせ、1を加えて10分漬ける。

サブ2
さっぱり口直しデザート
りんごデザートヨーグルト

冷蔵3日／冷凍2週間 ／ あえるだけ ／ 甘い

73 kcal

[材 料]（1人分）
- りんご … 1/4個
- A（プレーンヨーグルト大さじ2、砂糖小さじ1、レモン汁少々）

[作り方]
1. りんごは皮つきのまま食べやすく切る。
2. ボウルにAを混ぜ合わせ、1を加えてあえる。

[朝作る TIMETABLE]

	5min.	10min.	15min.	20min.
主食	いもをレンチンする	材料を混ぜ合わせる	パンにはさむ	詰める
サブ1	ゆでて皮をむく	マリネ液に漬ける		
サブ2	りんごを切る	ヨーグルトとあえる		

テスト中
気が散らないか
不安…

PART_1 模試弁

DHAとカルシウムで
集中力アップ！
あじフライ弁当

総カロリー
798 kcal

メイン
ひと口サイズで食べやすい
あじフライ

冷蔵3日／冷凍3週間
フライパン　しょっぱい

 275 kcal

[材 料]（1人分）
- あじ（半身）… 1枚
- 塩、こしょう … 各少々
- 小麦粉、溶き卵、パン粉、サラダ油 … 各適量
- ウスターソース … 適量

[作り方]
1. あじは3等分のそぎ切りにして、塩、こしょうをふり、小麦粉、溶き卵、パン粉の順に衣をつける。
2. 多めのサラダ油を入れたフライパンを中火で熱し、1を入れて両面揚げ焼きにする。
3. お好みでソースを添える。

サブ1
粉チーズがアクセント
アスパラのオーロラ焼き

冷蔵3日／冷凍3週間
トースター　しょっぱい

 133 kcal

[材 料]（1人分）
- グリーンアスパラガス … 1本
- さつまいも … 20g
- A（マヨネーズ、トマトケチャップ各大さじ1）
- 粉チーズ … 小さじ½

[作り方]
1. アスパラはかたい部分を除いて斜め4等分に切る。さつまいもは皮をむかずに小さめの乱切りにしてラップで包み、電子レンジで1分加熱する。
2. アルミカップに1を入れ、混ぜ合わせたAをかけて粉チーズをふる。オーブントースターで3分ほど焼く。

サブ2
酸味とスパイシーさが絶妙
グレフルマスタードサラダ

冷蔵3日／冷凍×
あえるだけ　酸っぱい

 36 kcal

[材 料]（1人分）
- グレープフルーツ … ¼個
- A（粒マスタード小さじ½、オリーブ油小さじ¼、塩、こしょう、パセリのみじん切り各少々）

[作り方]
1. グレープフルーツは皮をむいて食べやすく切る。
2. 混ぜ合わせたAであえる。

[朝作るTIMETABLE]

		5min.		10min.		15min.		20min.
メイン		あじに下味をつける		衣をつける		揚げ焼きにする		詰める
サブ1		材料を切る		いもをレンチンする		トースターで焼く		
サブ2				フルーツを切る		調味料とあえる		

部活弁
運動部男子

放課後の部活まで体力キープ！ たっぷりの主食とおかずを詰めて

すぐお腹が空いて部活までもたないよ

育ち盛りに栄養満点
ボリューム弁当

チキンチャップ弁当

総カロリー **985 kcal**

メイン1
酸味を抑えたまろやかな甘さ
チキンチャップ

冷蔵3日／冷凍3週間　フライパン　酸っぱい　**359 kcal**

[材 料]（1人分）
鶏もも肉 … 小½枚　玉ねぎ … ⅙個　ピーマン … ½個
A（塩、こしょう各少々、小麦粉大さじ1）
サラダ油 … 大さじ½
B（トマトケチャップ、酒各大さじ1、ウスターソース、しょうゆ各大さじ½）

[作り方]
1 玉ねぎは薄切り、ピーマンはせん切りにする。鶏肉はひと口大に切り、Aをまぶす。
2 フライパンにサラダ油を熱し、鶏肉と玉ねぎを入れて炒める。ふたをして弱火で3分蒸し焼きにしたら、ピーマン、Bを加えて炒める。

メイン2
腹持ちばっちり
高野豆腐のチーズフライ

冷蔵3日／冷凍×　フライパン　しょっぱい　**182 kcal**

[材 料]（1人分）
高野豆腐 … 1枚
スライスチーズ … ½枚
小麦粉、溶き卵、パン粉、サラダ油 … 各適量
A（湯200㎖、顆粒コンソメスープの素小さじ½）

[作り方]
1 Aに高野豆腐をひたしてもどし、軽く水けをしぼる。半分の厚さに切り込みを入れ、チーズをはさんで小麦粉、溶き卵、パン粉の順に衣をつける。
2 多めのサラダ油を入れたフライパンを中火で熱し、1を揚げ焼きにする。

サブ
塩けをきかせて
ほうれん草ののりあえ

冷蔵3日／冷凍3週間　あえるだけ　しょっぱい　**24 kcal**

[材 料]（1人分）
ほうれん草 … ¼束
しめじ … ¼パック
焼きのり（ちぎったもの）… ¼枚分
しょうゆ … 小さじ1

[作り方]
1 ほうれん草は洗ってラップで包み、電子レンジで2分加熱する。水にさらし、水けをしぼって3cm長さに切る。
2 しめじは石づきを除いてほぐしてラップで包み、電子レンジで2分加熱する。
3 ボウルに冷ました1、2、のりを入れ、しょうゆを加えてあえる。

[朝作るTIMETABLE]

		5min.	10min.	15min.	20min.
メイン1	鶏肉に下味をつける	蒸し焼きにする	炒める		
メイン2	高野豆腐をひたす	はさんで衣をつける	揚げ焼きにする	詰める	
サブ	材料をレンチンする		あえる		

大きなお弁当箱に豪快にのっけて
ビビンバ丼弁当

ごはんもおかずもたっぷり食べたい！

PART_1 部活弁

ボリュームも栄養バランスも◎
ビビンバ丼

冷蔵×／冷凍3週間

フライパン　しょっぱい

[材料]（1人分）
- ごはん … 300g
- 牛薄切り肉 … 80g
- にんじん、もやし … 各40g
- ほうれん草〈冷凍〉… 50g
- A（焼肉のたれ〈市販〉大さじ1、白すりごま小さじ½、こしょう少々）
- ごま油 … 適量
- B（しょうゆ大さじ½、ごま油、白すりごま各小さじ1、塩、こしょう各少々）
- うずら卵〈水煮〉… 1個

[作り方]
1. 牛肉は食べやすく切り、混ぜ合わせたAをよくもみ込む。
2. フライパンにごま油を熱し、1を炒める。
3. 細切りにしたにんじん、ほうれん草を耐熱容器に入れ、電子レンジで1分加熱し、もやしを加えてさらに1分加熱する。
4. 3の水けをよくきり、Bを混ぜ合わせる。
5. 弁当箱にごはんを詰め、2、4、半分に切ったうずら卵をのせる。

❤ 愛情メモ

大盛りのごはんと濃いめの甘辛おかずが相性ばっちり。どちらのお弁当もスタミナがついて腹持ちもよく、運動部男子にぴったりです。

総カロリー **855** kcal

部活弁
－運動部女子－

激しい運動前のお昼は、スタミナおかずを適度なボリュームで彩りよく

たくさん動くからおなかがいっぱいになりすぎるのも困るな

ひと口おかずがうれしい
チーズつくね弁当

総カロリー **802** kcal

メイン
ぱくっと食べやすく
ひと口チーズつくね

| 冷蔵3日／冷凍3週間 |
| フライパン | しょっぱい |

336 kcal

[材 料]（1人分）
鶏ひき肉 … 80g
A（塩、こしょう各少々、片栗粉小さじ½、しょうがのすりおろし½片分、おろし玉ねぎ⅛個分）
プロセスチーズ … 30g
サラダ油 … 小さじ1
B（みりん小さじ2、しょうゆ小さじ1）

[作り方]
1 ひき肉、Aを混ぜて4等分にする。
2 1に4等分に切ったプロセスチーズを包んで丸形に整える。
3 フライパンにサラダ油を熱して2を焼き、Bを加えてからめる。

サブ1
赤じそでピンクに染めて
うずら卵のしそふりかけ漬け

| 冷蔵3日／冷凍× |
| 漬けるだけ | 酸っぱい |

75 kcal

[材 料]（1人分）
うずら卵（水煮）… 3個
A（酢大さじ1、砂糖小さじ2、赤じそ風味ふりかけ小さじ½）

[作り方]
1 ポリ袋にAを入れてよくもみ、砂糖を溶かす。
2 1にうずら卵を加えて空気を抜きながら口を閉じ、冷蔵庫でひと晩漬ける。

サブ2
アーモンドのコクがしっかり
彩り野菜のアーモンドあえ

| 冷蔵3日／冷凍3週間 |
| あえるだけ | 甘い |

117 kcal

[材 料]（1人分）
さやいんげん … 4本
にんじん … 30g
A（アーモンド〈ダイスカット〉大さじ1、みそ小さじ1、しょうゆ小さじ½）

[作り方]
1 いんげんはヘタを除いて斜め4等分に切り、にんじんは皮をむいて細切りにする。
2 1をラップで包み、電子レンジで1分加熱する。
3 2を合わせたAであえる。

[朝作る TIMETABLE]

		5min.	10min.	15min.	20min.
メイン	肉だねを混ぜる	チーズを包む	焼く		
サブ1	漬ける（前日準備）				詰める
サブ2	材料を切る	レンチンする	あえる		

しっかり食べて
部活中のスタミナ
切れをなくしたい!

見た目はがっつりだけど
ふわとろ食感

牛肉のすき焼き風
卵とじ弁当

総カロリー
755 kcal

メイン1
ごはんがすすむ甘じょっぱさ
牛肉のすき焼き風卵とじ

冷蔵3日／冷凍2週間
フライパン／しょっぱい

340 kcal

[材 料]（1人分）
牛薄切り肉 … 80g
長ねぎ … 1/3本
えのきたけ … 20g
サラダ油 … 小さじ1
A（酒大さじ1、しょうゆ、砂糖
　各小さじ2）
卵 … 1個
みつ葉 … 2本

[作り方]
1 牛肉は3cm幅に切り、長ねぎは斜め薄切りに、えのきたけはほぐす。
2 フライパンにサラダ油を熱して1を炒め、焼き色がついたらAを加えて炒める。溶いた卵を回し入れてさっと混ぜ、みつ葉を散らす。

メイン2
かつおとチーズで風味よく
はんぺんのチーズ焼き

冷蔵3日／冷凍3週間
トースター／しょっぱい

51 kcal

[材 料]（1人分）
はんぺん … 1/4枚
さやいんげん（冷凍）… 1本
かつお節 … 少々
しょうゆ … 小さじ1
ピザ用チーズ … 5g

[作り方]
1 はんぺんは2cm角に、いんげんはヘタとすじを除いて4等分に切る。
2 1、かつお節、しょうゆをあえ、アルミカップに入れる。
3 チーズをかけて、オーブントースターで5分ほど焼く。

サブ
なめたけでかんたん味つけ
ピーマンのなめたけあえ

冷蔵3日／冷凍3週間
トースター／しょっぱい

15 kcal

[材 料]（1人分）
ピーマン … 1個
なめたけ … 大さじ1/2

[作り方]
1 ピーマンは縦半分に切り、ヘタと種を除く。
2 天板に1をのせ、オーブントースターで5分ほど軽く焦げ目がつくまで焼く。
3 あら熱がとれたら細切りにし、なめたけとあえる。

[朝作るTIMETABLE]

		5min.		10min.		15min.		20min.
メイン1	材料を切る		炒める		卵を入れてとじる		詰める	
メイン2	材料を切る		あえる		トースターで焼く			
サブ	ピーマンを切る		トースターで焼く		あえる			

部活弁 －文化部－

頭をよく使う部活前のお昼は、ほどよい食べごたえのお弁当を

> 今日は遅くまで練習したいからしっかり食べたいな

サブ1 / メイン / サブ2

たんぱく質多めで栄養満点
チキンロール弁当

総カロリー **720 kcal**

メイン
彩りよく野菜を巻いて
チキンロール

冷蔵3日／冷凍3週間　フライパン　しょっぱい　**385 kcal**

[材料]（作りやすい分量）
鶏むね肉 … 1枚　赤パプリカ … ⅛個
グリーンアスパラガス … 2本
サラダ油 … 小さじ1
A（酒大さじ½、塩、こしょう各少々）
B（しょうゆ、オイスターソース各大さじ1、顆粒鶏ガラスープの素小さじ1、水200㎖）

[作り方]
1. 鶏肉は開いてめん棒でたたき、Aをすり込む。パプリカ、アスパラは5mm幅に切って鶏肉にのせて巻き、つま楊枝でとめる。
2. フライパンにサラダ油を熱し、1を焼く。Bを加えてふたをし、汁けが少なくなるまで煮る。

サブ1
めんつゆだけで味がきまる
にんじんとツナのしりしり

冷蔵3日／冷凍3週間　電子レンジ　しょっぱい　**114 kcal**

[材料]（1人分）
ツナ缶 … 小½缶
にんじん … ¼本
めんつゆ（3倍濃縮）… 小さじ1

[作り方]
1. にんじんは皮をむいてせん切りにし、ツナ、めんつゆとともに耐熱容器に入れる。
2. ラップをして、電子レンジで1～2分加熱する。

サブ2
塩昆布のうまみがしみる
かぶときゅうりの浅漬け

冷蔵4日／冷凍×　漬けるだけ　しょっぱい　**68 kcal**

[材料]（1人分）
かぶ … 小½個
きゅうり … ¼本
A（塩昆布〈市販〉大さじ1、砂糖大さじ½、ごま油小さじ1）

[作り方]
1. きゅうりは小口切り、かぶは半月切りにする。
2. ポリ袋に1とAを入れてよくもみ、空気を抜きながら口を閉じ、冷蔵庫でひと晩おく。

[朝作るTIMETABLE]

		5min.		10min.		15min.		20min.
メイン	鶏肉に下味をつける		鶏肉に野菜を巻く		焼いてから煮る			
サブ1	にんじんを切る		材料をレンチンする				詰める	
サブ2	漬ける（前日準備）							

コンクールが近いから集中して仕上げたい！

和風ごはんであっさりと
きのこの炊きこみごはん弁当

総カロリー 433 kcal

主食
具だくさんで食べごたえあり
きのこの炊きこみごはん

| 冷蔵× / 冷凍3週間 |
| 炊飯器 | しょっぱい |

224 kcal

[材 料]（1人分）
- 米 … 2合
- だし … 360㎖
- しめじ … 1パック
- にんじん … 20g
- しいたけ … 4枚
- 油揚げ … ½枚
- A（酒大さじ2、薄口しょうゆ大さじ1、塩小さじ1）

[作り方]
1. 米は洗って炊飯器に入れ、だしに30分ほどつける。
2. しめじは小房に分け、にんじんはいちょう切り、しいたけは薄切り、油揚げは細切りにする。
3. 1に2、Aを加えて普通に炊く。

メイン
さけのうまみとチーズが合う
さけのチーズ焼き

| 冷蔵3日 / 冷凍3週間 |
| トースター | しょっぱい |

168 kcal

[材 料]（1人分）
- 甘塩さけ … 1切れ
- こしょう … 少々
- ピザ用チーズ … 大さじ1
- パン粉 … 小さじ1
- パセリのみじん切り … 適量

[作り方]
1. ひと口大に切ったさけにこしょうをふり、アルミカップに入れる。
2. チーズ、パン粉をのせてオーブントースターで5分焼き、パセリを散らす。

サブ
ごまの風味がふわっと香る
小松菜とひじきのごまあえ

| 冷蔵3日 / 冷凍3週間 |
| あえるだけ | しょっぱい |

41 kcal

[材 料]（1人分）
- ひじき（乾燥）… 大さじ½
- 小松菜 … 1株
- A（白すりごま大さじ½、しょうゆ小さじ1）

[作り方]
1. ひじきは水でもどし、熱湯でさっとゆでて水けをきる。
2. 同じ湯で小松菜をゆでて水けをしぼり、3cm幅に切る。
3. 1、2を合わせたAであえる。

[朝作るTIMETABLE]

	5min.	10min.	15min.	20min.
主食	炊く（前日準備）			
メイン	切って味つけする	トースターで焼く		詰める
サブ	ひじきをゆでる	小松菜をゆでる	あえる	

試合弁

試合の前後や合間は、エネルギー補給と疲労回復に効くおかずを

これから試合!
いっぱい食べて
頑張るぞ!

サブ1
メイン
サブ2

消化のいいおかずと糖質を多めに
豚肉と麩のチャンプルー弁当

総カロリー **753** kcal

メイン
だしのうまみが麩にじんわり
豚肉と麩のチャンプルー

冷蔵3日／冷凍3週間 ｜ フライパン ｜ しょっぱい

 269 kcal

[材料]（1人分）
豚こま切れ肉 … 50g　焼き麩 … 3g
にんじん、にら、もやし … 各20g
サラダ油 … 大さじ½
A（卵1個、
　めんつゆ〈3倍濃縮〉小さじ½）
塩、こしょう … 各少々
かつお節 … 適量

[作り方]
1　麩は水でもどして水けをしぼり、Aに漬ける。にんじんはせん切り、にらはざく切りにする。
2　フライパンにサラダ油を熱して豚肉、にんじん、もやしを炒め、麩、にらを加える。塩、こしょう、かつお節で味を調える。

サブ1
チーズの塩けがちょうどいい
マカロニのチーズサラダ

冷蔵3日／冷凍× ｜ あえるだけ ｜ しょっぱい

 114 kcal

[材料]（1人分）
マカロニ … 15g
きゅうり … ⅙本
塩 … 適量
ミニトマト … 2個
A（粉チーズ、オリーブ油各小さじ1、塩、こしょう各少々）

[作り方]
1　マカロニは塩を入れた熱湯でゆでて水けをきる。
2　きゅうりは小口切りにし、塩もみして水けをしぼる。ミニトマトは4等分に切る。
3　1、2、Aを混ぜ合わせる。

サブ2
疲れた体にうれしい酸味
キャベツのさっぱりあえ

冷蔵3日／冷凍3週間 ｜ あえるだけ ｜ 酸っぱい

 84 kcal

[材料]（1人分）
キャベツ … 1枚
A（すし酢大さじ1、赤とうがらしの小口切り少々、ごま油小さじ1弱）

[作り方]
1　キャベツはざく切りにしてラップで包み、電子レンジで40秒加熱して水けをしぼる。
2　1、Aをあえる。

[朝作るTIMETABLE]

		5min.		10min.		15min.	20min.
メイン	麩をAに漬ける		材料を切る		炒める		
サブ1	マカロニをゆでる		材料を切る		混ぜ合わせる		詰める
サブ2	キャベツを切る		レンチンする		あえる		

試合を頑張りすぎて一気に体力消耗…

スタミナ補給できるおかずで元気復活！
うなぎの甘酢炒め弁当

総カロリー **683** kcal

メイン1

野菜を加えてあっさりと
うなぎの甘酢炒め

冷蔵3日／冷凍2週間
フライパン｜酸っぱい

227 kcal

[材 料]（1人分）
- うなぎの蒲焼き … 1/3枚
- 玉ねぎ、赤パプリカ … 各1/6個
- サラダ油 … 小さじ1
- A（酢大さじ1、砂糖大さじ1/2、しょうゆ小さじ1、塩、こしょう各少々）

[作り方]
1. うなぎは食べやすく切る。玉ねぎ、パプリカは小さめの乱切りにする。
2. フライパンにサラダ油を熱し、1を炒める。
3. 野菜がしんなりしたらAを加え、炒め合わせる。

メイン2

明太チーズのこっくり味
厚揚げの明太子チーズ焼き

冷蔵3日／冷凍×
トースター｜辛い

82 kcal

[材 料]（1人分）
- 厚揚げ … 1/4枚
- 辛子明太子 … 1/4本
- 粉チーズ … 大さじ1/2

[作り方]
1. 厚揚げは油抜きをして食べやすく切る。明太子はほぐす。
2. 厚揚げ、明太子、粉チーズの順にのせ、オーブントースターで3分ほど焼く。

サブ

さっと煮るだけでラクチン
さやえんどうの貝柱煮

冷蔵3日／冷凍3週間
鍋｜しょっぱい

38 kcal

[材 料]（1人分）
- さやえんどう … 6枚
- ほたて貝柱缶 … 小1/2缶（35g）
- A（水大さじ3、しょうゆ、塩各少々）

[作り方]
1. さやえんどうはすじを除いて食べやすく切る。
2. 鍋に缶汁ごとのほたて貝柱、Aを入れて煮立たせ、1を加えてさっと煮る。

[朝作るTIMETABLE]

		5min.	10min.	15min.	20min.
メイン1	材料を切る	炒める	調味料を加えて炒める		
メイン2	材料を切る、ほぐす	トースターで焼く			詰める
サブ		さやえんどうを切る	煮る		

夏弁

しっかり食べたい夏は、つるっと食べられる麺でパワーをつけて

しっかり食べて、暑い夏も乗り切りたい！

サブ2

主食

濃い味つけでごはんがすすむ
ジャージャーめん風 肉みそ焼きそば弁当

サブ1

総カロリー **1183** kcal

主食
甘辛みそがめんにからむ
肉みそ焼きそば

| 冷蔵3日／冷凍3週間 |
| フライパン ／ しょっぱい |

979 kcal

[材料]（1人分）
中華蒸しめん … 1½玉
豚ひき肉 … 100g
チンゲン菜 … ½株
A（みそ、酒、砂糖、水各大さじ2、おろししょうが＜チューブ＞小さじ½、豆板醤、ごま油、顆粒鶏ガラスープの素各少々、水溶き片栗粉小さじ2）
ごま油 … 適量

[作り方]

1. 耐熱容器にひき肉、Aを混ぜてラップで包み、電子レンジで4分加熱する。
2. フライパンにごま油を熱し、めん、2cm幅に切ったチンゲン菜を炒める。弁当箱に詰め、1をかける。

サブ1
黒ごまが香り豊か
赤パプリカのごまあえ

| 冷蔵3日／冷凍3週間 |
| あえるだけ ／ 甘い |

88 kcal

[材料]（1人分）
赤パプリカ … ½個
A（黒すりごま大さじ1、砂糖小さじ1、しょうゆ小さじ½）

[作り方]

1. パプリカはヘタと種を除いて細切りにしてラップで包み、電子レンジで1～2分加熱する。
2. 1の水けをきり、混ぜ合わせたAを加えてあえる。

サブ2
ピックで食べる口直し
フルーツのマリネ

| 冷蔵2日／冷凍× |
| あえるだけ ／ 酸っぱい |

116 kcal

[材料]（1人分）
キウイフルーツ … ½個
バナナ … ⅓本
オレンジ … ¼個
A（レモン汁、オリーブ油、はちみつ各小さじ1、塩少々）

[作り方]

1. キウイは1cm厚さのいちょう切り、バナナは1cm厚さの輪切りにする。オレンジは房取りをして果汁は残しておく。
2. ボウルにAとオレンジ果汁大さじ1を混ぜ合わせ、1を加えてあえる。

[朝作るTIMETABLE]

		5min.		10min.		15min.		20min.
主食	肉みそを作る		チンゲン菜を切る		炒める			
サブ1	パプリカを切る		材料をレンチンする		あえる			詰める
サブ2	フルーツを切る		あえる					

サブ1 / サブ2 / 主食

夏バテで、ごはんがすすまない…

スープジャーでひんやりメニュー
豚しゃぶそうめん弁当

総カロリー **777** kcal

主食

トマトつゆにつけていただく
豚しゃぶそうめん

冷蔵3日／冷凍×　鍋　しょっぱい

672 kcal

[材料]（1人分）
- そうめん … 100g
- 豚もも肉（しゃぶしゃぶ用）… 80g
- トマト（前日冷凍）… 小1個
- オクラ … 1本
- オリーブ油 … 適量
- うずら卵（水煮）… 3個
- A（めんつゆ〈3倍濃縮〉50ml、水100ml）

[作り方]
1. トマトはすりおろしてAと混ぜ、スープジャーに入れる。オクラはゆでて小口切りにし、豚肉もゆでる。
2. そうめんはゆでて水けをきり、オリーブ油をからめ、豚肉、オクラ、半分にしたうずら卵をのせる。

サブ1

梅干しの酸味で疲労回復
蒸しなすの梅肉あえ

冷蔵2日／冷凍3週間　あえるだけ　酸っぱい

33 kcal

[材料]（1人分）
- なす … 1本
- 梅干し … 1個
- A（しょうゆ小さじ½、砂糖小さじ⅓、かつお節少々）

[作り方]
1. なすはヘタを除いてラップで包み、電子レンジで1分30秒加熱して、食べやすく切る。
2. 梅干しは種を除き、包丁でたたいてAと混ぜ、1とあえる。

サブ2

食感と刺激が楽しい
ピリ辛枝豆ザーサイ

冷蔵3日／冷凍3週間　フライパン　辛い

72 kcal

[材料]（1人分）
- 枝豆（冷凍）… 60g
- ザーサイ … 15g
- ごま油 … 小さじ½
- しょうゆ、ラー油 … 各少々

[作り方]
1. 枝豆は洗ってラップで平らに包み、電子レンジで1分加熱してさやから出す。ザーサイはざく切りにする。
2. フライパンにごま油を熱し、1を炒めてしょうゆ、ラー油を加えて炒め合わせる。

[朝作るTIMETABLE]

		5min.	10min.	15min.	20min.
主食	めんつゆを作る	具材をゆでる	そうめんをゆでる		詰める
サブ1	なすをレンチンする	梅干しをたたく	あえる		
サブ2	枝豆をレンチンする	ザーサイを切る	炒める		

PART_1　夏弁

冬弁

寒い冬はポカポカ食材を使って体の芯から温まって

寒すぎて風邪をひきそう…

冬野菜で体を温めよう
牛肉とごぼうのしょうが煮弁当

総カロリー **796 kcal**

メイン

ごはんに合う甘辛煮込み
牛肉とごぼうのしょうが煮

冷蔵3日／冷凍3週間　鍋　しょっぱい　**300 kcal**

[材 料]（1人分）
- 牛こま切れ肉 … 100g
- ごぼう … 20g
- しょうがのせん切り … ½片分
- サラダ油 … 小さじ1
- A（砂糖、しょうゆ各大さじ½、酒大さじ1、水大さじ3）

[作り方]

1 牛肉は食べやすく切る。ごぼうは皮をこそげ、ささがきにして水にさらし、水けをきる。

2 鍋にサラダ油を熱して1、しょうがを炒め、肉の色が変わったらAを加える。ときどき混ぜながら汁がなくなるまで煮つめる。

サブ1

黄と緑の温かなコントラスト
かぼちゃのごまみそあえ

冷蔵3日／冷凍3週間　あえるだけ　しょっぱい　**61 kcal**

[材 料]（1人分）
- かぼちゃ … 40g
- 青菜（小松菜）… 1株
- A（砂糖、みそ、白すりごま各小さじ½、しょうゆ小さじ¼）

[作り方]

1 かぼちゃは7～8mmの厚さに切り、耐熱容器に並べてラップをし、電子レンジで1分加熱し、あら熱をとる。

2 青菜はラップで包み、レンジで40秒加熱する。水にさらして水けをしぼり、3cm長さに切る。

3 ボウルにAを混ぜ合わせ、1、2を加えてあえる。

サブ2

冷え対策にも効果アリ
長ねぎのマリネ

冷蔵3日／冷凍3週間　電子レンジ　酸っぱい　**79 kcal**

[材 料]（1人分）
- 長ねぎ … ½本
- A（酢、オリーブ油各大さじ½、砂糖小さじ1、塩小さじ¼、こしょう少々）

[作り方]

1 長ねぎは3cm長さに切る。

2 耐熱容器に1とAを入れてラップをし、電子レンジで1分加熱する。

[朝作るTIMETABLE]

		5min.	10min.	15min.	20min.
メイン	材料を切る	炒める	煮つめる		
サブ1	材料を切る	青菜をレンチンする	ごまみそあえる	詰める	
サブ2		長ねぎを切る	レンチンする		

あったかい
お弁当で、友達に
自慢したいなぁ

主食

サブ

メイン

PART_1 冬弁

スープジャーでほっこりごはん
きのこの
クリームリゾット弁当

総カロリー
613 kcal

主食

もち麦で腹持ちよく
3種のきのこリゾット

冷蔵3日／冷凍×
鍋　しょっぱい

331 kcal

[材料]（400mlのスープジャー1回分）

しめじ、まいたけ … 各¼パック
エリンギ … 1本　玉ねぎ … ⅙個
もち麦 … 大さじ4　バター … 10g
A（水200ml、牛乳100ml、粉チーズ
　大さじ1、顆粒コンソメスープの素
　小さじ1）

[作り方]

1　しめじ、まいたけはほぐし、エリンギは半分の長さに切って薄切り、玉ねぎはみじん切りにする。
2　鍋にバターを溶かして玉ねぎを炒める。きのこともち麦を加えてさっと炒め、Aを加えて煮立たせる。スープジャーに詰めて、余熱で4時間ほど温める。

メイン

バジルがさわやかに香る
えびとかぶのハーブソテー

冷蔵3日／冷凍3週間
フライパン　しょっぱい

185 kcal

[材料]（1人分）

むきえび … 6尾
かぶ … 1個
オリーブ油 … 大さじ½
バジル（乾燥）… 小さじ1
塩 … 少々

[作り方]

1　むきえびは背ワタを除き、かぶは葉1cmほど残して皮をむいてくし形切りにする。
2　フライパンにオリーブ油を熱して1を炒め、バジルと塩をふる。

サブ

ナッツの歯ごたえが楽しい
小松菜のナッツあえ

冷蔵3日／冷凍3週間
あえるだけ　甘い

84 kcal

[材料]（1人分）

小松菜 … 2株
ミックスナッツ … 大さじ1
塩 … 少々
A（しょうゆ小さじ2、砂糖、みりん各
　小さじ1、白すりごま小さじ½）

[作り方]

1　小松菜は塩を入れた熱湯でゆでて水にとり、水けをしぼって3cm長さに切る。ミックスナッツは粗く砕く。
2　ボウルにAを混ぜ合わせ、1を加えてあえる。

[朝作るTIMETABLE]

		5min.	10min.	15min.	20min.
主食	材料を切る	炒める	煮立たせる		
メイン	材料を切る		炒める	詰める	
サブ	小松菜をゆでる	ナッツを砕く	あえる		

COLUMN 1

あると便利！
お弁当作りが楽しくなる名脇役

リーズナブルで揃えやすい小物を活用して、
お弁当をより華やかに。

＼ おかずの色を引き立たせる ／
[カップ・ピック]

カップは洗ってくり返し使えるシリコンタイプがオススメです。ひと口サイズのおかずはピックに刺して食べやすさをアップ。

＼ 作りおきにうれしい便利グッズ ／
[小分け保存容器]

お弁当に使う分ずつカップに入れて保存しておけば、朝はそのまま詰めるだけ。作りおきの心強い味方です。

＼ お弁当に添えやすい ／
[ミニ調味料入れ]

別添えするたれなどがある場合、使う分だけ容器に詰めて汁もれを防ぎましょう。市販のミニパックも便利です。

＼ 余裕がある日はひと手間加えて ／
[その他便利グッズ]

ゆでにんじんやハムなどは、型抜きやのりパンチを使って遊び心を加えることで、いつものお弁当がぐっと明るくなります。

RAKUCHIN BENTO FOR BOYS & GIRLS

PART 2

＼ 冷めてもおいしい！ ／

食材別

メインおかず

お弁当に使いやすい、冷めてもおいしいメインおかずのレシピを食材別にご紹介します。
どれも10分前後で作れるので、作りおきはもちろん、
朝パパッと作るのにもオススメです。

\ 朝10分！/
すぐできのっけ弁当

慌ただしい朝でも無理なく作れるのがのっけ弁の魅力。
メインおかず1品をごはんにたっぷりのせるだけで、
ボリューム弁当が完成します。

FOR BOYS
男子

メイン

サブ

お腹がすいたー！

メイン
濃厚みそだれがやみつきに
牛肉のみそだれ焼き

 10 min. / 820 kcal

| 冷蔵3日／冷凍3週間 | フライパン | しょっぱい |

[材料]（1人分）
牛肉（焼き肉用）… 80g
塩、こしょう … 各少々
サラダ油 … 大さじ1
卵 … 1個
A みそ … 小さじ2
　しょうゆ、酒、砂糖
　　… 各小さじ1
　おろししょうが（チューブ）
　　… 少々
ごはん … 250g
小ねぎ … 適量

[作り方]
1 牛肉に塩、こしょうをふる。
2 フライパンに半量のサラダ油を熱し、溶いた卵を流し入れてかき混ぜながら炒り卵を作り、取り出す。
3 同じフライパンに残りの油を熱し、1を入れて両面をこんがりと焼き、合わせたAを加えてからめる。
4 弁当箱に詰めて冷ましておいたごはんに、2、3の順にのせて小口切りにした小ねぎを散らす。

サブ
さっぱりした塩けで箸休めに
ごま塩きゅうり

 5 min. / 62 kcal

| 冷蔵3日／冷凍× | あえるだけ | しょっぱい |

[材料]（1人分）
きゅうり … ½本
A 塩 … 少々
　ごま油、白いりごま
　　… 各小さじ1

[作り方]
ポリ袋にきゅうりを入れて、めん棒などでたたいて粗く割る。Aを入れてもみ、少しおく。

肉好き男子にはたまらない！
牛肉のみそだれ焼き弁当

メインおかずをドーンとのせるだけで
男子も大満足のボリュームに。

トマトソースでさっぱりと
タコライス

5 min. / 666 kcal

冷蔵× / 冷凍× | フライパン | しょっぱい

[材料]（1人分）
- 合いびき肉 … 80g
- トマト … ½個
- レタス … 1枚
- サラダ油 … 適量
- トマトソース … 大さじ2
- 塩、こしょう … 各少々
- ピザ用チーズ … 大さじ4
- ごはん … 160g

[作り方]
1. フライパンにサラダ油を熱し、ひき肉を入れて色が変わるまで炒める。
2. 1にトマトソースを加えて強火で汁けをとばしながら炒め、塩、こしょうで味を調える。
3. トマトは輪切り、レタスは細切りにする。
4. 弁当箱に詰めて冷ましておいたごはんに2をのせ、トマト、レタス、チーズの順にのせる。

● 時短のコツ
フライパン調理はスピードが肝心。調理前に合わせ調味料を作っておいたり、市販の調味料を使ったりして手早く炒めて。

FOR GIRLS 女子

お肉と野菜をバランスよく
タコライス弁当
ヘルシーなのに食べごたえがある女子にうれしいお弁当です。

PART_2 のっけ弁当

詰めるだけ！作りおき弁当

カレー風味がたまらない！

がっつり弁当も詰めるだけで完成
タンドリーチキン弁当

メインおかずは食べごたえのあるものをたっぷり詰めて、男子も大満足のボリュームにしましょう。

FOR BOYS 男子

- 主食：ごはん 250g
- メイン1：タンドリー風チキンソテー → P.070
- メイン2：肉巻きゆで卵 → P.090
- メイン3：しいたけのツナマヨ詰め → P.108
- サブ：ミニトマトの中華あえ → P.122

総カロリー **1290 kcal**

詰め方プロセス

1 主食を詰める

2 メイン2を詰める

3 メイン1、メイン3を詰める

4 サブを詰める

お弁当は詰め方を考えるのもひと苦労。メインおかずを作りおきしておけば、忙しいときでも余裕ができ、バランスよく盛りつけることができます。

見た目も味もステキ！

PART_2 作りおき弁当

作りおきで彩りばっちり洋風弁当
たらのバタポンムニエル弁当

洋風おかずは華やかさがあり、女子が喜ぶお弁当に仕上がります。さっぱりした味を組み合わせるのがコツ。

FOR GIRLS 女子

サブ1
紫玉ねぎの
マスタードマリネ
→ P.127

メイン1
たらのバタポン
ムニエル
→ P.102

主食
ごはん160g

サブ2
ほうれん草の
くるみあえ
→ P.133

メイン2
ポテトの洋風卵焼き → P.089

総カロリー
883
kcal

詰め方プロセス

1
主食を詰める

2
メイン2を詰める

3
メイン1を詰める

4
サブ1、
サブ2を詰める

057

MAIN OKAZU
豚こま切れ肉

安くてお得なお弁当の強い味方。
丸めて巻いて、バリエーション自由自在！

10 min. / 232 kcal

8 min. / 206 kcal

豚肉とごぼうのうまみがギュッ！
豚こまとごぼうのにぎり焼き

| 冷蔵3日／冷凍3週間 | フライパン | しょっぱい |

[材料]（1人分）
豚こま切れ肉 … 70g
ごぼう … 30g
片栗粉 … 大さじ½
A 焼き肉のたれ（市販）
　　… 小さじ2
　ごま油 … 小さじ⅓
サラダ油 … 小さじ1

[作り方]
1 ごぼうはささがきにして水にさらす。
2 1の水けをしっかりきってボウルに入れ、豚肉、Aを加えてもみ込む。片栗粉を加えてさらに混ぜ、3等分にしてぎゅっとにぎってから平らに成形する。
3 フライパンにサラダ油を熱し、中弱火で両面をこんがりと焼いて、中まで火を通す。

❤ 時短のコツ
混ぜてにぎって焼くだけ！市販の焼き肉のたれだけのお手軽な味つけがポイント。

コーンとピーマンで彩り肉炒め
豚肉とコーンのコンソメソテー

| 冷蔵3日／冷凍3週間 | フライパン | しょっぱい |

[材料]（1人分）
豚こま切れ肉 … 70g
ピーマン … ½個
ホールコーン缶 … 大さじ1
A 塩、こしょう … 各少々
　小麦粉 … 適量
オリーブ油 … 小さじ1
B 水 … 大さじ½
　顆粒コンソメスープの素
　　… 小さじ⅙

[作り方]
1 豚肉はAをまぶす。ピーマンはヘタと種を除いてせん切りにする。
2 フライパンにオリーブ油を熱し、1の豚肉を炒める。焼き色がついたらピーマンとコーンを加えて炒める。
3 ピーマンがしんなりしたら、合わせたBを加えて炒め合わせる。

❤ 愛情メモ
肉に小麦粉をまぶすことで調味料がからみやすくなり、冷めてもしっとりとおいしくいただけます。

大きめそぼろで食べやすく
ごろっと豚そぼろ

| 冷蔵3日／冷凍3週間 | 鍋 | 甘い |

[材料]（1人分）
豚こま切れ肉 … 70g
しめじ … 1/2パック
しょうがのせん切り
　… 薄切り1枚分
A　水 … 大さじ2
　　砂糖、みりん
　　　… 各小さじ2
　　酒、しょうゆ
　　　… 各大さじ1

[作り方]
1 豚肉は1cm幅に切る。しめじは小房にほぐす。
2 小鍋にAを煮立てて1、しょうがを入れ、煮汁がなくなるまで煮る。

♥ 愛情メモ
こま切れ肉を細かくすることで、ひき肉よりも食べごたえがアップします。

10 min. / 218 kcal

こま切れ肉でかんたんに！
豚こまシュウマイ

| 冷蔵3日／冷凍3週間 | フライパン | しょっぱい |

[材料]（1人分）
豚こま切れ肉 … 80g
シュウマイの皮 … 5枚
水 … 大さじ3
A　オイスターソース、
　　　片栗粉 … 各小さじ1
　　酒、ごま油
　　　… 各小さじ1/2
　　おろししょうが（チューブ）
　　　… 小さじ1/2

[作り方]
1 豚肉はざく切りにする。シュウマイの皮は8mm幅に切る。
2 1の豚肉にAを加えてよく混ぜる。3等分にして丸めて、1のシュウマイの皮をまぶす。
3 フライパンに2を等間隔に並べて水を静かに注ぎ、ふたをする。中火で3〜4分水けがなくなるまで蒸し焼きにする。

8 min. / 229 kcal

焼いたねぎみそが香ばしい
ねぎみそ焼き

| 冷蔵3日／冷凍3週間 | トースター | しょっぱい |

[材料]（1人分）
豚こま切れ肉 … 80g
長ねぎ … 5cm
A　みそ … 大さじ1/2
　　砂糖 … 小さじ1/2
ごま油 … 少々
青じそ … 2枚

[作り方]
1 長ねぎはみじん切りにして、Aと合わせる。
2 豚肉は4等分にして丸めてからぎゅっと平らにつぶす。アルミホイルに薄くごま油をぬって豚肉を並べ、オーブントースターで3分ほど焼く。
3 1を2の表面にぬり、表面がこんがりと焼き色がつくまで3分ほど焼く。あら熱がとれたらせん切りにした青じそをのせる。

▶ ARRANGE
みじん切りにしたえのきたけ10gをねぎみそに加えると、食感がさらに楽しく。

10 min. / 178 kcal

PART_2　豚こま切れ肉

MAIN OKAZU 豚こま切れ肉

8 min. / 204 kcal

8 min. / 237 kcal

ケチャップが具材にしみる
豚ケチャ炒め

| 冷蔵3日／冷凍3週間 | フライパン | 甘い |

[材 料]（1人分）

豚こま切れ肉 … 70g
玉ねぎ … 1/6個
マッシュルーム（水煮）
　… 15g
バター … 小さじ1
A トマトケチャップ
　　… 大さじ1
　水 … 小さじ2
　みりん … 小さじ1

[作り方]

1 玉ねぎは1cm幅に切る。
2 フライパンにバターを溶かして、1を炒める。しんなりしたら豚肉を加え、色が変わったらマッシュルームを加えて、ふたをして2分ほど蒸し焼きにする。
3 Aを加えて汁けがなくなるまで炒める。

♥ 愛情メモ

トマトケチャップにみりんの甘みを足すと、酸味が抑えられて食べやすくなります。

こま切れ肉をにぎってまとめる
スパイシーから揚げ

| 冷蔵3日／冷凍3週間 | フライパン | 辛い |

[材 料]（1人分）

豚こま切れ肉 … 80g
小麦粉、サラダ油
　… 各適量
A カレー粉 … 小さじ1/4
　ガーリックパウダー、
　　塩、こしょう … 各少々

[作り方]

1 豚肉は4等分にしてぎゅっとにぎり、小麦粉を薄くまぶす。
2 多めのサラダ油をフライパンに入れて中火で熱し、1をこんがりと揚げ焼きにする。
3 2の油をよくきり、合わせたAをまぶす。

⏱ 時短のコツ

こま切れ肉を丸めているので火が通りやすく、揚げ時間も短くてすみます。

高菜漬けのうまみをきかせて
豚肉の高菜炒め

| 冷蔵3日／冷凍3週間 | フライパン | しょっぱい |

8 min. / 189 kcal

[材 料]（1人分）
豚こま切れ肉 … 70g
赤パプリカ … 1/6個
高菜漬け … 大さじ2(20g)
A おろししょうが（チューブ）、
　しょうゆ、酒
　　… 各小さじ1/2
片栗粉 … 小さじ1/2
ごま油 … 小さじ1

[作り方]
1 豚肉にAをもみ込んで、片栗粉をまぶす。パプリカはヘタと種を除いてせん切りにする。高菜は細かく刻む。
2 フライパンにごま油を熱し、豚肉、パプリカの順に炒める。
3 豚肉の色が変わったら、高菜を加えてさっと炒め合わせる。

豚肉＋天かすで揚げずにできる
カツ煮風

| 冷蔵2日／冷凍× | フライパン | しょっぱい |

8 min. / 237 kcal

[材 料]（1人分）
豚こま切れ肉 … 50g
玉ねぎ … 1/4個
天かす … 大さじ1
卵 … 1個
みつ葉 … 1本
A 水 … 50ml
　しょうゆ … 小さじ2
　砂糖 … 小さじ1
　顆粒和風だし … 少々

[作り方]
1 玉ねぎは薄切りにする。みつ葉はざく切りにする。
2 フライパンにAを煮立て、豚肉、玉ねぎ、天かすを加えて2～3分煮る。
3 割りほぐした卵を回し入れ、ふたをして1分ほど蒸し焼きにし、みつ葉を散らす。

アスパラを串に見立てた串焼き風
アスパラのシシカバブ

| 冷蔵3日／冷凍3週間 | フライパン | しょっぱい |

8 min. / 244 kcal

[材 料]（1人分）
豚こま切れ肉 … 80g
グリーンアスパラガス
　… 2本
A トマトケチャップ
　　… 大さじ1/2
　ガーリックパウダー、
　　塩、こしょう … 各少々
小麦粉 … 適量
サラダ油 … 小さじ1

[作り方]
1 アスパラはかたい部分を除いて、3等分にする。豚肉はAをもみ込む。
2 アスパラに豚肉を均等に巻きつけて、小麦粉を薄くまぶす。
3 フライパンにサラダ油を熱し、2を転がしながら焼き色がつくまで焼き、ふたをして弱火で2～3分蒸し焼きにする。

PART_2 豚こま切れ肉

061

MAIN OKAZU
豚薄切り肉

火が通りやすく時短調理が可能な薄切り肉。
重ねて使えばボリュームアップも。

⏱10 min. / 468 kcal

⏱6 min. / 211 kcal

青じそでさわやかさをプラス
チーズロールカツ

| 冷蔵3日／冷凍3週間 | フライパン | しょっぱい |

[材 料]（1人分）

豚ロース薄切り肉
　…3枚(80g)
プロセスチーズ … 20g
塩、こしょう … 各少々
青じそ … 3枚
小麦粉、溶き卵、パン粉、
　サラダ油 … 各適量

[作り方]

1. チーズは7〜8mm角の棒状に3等分にする。
2. 豚肉は広げて塩、こしょうをふる。豚肉1枚に青じそ1枚、チーズ1本をのせて手前から巻く。小麦粉、溶き卵、パン粉の順に衣をつける。
3. フライパンに多めのサラダ油を入れて中火で熱し、2を入れてこんがりと揚げ焼きにする。

♥ 愛情メモ
チーズでボリュームアップ！くるくる巻いて食べやすい、お弁当にうれしい一品です。

コクのあるごまみそをまとわせて
豚しゃぶのごまみそあえ

| 冷蔵2日／冷凍3週間 | 鍋 | しょっぱい |

[材 料]（1人分）

豚もも薄切り肉 … 70g
貝割れ大根 … 適量
A　みそ … 小さじ1
　　白すりごま … 大さじ1
　　砂糖 … 大さじ½
　　しょうがの搾り汁
　　　…少々

[作り方]

1. 豚肉はゆでて、しっかり水けをふく。ボウルに入れて、混ぜ合わせたAとあえる。
2. 貝割れ大根は長さを半分に切り、1に加えて混ぜる。

♥ 愛情メモ
しっかり味のごまみそであえることで、冷めてもおいしくいただけます。

ガーリックみそ風味のこんがり串焼き
豚肉のサテ

|冷蔵3日／冷凍3週間|トースター|しょっぱい|

10 min. / 185 kcal

[材 料]（1人分）
豚もも薄切り肉 … 80g
塩、こしょう … 各少々
サラダ油 … 少々
A みそ、砂糖
　　… 各小さじ1
　しょうゆ、ごま油
　　… 各小さじ1/4
　ガーリックパウダー
　　… 少々

[作り方]
1 豚肉はひだを寄せながら竹串2本に均等に刺して塩、こしょうをふる。Aは合わせておく。
2 アルミホイルに薄くサラダ油をぬり、1の豚肉をのせてオーブントースターで4分ほど焼く。
3 Aをぬり、こんがりと焼き目がつくまでさらに1〜2分焼く。

豚肉を折りたたんでお弁当サイズに
青のりピカタ

|冷蔵3日／冷凍3週間|フライパン|しょっぱい|

12 min. / 237 kcal

[材 料]（1人分）
豚もも薄切り肉
　　… 3枚（80g）
紅しょうが … 小さじ2
A 塩、こしょう … 各少々
　小麦粉 … 適量
B 溶き卵 … 1/2個分
　青のり … 小さじ1/4
サラダ油 … 大さじ1/2

[作り方]
1 豚肉は三つ折りにして、Aをまぶす。
2 紅しょうがは粗く刻み、Bと合わせる。
3 フライパンにサラダ油を熱し、1に2をからめて並べ、両面をこんがりと焼く。余った2に再度からめながら、2がなくなるまでくり返し焼く。

ほんのり甘酸っぱさがアクセント
豚肉とじゃがいものハニーマスタード炒め

|冷蔵3日／冷凍×|フライパン|甘い|

10 min. / 330 kcal

[材 料]（1人分）
豚ロース薄切り肉 … 70g
じゃがいも … 1/2個
さやいんげん … 2本
A 塩、こしょう、小麦粉
　　… 各少々
オリーブ油 … 小さじ1
B 酒 … 大さじ1/2
　はちみつ、しょうゆ
　　… 各小さじ1
　粒マスタード … 小さじ1/2

[作り方]
1 じゃがいもは太めのせん切りにして水にさらす。いんげんはヘタを除き3cm長さに切る。
2 豚肉は細切りにして、合わせたAをまぶす。
3 フライパンにオリーブ油を熱し、じゃがいも、豚肉、いんげんの順に炒める。しんなりしたらBを加えて汁けがなくなるまで炒め合わせる。

PART_2　豚薄切り肉

MAIN OKAZU 豚薄切り肉

カレー粉と炒めたエスニック風
豚とオクラのサブジ

| 冷蔵2日／冷凍2週間 | フライパン | 辛い |

[材料]（1人分）
豚ロース薄切り肉 … 70g
オクラ … 2本
水 … 大さじ½
オリーブ油 … 小さじ1
A｜トマトケチャップ、酒 … 各大さじ½
　｜カレー粉 … 小さじ⅕
　｜塩、こしょう … 各少々

[作り方]
1 豚肉はひと口大に切る。オクラはヘタを除いて乱切りにする。
2 フライパンにオリーブ油を熱し、豚肉を炒める。肉の色が変わったら、水とオクラを加えてふたをし、水けがなくなるまで蒸し焼きにする。
3 Aを加えて炒め合わせる。

♥ 愛情メモ
香辛料で炒め煮にするサブジは、トマトケチャップを加えると食べやすくなります。

8 min. / 244 kcal

お肉でくるりと巻いて食べやすく
チンジャオロール

| 冷蔵3日／冷凍3週間 | フライパン | しょっぱい |

[材料]（1人分）
豚ロース薄切り肉 … 3枚
ピーマン … 1個
たけのこ（水煮）… 50g
塩、こしょう … 各少々
片栗粉 … 小さじ½
水 … 大さじ½
焼き肉のたれ（市販）… 大さじ1
ごま油 … 小さじ1

[作り方]
1 ピーマンはヘタと種を除いて細切りに、たけのこは薄切りにする。
2 豚肉を広げて塩、こしょうをふり、1を3等分にしてのせ、手前から巻いて片栗粉をまぶす。
3 フライパンにごま油を熱し、2の巻き終わりを下にしてこんがりと焼く。水を加えてふたをし、1〜2分蒸し焼きにしたら、焼き肉のたれを加えて照りが出るまでからめる。

10 min. / 305 kcal

具材を散らして焼いてピザ風に
ピザ風ホイル焼き

| 冷蔵3日／冷凍2週間 | トースター | しょっぱい |

[材料]（1人分）
豚もも薄切り肉 … 80g
玉ねぎ … 1/8個
ホールコーン缶 … 大さじ1
ピザ用チーズ … 大さじ2
塩、こしょう … 各少々
トマトケチャップ
　　… 大さじ1
オリーブ油、パセリの
　みじん切り … 各少々

[作り方]
1 豚肉はひと口大に切って、塩、こしょうをふる。玉ねぎは薄切りにする。
2 アルミホイルにオリーブ油を薄くぬり、3等分にした豚肉をのせ、ケチャップをぬる。玉ねぎ、チーズ、コーンをのせ、オーブントースターで5〜6分焼いたら、パセリを散らす。

10 min. / 254 kcal

折って焼く、かんたんソーセージ風
ペーパーソーセージ

| 冷蔵3日／冷凍3週間 | フライパン | しょっぱい |

[材料]（1人分）
豚ロース薄切り肉 … 4枚
パセリのみじん切り
　… 大さじ1/2
A｜ガーリックパウダー、
　｜塩、こしょう … 各少々
　｜ナツメグ（あれば）… 少々
オリーブ油 … 小さじ1

[作り方]
1 豚肉を2枚重ねてAをなじませ、二つ折りにしてパセリをまぶす。残りも同様に作る。
2 フライパンにオリーブ油を熱し、1を両面こんがりと焼く。

6 min. / 249 kcal

時短でさっと揚がる！ ひらひらカツ
かみカツ

| 冷蔵3日／冷凍3週間 | フライパン | しょっぱい |

[材料]（1人分）
豚薄切り肉（しょうが
　焼き用）… 2枚
塩、こしょう … 各少々
A｜水 … 大さじ2
　｜天ぷら粉 … 大さじ1
パン粉、サラダ油
　… 各適量

[作り方]
1 豚肉はすじ切りをして、塩、こしょうをふる。
2 混ぜ合わせたAを1にからめ、パン粉をまぶす。
3 多めのサラダ油を入れたフライパンを中火で熱し、2をこんがりと揚げ焼きにする。

● 時短のコツ
フライパンを使えば油が少量ですみ、短時間で揚げることができます。

8 min. / 383 kcal

PART_2 豚薄切り肉

MAIN OKAZU
豚バラ肉

脂肪の多い豚バラ肉は野菜と組み合わせて食べやすく。濃いめの味つけと相性◎。

8 min. / 407 kcal

6 min. / 363 kcal

薄切り肉でささっと手軽に酢豚風
クイック酢豚

| 冷蔵3日／冷凍2週間 | フライパン | 酸っぱい |

[材 料]（1人分）
豚バラ薄切り肉 … 70g
玉ねぎ … 1/6個
ピーマン … 1個
黄パプリカ … 1/4個
片栗粉、サラダ油
　… 各大さじ1/2
A トマトケチャップ、水
　　… 各大さじ1
　砂糖、ポン酢しょうゆ
　　… 各小さじ1

[作り方]
1 豚肉は片栗粉をまぶし、5等分にしてぎゅっと握る。玉ねぎは1cm幅に切る。ピーマンとパプリカはヘタと種を除いて1cm幅に切る。
2 フライパンにサラダ油を熱し、豚肉を転がしながら炒める。色が変わったら野菜を加えて炒め合わせる。
3 野菜がしんなりしたらAを加えてさっと炒める。

たっぷり野菜といっしょにどうぞ！
サムギョプサル

| 冷蔵2日／冷凍× | フライパン | 辛い |

[材 料]（1人分）
豚バラ薄切り肉 … 3枚
エリンギ … 1/2本
リーフレタス … 1枚
塩、こしょう … 各少々
ごま油 … 小さじ1/2
A みそ、コチュジャン
　　… 各大さじ1/2
　ごま油、砂糖
　　… 各小さじ1/2

[作り方]
1 エリンギは薄切りにし、リーフレタスは3等分にちぎる。Aは合わせておく。
2 フライパンにごま油を熱し、エリンギ、豚肉をこんがりと焼いて、塩、こしょうをふる。
3 豚肉に、リーフレタス、エリンギ、Aをそれぞれのせて巻き、つま楊枝でとめる。

PART_2 豚バラ肉

キャベツを巻いてレンジでチン♫
お好み焼き風キャベツ巻き

| 冷蔵2日／冷凍2週間 | 電子レンジ | しょっぱい |

[材 料]（1人分）
豚バラ薄切り肉 … 3枚
キャベツ … 1枚
塩、こしょう … 各少々
お好み焼きソース、
　マヨネーズ … 各適量
青のり … 少々

[作り方]
1 キャベツは太めのせん切りにする。
2 豚肉は広げて塩、こしょうをふって3等分にした1を巻き、耐熱容器にのせる。
3 ラップをして電子レンジで2分ほど加熱し、お好み焼きソース、マヨネーズをかけて青のりをふる。

6 min. / 366 kcal

はんぺんをイタリアンでアレンジ！
はんぺんの和風サルティンボッカ

| 冷蔵3日／冷凍2週間 | フライパン | 酸っぱい |

[材 料]（1人分）
豚バラ肉（しゃぶしゃぶ用）
　… 4枚
はんぺん … 1/2枚
青じそ … 2枚
梅肉 … 小さじ1
小麦粉 … 少々
ごま油 … 小さじ1/2

[作り方]
1 はんぺんは厚みを半分にして、2等分の正方形に切る。青じそは縦半分に切る。
2 豚肉に小麦粉を薄くまぶしてはんぺんに巻き、梅肉をぬった青じそでさらに巻く。
3 フライパンにごま油を熱し、2を強火で焼き目がつくまで押しつけながら焼く。

6 min. / 279 kcal

ほんのり香る山椒の風味
豚バラ肉のトンポーロー

| 冷蔵3日／冷凍3週間 | フライパン | しょっぱい |

[材 料]（1人分）
豚バラ薄切り肉 … 80g
チンゲン菜 … 1/2株
片栗粉、砂糖
　… 各大さじ1/2
サラダ油 … 小さじ1
A 水 … 大さじ2
　しょうゆ、酒
　　… 各大さじ1/2
　粉山椒 … 少々

[作り方]
1 豚肉は食べやすく切って片栗粉をまぶす。チンゲン菜も食べやすく切る。
2 フライパンにサラダ油を熱し、1の豚肉を炒める。焼き色がついたら砂糖を加えて炒める。
3 香りが立ったらAを加え、とろみがつくまで2分ほど煮る。チンゲン菜を加えてさっと火を通す。

8 min. / 405 kcal

067

MAIN OKAZU
鶏もも肉

冷めてもやわらかいもも肉はお弁当の定番選手。
スタミナメニューに大活躍。

⏱ 10 min. / 488 kcal

⏱ 12 min. / 184 kcal

ハーブのきいた衣がサクッとたまらない
フライドチキン

| 冷蔵3日／冷凍3週間 | フライパン | しょっぱい |

[材 料]（1人分）
- 鶏もも肉 … ½枚
- A 牛乳 … 50㎖
- 　 溶き卵 … ¼個分
- B 小麦粉 … 50g
- 　 ハーブソルト、顆粒コンソメスープの素 … 各小さじ½
- 　 粗びき黒こしょう … 少々
- サラダ油 … 適量

[作り方]
1. 鶏肉はひと口大に切り、合わせたA、Bの順に2回ずつくり返して衣をつける。
2. 多めのサラダ油を入れたフライパンを中火で熱し、1を揚げ焼きにする。
3. 最後に強火でカラッと揚げ、油をきる。

はちみつでジューシー＆やさしい甘さに
レンジで鶏チャーシュー

| 冷蔵3日／冷凍3週間 | 電子レンジ | しょっぱい |

[材 料]（作りやすい分量）
- 鶏もも肉 … ½枚
- 塩、こしょう … 各少々
- A しょうゆ … 大さじ3
- 　 酒 … 大さじ2
- 　 はちみつ … 大さじ1½

♥ 愛情メモ
落としぶたで水分の蒸発を防いで、うまみたっぷりジューシーに仕上げましょう。

[作り方]
1. 鶏肉は切り込みを入れて厚さを均一にし、塩、こしょうをふる。皮目を外側にして巻き、つま楊枝でとめて、形を整える。
2. 耐熱容器に1、Aを入れて軽くからめる。落としぶたをしてラップをし、電子レンジで4分加熱する。
3. 上下を返し、さらに2分30秒加熱する。あら熱がとれたら食べやすく切る。

酢の効果で鶏肉をやわらかく
鶏と大根のさっぱり煮

| 冷蔵3日／冷凍3週間 | 鍋 | 酸っぱい |

[材料]（1人分）
鶏もも肉 … 80g
大根（葉つき） … 50g
A 水 … 100ml
　酢 … 大さじ1½
　砂糖、しょうゆ、酒
　　… 各大さじ½
　おろししょうが（チューブ）
　　… 小さじ½

[作り方]
1 鶏肉は3cm大に切り、大根は皮をむいていちょう切り、葉は小口切りにする。
2 鍋にAを煮立てて1を加え、落としぶたをして10分ほど煮る。

15 min. / 210 kcal

PART_2 鶏もも肉

コーンフレークの衣がザクザクで美味
クリスピーチキンスティック

| 冷蔵3日／冷凍3週間 | フライパン | しょっぱい |

[材料]（1人分）
鶏もも肉 … 80g
コーンフレーク … 適量
サラダ油 … 適量
塩 … 小さじ⅓
こしょう … 少々
A 小麦粉、水
　… 各大さじ2

[作り方]
1 鶏肉は繊維に沿って棒状に切る。ポリ袋に入れ、塩、こしょうをふってもみ込む。
2 1の鶏肉を合わせたAにくぐらせ、砕いたコーンフレークをまぶしつける。
3 多めのサラダ油を入れたフライパンを中火で熱し、2をこんがりと揚げ焼きにする。

12 min. / 389 kcal

白ごまの食感がアクセントに
鶏の甘辛揚げ

| 冷蔵3日／冷凍3週間 | フライパン | 甘い |

[材料]（1人分）
鶏もも肉 … ½枚
A 塩、こしょう … 各少々
　片栗粉 … 適量
サラダ油 … 適量
B しょうゆ、みりん、酒
　… 各大さじ½
　砂糖、白いりごま
　… 各小さじ1

[作り方]
1 鶏肉は3等分に切って、Aをまぶす。
2 多めのサラダ油を入れたフライパンを中火で熱し、1をこんがりと揚げ焼きにする。
3 別のフライパンにBを煮立て、2を加えてからめる。

♥ 愛情メモ
時間が経つとかたくなってしまう揚げものも、たれにからめることでしっとりさをキープします。

12 min. / 392 kcal

MAIN OKAZU
鶏もも肉

12 min. / 348 kcal

10 min. / 282 kcal

からめて焼いたたれが香ばしい
タンドリー風チキンソテー

冷蔵3日／冷凍3週間　フライパン　辛い

[材 料]（1人分）

鶏もも肉 … 1/2枚
塩、こしょう … 各少々
カレールウ
　… 1/2かけ（10g）
熱湯 … 25ml
プレーンヨーグルト
　… 50g
トマトケチャップ
　… 小さじ1
サラダ油 … 大さじ1/2

[作り方]

1 鶏肉はひと口大のそぎ切りにして塩、こしょうをふる。

2 カレールウと熱湯を合わせてよく混ぜて溶かし、ヨーグルト、ケチャップを加えて混ぜる。

3 フライパンにサラダ油を熱し、1を炒める。両面に焼き色がついたら2を加えて、よくからめながら火を通す。

▶ ARRANGE

鶏もも肉をさばの切り身1枚にかえて、さばのタンドリー風ソテーにしても。

韓国風に甘くピリッと辛めな味わいに
鶏肉のコチュジャン炒め

冷蔵3日／冷凍2週間　フライパン　辛い

[材 料]（1人分）

鶏もも肉 … 80g
キャベツ … 1/2枚
玉ねぎ … 1/6個
小ねぎ … 1本
塩、こしょう … 各少々
サラダ油 … 大さじ1/2
A｜コチュジャン、酒
　｜　… 各小さじ2
　｜しょうゆ … 小さじ1
　｜砂糖 … 小さじ1/2

[作り方]

1 鶏肉は小さめのひと口大に切って塩、こしょうをふる。キャベツ、玉ねぎも同様の大きさに切る。

2 フライパンにサラダ油を熱して鶏肉を炒め、色が変わったらキャベツ、玉ねぎを加えて炒める。

3 Aを加えてからめながら炒め、3cm長さに切った小ねぎを加えて炒め合わせる。

▶ ARRANGE

Aを焼き肉のたれ（市販）大さじ2にかえれば、さらに手軽に。

すし酢の酸味をしっかりきかせて
チキン南蛮

| 冷蔵3日／冷凍× | フライパン | 酸っぱい |

10 min. / 515 kcal

[材 料]（1人分）
鶏もも肉 … ½枚
塩、こしょう … 各少々
小麦粉、溶き卵
　… 各適量
サラダ油 … 適量
A　すし酢 … 大さじ1
　│しょうゆ … 小さじ1
タルタルソース（市販）
　… 適量

[作り方]
1　鶏肉は3等分に切って、塩、こしょうをふり、小麦粉、溶き卵をまぶす。
2　多めのサラダ油を入れたフライパンを中火で熱し、1をこんがりと揚げ焼きにする。
3　2が熱いうちに、合わせたAにからめ、タルタルソースをかける。

甘みと酸味がベストマッチ！
鶏のハニーマスタード焼き

| 冷蔵3日／冷凍2週間 | フライパン | 甘い |

8 min. / 366 kcal

[材 料]（1人分）
鶏もも肉 … ½枚
A　塩、こしょう … 各少々
　│小麦粉 … 適量
オリーブ油 … 大さじ½
B　粒マスタード
　　… 大さじ1
　│はちみつ、しょうゆ
　　… 各小さじ1

[作り方]
1　鶏肉は3等分に切って、Aをまぶす。
2　フライパンにオリーブ油を熱し、1を両面こんがりと焼く。
3　合わせたBを加えてからめる。

♥ 愛情メモ
マンネリにならないよう、甘めに仕上げて味のバリエーションを増やしましょう。

ケチャップの甘酸っぱさで箸がすすむ！
鶏と野菜の甘酢炒め

| 冷蔵3日／冷凍2週間 | フライパン | 酸っぱい |

10 min. / 308 kcal

[材 料]（1人分）
鶏もも肉 … 80g
玉ねぎ … ⅙個
ピーマン … ½個
A　塩、こしょう … 各少々
　│片栗粉 … 適量
サラダ油 … 大さじ½
B　すし酢、しょうゆ
　　… 各大さじ1
　│トマトケチャップ
　　… 小さじ1

[作り方]
1　鶏肉はひと口大に切ってAをまぶす。玉ねぎ、ヘタと種を除いたピーマンは小さめの乱切りにする。
2　フライパンにサラダ油を熱し、鶏肉、玉ねぎを炒め、肉に焼き色がついたらふたをして2分ほど蒸し焼きにする。
3　ピーマン、Bを加えて、汁けがなくなるまで炒め合わせる。

PART_2　鶏もも肉

MAIN OKAZU
鶏むね肉

たんぱく質豊富で成長期に積極的に取り入れたい食材。下味をしっかりつけてやわらかく。

18 min. / 418 kcal

8 min. / 260 kcal

にんにく香るトマトクリームソース
鶏むね肉のトマトクリーム煮

| 冷蔵3日／冷凍2週間 | フライパン | しょっぱい |

[材 料]（1人分）
- 鶏むね肉 … ½枚
- マッシュルーム … 3個
- にんにく … 1片
- オリーブ油 … 小さじ2
- A 塩、粗びき黒こしょう
　　… 各少々
　　片栗粉 … 小さじ2
- B カットトマト缶 … ⅓缶
　　顆粒コンソメスープの素
　　… 小さじ1
- 生クリーム … 大さじ2
- パセリのみじん切り
　　… 少々

[作り方]
1. 鶏肉はひと口大のそぎ切りにし、Aをまぶす。マッシュルームは5mm厚さに、にんにくはみじん切りにする。
2. フライパンにオリーブ油、にんにくを熱し、鶏肉をこんがりと焼いて、マッシュルームを加えて炒める。
3. Bを加えて中火で煮つめ、水分が半量になったら火を止めて生クリームを加え、パセリを散らす。

チキンにしっかりと味がしみ込む
ジューシーバジルチキン

| 冷蔵3日／冷凍3週間 | フライパン | しょっぱい |

[材 料]（1人分）
- 鶏むね肉 … ½枚
- A オリーブ油 … 大さじ1
　　バジル（乾燥）
　　… 小さじ⅓
　　塩、粗びき黒こしょう、
　　ガーリックパウダー
　　… 各少々
- レモンのくし形切り
　　… ⅛個分

[作り方]
1. 鶏肉は皮を除いて、ひと口大のそぎ切りにする。
2. ポリ袋に1、Aを入れてもみ込み、10分おく。
3. フライパンで2をこんがりと焼き、レモンを添える。

▶ ARRANGE

鶏むね肉をいか100gにかえて、歯ごたえのあるソテーにしても。

鶏むね肉を使ったさっぱりカツ
ひと口チキンカツ

| 冷蔵3日／冷凍3週間 | フライパン | しょっぱい |

[材 料]（1人分）
鶏むね肉 … ½枚
塩、こしょう … 各少々
パン粉、サラダ油
　… 各適量
A 小麦粉、マヨネーズ
　│ … 各大さじ1
中濃ソース … 適量

[作り方]
1 鶏肉は皮を除いて大きめのそぎ切りにする。たたいて薄くのばし、塩、こしょうをふって、混ぜ合わせたA、パン粉の順に衣をつける。
2 多めのサラダ油を入れたフライパンを中火で熱し、1をこんがりと揚げ焼きにする。
3 お好みでソースを添える。

電子レンジで手軽なメインおかず
鶏むねチーズロール

| 冷蔵3日／冷凍3週間 | 電子レンジ | しょっぱい |

[材 料]（作りやすい分量）
鶏むね肉 … 1枚
青じそ … 3枚
スライスチーズ … 1枚
塩、こしょう … 各少々
焼き肉のたれ（市販）
　… 小さじ2

[作り方]
1 鶏肉は観音開きにしてたたいて広げ、塩、こしょうをふる。
2 1に青じそ、スライスチーズをのせ、端から巻いてラップで包む。つま楊枝で数か所穴をあけ、電子レンジで6〜8分加熱する。
3 あら熱をとって食べやすく切り、焼き肉のたれをかける。

にんにくとバターの香りで食欲増進
ガリバタチキン

| 冷蔵3日／冷凍3週間 | フライパン | しょっぱい |

[材 料]（1人分）
鶏むね肉 … ½枚
にんにく … 1片
サラダ油 … 小さじ2
A 塩、粗びき黒こしょう
　│ … 各少々
　│ 片栗粉 … 大さじ½
B バター … 大さじ1
　│ しょうゆ … 小さじ1

[作り方]
1 鶏肉はフォークで穴をあけてひと口大に切り、Aをまぶす。にんにくは薄切りにし、芯を除く。
2 フライパンにサラダ油を熱し、にんにくをこんがりと焼いて、一度取り出す。
3 2のフライパンに鶏肉を入れて両面を焼き、ふたをして中まで火を通す。B、2を加えてからめる。

PART_2　鶏むね肉

MAIN OKAZU
鶏ささみ肉

1本ずつ使えて少量調理向きの鶏ささみ。
クセがないのでいろいろな料理に合います。

8 min. / 77 kcal

15 min. / 135 kcal

ヘルシーなさっぱりサラダ
蒸し鶏のバンバンジー風

| 冷蔵3日／冷凍× | 電子レンジ | しょっぱい |

[材 料]（1人分）

鶏ささみ肉… 1本
きゅうり… 1/4本
酒… 小さじ1
A みそ、酒、砂糖、
　　白すりごま
　　　… 各小さじ1/2
　　しょうゆ、ごま油
　　　… 各少々

[作り方]

1 耐熱容器に鶏肉、酒を入れ、ラップをして電子レンジで3～4分加熱し、あら熱がとれたら手で裂く。
2 きゅうりは5cm長さのせん切りにする。
3 ボウルにAを混ぜ、1、2を加えてあえる。

🕐 時短のコツ

酒を加えて電子レンジで加熱するだけで、しっとり蒸し鶏になります。

甘みと酸味のコントラストが◎
鶏のオレンジマスタード煮込み

| 冷蔵3日／冷凍2週間 | フライパン | 甘い |

[材 料]（1人分）

鶏ささみ肉… 1本
片栗粉… 小さじ1
クレソン… 適量
オリーブ油… 小さじ1
A オレンジマーマレード、
　　酒、水 … 各小さじ2
　　粒マスタード、しょうゆ
　　　… 各小さじ1/2
　　おろしにんにく（チューブ）
　　　… 小さじ1/4

[作り方]

1 鶏肉はすじを除いてそぎ切りにし、片栗粉をまぶす。クレソンはざく切りにする。
2 フライパンにオリーブ油を熱し、鶏肉をこんがりするまで焼き、Aを加えて煮込む。
3 クレソンをのせる。

♥ 愛情メモ

甘みと酸味のある味つけで、淡白な鶏ささみも味わい深く仕上がります。

甘酢あんが食欲をそそる
鶏ささみの甘酢あん

12 min. / 134 kcal

| 冷蔵3日／冷凍2週間 | フライパン | 酸っぱい |

[材料]（1人分）
鶏ささみ肉…1本
玉ねぎ…1/6個
片栗粉、サラダ油
　…各小さじ1
A トマトケチャップ
　　…小さじ2
　酒、砂糖、しょうゆ、酢
　　…各小さじ1
貝割れ大根…1/6パック

[作り方]
1 鶏肉はすじを除いてそぎ切りにし、片栗粉をまぶす。玉ねぎは薄切りにする。
2 フライパンにサラダ油を熱し、鶏肉をこんがりと焼き、玉ねぎを加えて炒める。
3 混ぜ合わせたAを加えて軽く煮つめ、半分に切った貝割れ大根を散らす。

しっかり味つけが中までじんわり
鶏ときのこの照り焼き

10 min. / 162 kcal

| 冷蔵3日／冷凍3週間 | フライパン | しょっぱい |

[材料]（1人分）
鶏ささみ肉…1本
しめじ…1/4パック
A 塩、粗びき黒こしょう
　　…各少々
　片栗粉…小さじ1
サラダ油…小さじ1
B しょうゆ、酒、みりん、
　　砂糖　各小さじ2

[作り方]
1 鶏肉はすじを除いてひと口大に切り、Aをまぶす。しめじは小房に分けてほぐす。
2 フライパンにサラダ油を熱し、鶏肉をこんがりと焼き、きのこがしんなりするまで中火で炒める。
3 混ぜ合わせたBを加え、水分がなくなるまで炒める。

ごま油香る中華おかず
ねぎ塩チキン

8 min. / 147 kcal

| 冷蔵3日／冷凍3週間 | フライパン | しょっぱい |

[材料]（1人分）
鶏ささみ肉…1本
長ねぎ…1/6本
A 塩、粗びき黒こしょう
　　…各少々
　片栗粉…小さじ1
ごま油…小さじ2
B ごま油…小さじ1/2
　顆粒鶏ガラスープの素
　　…小さじ1/4
　レモン汁…少々

[作り方]
1 鶏肉はすじを除いてそぎ切りにし、Aをまぶす。長ねぎは斜め薄切りにする。
2 フライパンにごま油を熱して鶏肉をこんがりと焼き、長ねぎ、Bを加えてさっと炒める。

PART_2　鶏ささみ肉

MAIN OKAZU
牛肉

お弁当が一気に豪華になる牛肉は、
お得なときにまとめ買いするのがオススメ。

15 min. / 344 kcal

7 min. / 471 kcal

串揚げにしてボリュームアップ
牛巻き串揚げ

| 冷蔵3日／冷凍3週間 | フライパン | しょっぱい |

[材 料]（1人分）
牛薄切り肉 … 2枚
グリーンアスパラガス
　　… 2本
塩、こしょう … 各少々
小麦粉、溶き卵、パン粉、
　サラダ油 … 各適量

[作り方]
1 アスパラはかたい部分を除いて4等分に切る。牛肉は半分に切って塩、こしょうをふる。
2 牛肉を広げ、1のアスパラを2本のせて巻く。同様に3個作り、竹串に2個ずつ刺す。
3 2に小麦粉、溶き卵、パン粉の順で衣をつける。多めのサラダ油を入れたフライパンを中火で熱し、こんがりと揚げ焼きにする。

♥ 愛情メモ
串に刺して食べやすく。野菜はお肉と組み合わせることで、うまみが増します。

ピリ辛味が食欲をそそる
牛肉のピリ辛煮

| 冷蔵3日／冷凍3週間 | 電子レンジ | 辛い |

[材 料]（1人分）
牛肩ロース薄切り肉
　…100g
玉ねぎ … 1/8個
さやいんげん … 2本
にんじん … 1/8本
A しょうゆ、みりん
　　…各大さじ1
　酒 … 大さじ1/2
　豆板醤 … 小さじ1/2

[作り方]
1 牛肉は3等分に切る。玉ねぎは薄切り、いんげんはすじを除いて2cm幅の斜め切り、にんじんは2cm長さの短冊切りにする。
2 耐熱容器に1を入れ、合わせたAを回し入れる。
3 ラップをして電子レンジで2分加熱する。

● 時短のコツ
野菜を小さめに切ることで、電子レンジでもすぐにやわらかくなり、時短レシピで煮込みができます。

人気のタッカルビを、しいたけと牛肉で
しいたけのチーズタッカルビ風

| 冷蔵3日／冷凍3週間 | フライパン | しょっぱい |

[材 料]（1人分）
牛薄切り肉 … 3枚
しいたけ … 3枚
ピザ用チーズ … 25g
水 … 小さじ1
サラダ油 … 小さじ½
A｜焼き肉のたれ
　　… 大さじ1
　｜トマトケチャップ
　　… 小さじ½

[作り方]
1 しいたけは軸を落として、かさの裏にチーズをのせて牛肉で巻く。
2 フライパンにサラダ油を熱し、1の両面に焼き色をつける。水を加えてふたをして2分ほど蒸し焼きにする。
3 Aを加えてさっとからめる。

8 min. / 297 kcal

ボリューム牛肉をさっぱりと
牛肉のマリネ

| 冷蔵2日／冷凍2週間 | フライパン | 酸っぱい |

[材 料]（1人分）
牛肉（焼き肉用）… 80g
セロリ … ¼本
赤パプリカ … ⅙個
塩、こしょう … 各少々
サラダ油 … 小さじ½
A｜フレンチドレッシング
　　（市販）… 大さじ1
　｜パセリのみじん切り
　　… 少々

[作り方]
1 セロリはすじを除いて斜め薄切り、パプリカはヘタと種を除いて、せん切りにする。
2 1をボウルに入れ、Aと合わせる。
3 フライパンにサラダ油を熱し、牛肉を両面こんがりと焼いて塩、こしょうをふり、2に加えてさっとあえる。

8 min. / 246 kcal

お弁当にうれしい時短揚げもの
ミラノ風カツレツ

| 冷蔵3日／冷凍3週間 | フライパン | しょっぱい |

[材 料]（1人分）
牛もも薄切り肉 … 4枚
粉チーズ … 小さじ1
塩、こしょう … 各少々
A｜天ぷら粉、水
　　… 各大さじ1
パン粉、サラダ油
　… 各適量
レモンの輪切り … 2枚

[作り方]
1 牛肉を広げて粉チーズを半量ふり、もう一枚の牛肉を重ねて塩、こしょうをふる。残りも同様に作る。
2 合わせたAを1にからめてパン粉をまぶす。
3 多めのサラダ油を入れたフライパンを中火で熱し、2をこんがりと揚げ焼きにする。油をきって、レモンを添える。

10 min. / 357 kcal

PART_2 牛肉

MAIN OKAZU
牛肉

12 min. / 260 kcal

10 min. / 242 kcal

まぶしたごまが、こんがり香ばしい
牛こまのごま肉だんご

| 冷蔵3日／冷凍3週間 | フライパン | しょっぱい |

[材 料]（1人分）
牛こま切れ肉 … 80g
白いりごま … 大さじ1
A 天ぷら粉、水
　… 各大さじ1
　塩 … 小さじ¼
　こしょう … 少々
サラダ油 … 適量
パセリ … 少々

[作り方]
1 Aをボウルに入れてしっかり混ぜ合わせる。
2 1にざく切りにした牛肉を加えてむらなく混ぜ、4等分に丸めてごまをまぶす。
3 多めのサラダ油を入れたフライパンを中火で熱し、2をこんがりと揚げ焼きにして、パセリを添える。

▶ ARRANGE
白いりごまを粗く砕いたおかき2枚分にかえて、食感さらにアップ。

ほっこり甘いかぼちゃと炒めて
牛肉とかぼちゃのこっくり炒め

| 冷蔵3日／冷凍3週間 | フライパン | 甘い |

[材 料]（1人分）
牛こま切れ肉 … 70g
かぼちゃ … 50g
玉ねぎ … ⅛個
塩、こしょう … 各少々
サラダ油、バター
　… 各小さじ½
A しょうゆ … 大さじ½
　砂糖 … 小さじ½

[作り方]
1 牛肉に塩、こしょうをふる。かぼちゃは1cm厚さのひと口大に切ってラップで包み、電子レンジで40秒ほど加熱する。玉ねぎは1cm幅に切る。
2 フライパンにサラダ油とバターを熱し、玉ねぎを炒めてしんなりしたら、牛肉を加える。
3 肉の色が変わったらかぼちゃを加えて炒め、焼き色がついたら、Aを加える。

冷凍フライドポテトでラクラクコロッケ
牛巻きコロッケ

| 冷蔵3日／冷凍3週間 | トースター | しょっぱい |

10 min. / 483 kcal

[材 料]（1人分）
牛薄切り肉 … 4枚
冷凍フライドポテト
　…60g
中濃ソース … 大さじ½
サラダ油 … 適量
A パン粉 … 大さじ2
　オリーブ油 … 小さじ1
　塩、こしょう … 各少々

[作り方]
1 フライドポテトは電子レンジで1分加熱し、4等分にする。牛肉を広げて中濃ソースを薄くぬり、ポテトを巻く。
2 アルミホイルに薄くサラダ油をぬり、Aをのせた1を並べる。
3 2にアルミホイルをかぶせ、オーブントースターで5〜6分焼く。

コクのあるオイスターソース風味
牛肉とブロッコリーの中華炒め

| 冷蔵3日／冷凍2週間 | フライパン | しょっぱい |

8 min. / 210 kcal

[材 料]（1人分）
牛こま切れ肉 … 70g
ブロッコリー … 3房
しょうがのせん切り
　… 薄切り1枚分
塩、こしょう … 各少々
サラダ油 … 小さじ1
A オイスターソース、
　しょうゆ、酒
　… 各小さじ1

[作り方]
1 牛肉はひと口大に切って塩、こしょうをふり、ブロッコリーは半分に切る。
2 フライパンにサラダ油を熱してしょうがを炒め、香りが立ったら牛肉、ブロッコリーの順に炒める。
3 肉に火が通ったらAを加えて炒め合わせる。

玉ねぎと牛肉がとろ〜りからまる
ビーフストロガノフ

| 冷蔵3日／冷凍3週間 | フライパン | 酸っぱい |

8 min. / 272 kcal

[材 料]（1人分）
牛もも薄切り肉…70g
玉ねぎ…¼個
塩、こしょう…各少々
バター…大さじ½
小麦粉…小さじ½
白ワイン…大さじ1
A 牛乳…¼カップ
　トマトケチャップ
　　…大さじ½
　しょうゆ…小さじ⅔
パセリのみじん切り
　…少々

[作り方]
1 牛肉はひと口大に切って、塩、こしょうをふる。玉ねぎは薄切りにする。
2 フライパンにバターを溶かして1を炒め、玉ねぎが透き通ったら小麦粉をふり、さらに炒める。
3 白ワインをふって水分をとばし、Aを加えてとろみがでるまで煮たら、パセリを散らす。

MAIN OKAZU
ひき肉

形を自在に変えられるひき肉は使い勝手ばつぐん。価格も手頃なお弁当向き食材です。

15 min. / 235 kcal

15 min. / 355 kcal

麩を使って冷めてもふんわり
ふわふわつくね

| 冷蔵3日／冷凍3週間 | フライパン | しょっぱい |

[材 料]（1人分）

- 鶏ひき肉 … 40g
- 麩 … 10g
- 長ねぎ … 1/3本
- しょうが … 1/2片
- A 溶き卵 … 1/2個分
　　塩、こしょう … 各少々
　　酒、片栗粉 … 各小さじ1
- サラダ油 … 大さじ1/2
- しょうゆ … 小さじ1
- リーフレタス … 適量

[作り方]

1. 麩はたっぷりの水（分量外）でもどしてしっかりと水けをしぼり、細かくちぎる。
2. ボウルに1、ひき肉、みじん切りにした長ねぎ、しょうが、Aを入れてよく混ぜ、3等分に丸める。
3. フライパンにサラダ油を熱し、2を両面焼く。中まで火が通ったら、しょうゆを表面にぬり、リーフレタスを添える。

手軽にできるフィンガーフード
豆腐チキンナゲット

| 冷蔵3日／冷凍3週間 | フライパン | しょっぱい |

[材 料]（1人分）

- 鶏ひき肉 … 80g
- もめん豆腐 … 60g
- サラダ油 … 適量
- A マヨネーズ … 小さじ2
　　片栗粉 … 小さじ1
　　塩 … ひとつまみ
　　おろししょうが（チューブ）、
　　こしょう … 各少々
- トマトケチャップ … 適量

[作り方]

1. 豆腐はペーパータオルで包んで電子レンジで1分加熱し、水けをきる。
2. 1とひき肉、Aをポリ袋に入れてよくもんで混ぜ、袋の角を切ってスプーンにひと口大にしぼり出す。
3. 多めのサラダ油を入れたフライパンを中火で熱し、2を揚げ焼きにする。お好みでケチャップを添える。

コクのあるソースに山椒がピリッと
ルーロー飯風肉そぼろ

| 冷蔵3日／冷凍4週間 | フライパン | しょっぱい |

8 min. / 278 kcal

[材料]（1人分）
- 豚ひき肉 … 100g
- にんにく、しょうが … 各½片
- サラダ油 … 小さじ½
- A しょうゆ、オイスターソース、酒 … 各小さじ1
  粉山椒 … 少々

[作り方]
1. にんにく、しょうがは皮をむいてみじん切りにする。
2. フライパンにサラダ油を熱し、1、ひき肉の順に入れて炒める。
3. ひき肉の水分がとんだら、Aを加えて汁けがなくなるまで炒める。

シンプルでおいしい人気のおかず
ピーマンの肉詰め

| 冷蔵3日／冷凍3週間 | フライパン | しょっぱい |

12 min. / 259 kcal

[材料]（1人分）
- 合いびき肉 … 50g
- ピーマン … 1個
- 玉ねぎ … ⅙個
- A 溶き卵 … 大さじ1
  塩、こしょう … 各少々
- サラダ油 … 小さじ2
- 酒 … 大さじ1

[作り方]
1. ピーマンは半分に切る。
2. 玉ねぎはみじん切りにし、ひき肉、Aとともにボウルに入れてよく混ぜ、1に詰める。
3. フライパンにサラダ油を熱し、肉の面を下にしてこんがりと焼く。ひっくり返して酒を加え、ふたをして弱火で3分ほど蒸し焼きにする。

たっぷりまぶしたごまの食感が絶妙
鶏の松風焼き風

| 冷蔵3日／冷凍3週間 | トースター | しょっぱい |

19 min. / 329 kcal

[材料]（1人分）
- 鶏ひき肉 … 100g
- 玉ねぎ … ⅛個
- サラダ油 … 適量
- 白いりごま、黒いりごま … 各小さじ2
- A みそ … 小さじ⅔
  みりん … 小さじ1
  しょうゆ … 小さじ½
  片栗粉 … 小さじ2
  おろししょうが（チューブ） … 少々

[作り方]
1. ボウルにひき肉、Aを入れてよく混ぜ、すりおろした玉ねぎを加えてさらに混ぜる。
2. アルミホイルを二重にして7×10cm程度の型を作る。内側に油をぬって1を詰め、平らにしてごまをのせる。
3. 途中でアルミホイルをかぶせて焦げないようにしながら、オーブントースターで12分ほど焼く。

MAIN OKAZU
ひき肉

12 min. / 254 kcal

15 min. / 301 kcal

トマトジュースでうまさ濃縮
トマトチリコンカン

| 冷蔵3日／冷凍3週間 | フライパン | しょっぱい |

[材 料]（1人分）
- 合いびき肉 … 50g
- 玉ねぎ … 1/8個
- にんにく … 1/2片
- ミックスビーンズ缶 … 40g
- サラダ油 … 小さじ1
- A トマトジュース … 100ml
  - 顆粒コンソメスープの素 … 小さじ1/2
  - 塩、こしょう … 各少々
- パセリのみじん切り … 少々

[作り方]
1. 玉ねぎ、にんにくはみじん切りにする。
2. フライパンにサラダ油を熱し、1、ひき肉を炒める。
3. 肉の色が変わったらミックスビーンズ、Aを加え、混ぜながら5分ほど煮る。最後にパセリを散らす。

お弁当にピッタリのかわいいサイズ
ひと口スコッチエッグ

| 冷蔵3日／冷凍3週間 | フライパン | しょっぱい |

[材 料]（1人分）
- 合いびき肉 … 50g
- 玉ねぎのみじん切り … 大さじ1
- うずら卵（水煮）… 3個
- 小麦粉、溶き卵、パン粉 … 各適量
- サラダ油 … 適量
- A 塩、こしょう … 各少々
  - パン粉、牛乳 … 各小さじ1
- トマトケチャップ … 適量

[作り方]
1. ボウルにひき肉、Aを入れてよく混ぜ、玉ねぎを加えてさらに混ぜ合わせる。
2. 1を3等分にして、小麦粉をまぶしたうずら卵を包んで丸める。
3. 小麦粉、溶き卵、パン粉の順に衣をつけ、多めのサラダ油を入れたフライパンを中火で熱し、揚げ焼きにする。お好みでケチャップを添える。

ひき肉があればかんたんに作れる
手づくりソーセージ

| 冷蔵3日／冷凍3週間 | フライパン | しょっぱい |

[材 料]（1人分）
豚ひき肉 … 150g
サラダ油 … 小さじ½
A ハーブソルト … 小さじ1
　片栗粉 … 小さじ½
　おろしにんにく（チューブ）
　　… 少々

▶ ARRANGE |||||||||||||||||||||||||||
ハーブソルトを青じそ1枚、塩小さじ½にかえれば和風に。

[作り方]
1 ひき肉とAをよく混ぜ合わせ、4等分にしてラップでキャンディー包みにする。
2 耐熱容器に1を並べ、電子レンジで2〜3分加熱する。
3 フライパンにサラダ油を熱し、ラップをはずした2を入れてこんがりと焼く。

15 min. / 389 kcal

キャベツをたっぷり入れて軽い食感に
やわらかキャベツメンチ

| 冷蔵3日／冷凍3週間 | フライパン | しょっぱい |

[材 料]（1人分）
合いびき肉 … 50g
キャベツ … 1枚
小麦粉、溶き卵、パン粉
　… 各適量
サラダ油 … 適量
A 溶き卵、パン粉
　　… 各大さじ1
　塩、こしょう … 各少々

[作り方]
1 ボウルにひき肉、Aを入れてよく混ぜる。
2 みじん切りにしたキャベツを1に加えてさらに混ぜ、3等分にして形を整える。
3 小麦粉、溶き卵、パン粉の順に衣をつけて、多めのサラダ油を入れたフライパンを中火で熱し、揚げ焼きにする。

15 min. / 286 kcal

ふわっとやわらかジューシー
レンジミートボール

| 冷蔵3日／冷凍3週間 | 電子レンジ | しょっぱい |

[材 料]（1人分）
豚ひき肉 … 100g
玉ねぎ … ⅛個
A 片栗粉 … 小さじ½
　おろししょうが
　　（チューブ）、塩、
　　こしょう … 各少々
B すし酢、しょうゆ
　　… 各大さじ1
　トマトケチャップ
　　… 大さじ½
白いりごま … 適量

[作り方]
1 玉ねぎはすりおろす。ボウルにひき肉、Aとともに入れ、よく混ぜる。
2 1をひと口大に丸めて耐熱容器に並べる。Bを加えてラップをし、電子レンジで2分加熱する。
3 一度取り出して混ぜ、ラップをしてさらに40秒加熱し、ごまをふる。

10 min. / 306 kcal

MAIN OKAZU
肉加工品

メインや、もう1品プラスしたいときに大活躍の肉加工品は、常備しておくと便利。

10 min. / 133 kcal

8 min. / 95 kcal

コンビーフで手間なく味が決まる
コンビーフのポテトグラタン

| 冷蔵3日／冷凍3週間 | トースター | しょっぱい |

[材 料]（1人分）
コンビーフ缶 … ¼缶
じゃがいも … ½個
A 牛乳 … 大さじ1
　おろしにんにく
　（チューブ）、塩、
　こしょう … 各少々
ピザ用チーズ … 5g
パセリのみじん切り
　… 少々

[作り方]
1 じゃがいもは皮をむき、ラップで包んで電子レンジで2〜3分加熱する。
2 1をボウルに入れてフォークでつぶし、Aを加えて混ぜ合わせ、ほぐしたコンビーフを加えてさっくりと混ぜる。
3 アルミカップに2を入れてチーズを散らし、オーブントースターで5分焼いて、パセリを散らす。

黒こしょうをきかせてアクセントに
なすとコンビーフのソテー

| 冷蔵3日／冷凍3週間 | フライパン | しょっぱい |

[材 料]（1人分）
コンビーフ缶 … ¼缶
なす … ½本
オリーブ油 … 小さじ1
塩、粗びき黒こしょう
　… 各少々

▶ ARRANGE
なすを玉ねぎ¼個とホールコーン缶大さじ1にかえて、食感が残るようにさっと炒めても。

[作り方]
1 なすは縞目に皮をむいて1cm幅の輪切りにして水にさらし、水けをきる。コンビーフは粗くほぐす。
2 フライパンにオリーブ油を熱し、なすを両面に焼き色がつくまで焼く。
3 2にコンビーフを加えてさっと炒め合わせ、塩、黒こしょうをふる。

甘酸っぱさがやみつきに
ウインナーのケチャ照り焼き

| 冷蔵3日／冷凍3週間 | フライパン | 甘い |

[材料]（1人分）
ウインナーソーセージ
　…4本
サラダ油…小さじ½
A｜トマトケチャップ
　｜　…小さじ2
　｜はちみつ…小さじ1

[作り方]
1　ウインナーは細かい格子状に浅く切り込みを入れる。
2　フライパンにサラダ油を熱し、1を炒める。焼き色がついてきたら、Aを加えてからめる。

▶ ARRANGE
チリソース少々を加えると、甘辛い仕上がりに。

5 min. / 244 kcal

ひと口サイズのスパイシードッグ
ちびカレーアメリカンドッグ

| 冷蔵3日／冷凍3週間 | 鍋 | 辛い |

[材料]（1人分）
ウインナーソーセージ
　…1本
A｜ホットケーキミックス
　｜　…20g
　｜水…大さじ2
　｜カレー粉…小さじ½
サラダ油…適量
トマトケチャップ…適量

[作り方]
1　ウインナーは長さを半分に切り、つま楊枝を刺す。
2　ボウルにAを混ぜ合わせ、1に衣をつける。
3　多めの油を入れた小鍋を170℃に熱し、2をきつね色になるまで揚げる。お好みでトマトケチャップを添える。

10 min. / 164 kcal

かんたん調理でちょい足しおかずに◎
ウインナーとアスパラのチーズ串焼き

| 冷蔵3日／冷凍3週間 | トースター | しょっぱい |

[材料]（1人分）
ウインナーソーセージ
　…3本
グリーンアスパラガス
　…1本
塩、粉チーズ…各少々

[作り方]
1　ウインナーは半分の長さに切る。アスパラは根元のかたい部分を除いて、ウインナーの長さに合わせて切る。
2　竹串にウインナーとアスパラを交互に刺す。
3　アルミホイルの上に2をのせ、オーブントースターで5分焼いて、塩、粉チーズをふる。

8 min. / 149 kcal

PART_2　肉加工品

MAIN OKAZU
肉加工品

8 min. 319 kcal

8 min. 351 kcal

パイナップルの甘さがハムに合う
ハワイアンハムステーキ

| 冷蔵3日／冷凍3週間 | フライパン | 甘い |

[材 料]（1人分）
厚切りハム … 100g
パイナップル缶 … 1枚
A バター … 5g
　白ワイン … 大さじ1
　しょうゆ … 小さじ1
オリーブ油 … 小さじ1

♥ 愛情メモ
パイナップルのさわやかな酸味が、お弁当の味にメリハリをつけてくれます。

[作り方]
1 ハムは食べやすく切り、パイナップルは粗みじん切りにする。
2 フライパンにオリーブ油を熱し、ハムを両面こんがりと焼き色がつくまで焼き、取り出す。
3 2のフライパンでAとパイナップルを水けがなくなるまで炒め、2にのせる。

食べやすくて見た目もかわいい
ベーコンのクルクルチーズ焼き

| 冷蔵3日／冷凍3週間 | フライパン | しょっぱい |

[材 料]（1人分）
スライスベーコン … 3枚
ズッキーニ … 1/4本
スライスチーズ … 1枚
しょうゆ、サラダ油
　… 各小さじ1

♥ 愛情メモ
クルクルとした見た目がかわいらしいロール状のおかずは、彩りがよくコンパクトに収まるので、お弁当に重宝します。

[作り方]
1 ズッキーニはピーラーでリボン状の薄切りにし、チーズは3等分に切る。
2 ベーコンの上にズッキーニ、チーズ、ズッキーニの順にのせて巻き、つま楊枝でとめる。
3 フライパンにサラダ油を熱し、2をこんがりと焼いてしょうゆを回しかける。つま楊枝を抜いて半分に切り、ピックでとめる。

ゆずの風味で和のテイストに
厚切りベーコンのゆずこしょう焼き

| 冷蔵3日／冷凍3週間 | フライパン | しょっぱい |

[材 料]（1人分）
厚切りベーコン … 80g
玉ねぎ … 1/6個
サラダ油 … 小さじ1
A めんつゆ（3倍濃縮）、水
　… 各小さじ1
　ゆずこしょう
　… 少々

[作り方]
1 ベーコンは食べやすく切り、玉ねぎは1cm幅のくし形切りにする。
2 フライパンにサラダ油を熱し、1を炒める。ベーコンに焼き色がついたら、混ぜ合わせたAを加えて、炒め合わせる。

5 min. / 379 kcal

皮がパリッと香ばしい
ハムとコーンの揚げぎょうざ

| 冷蔵3日／冷凍3週間 | フライパン | しょっぱい |

[材 料]（1人分）
ロースハム … 2枚
玉ねぎ … 10g
ぎょうざの皮 … 4枚
A ホールコーン缶
　… 大さじ1
　マヨネーズ
　… 大さじ1/2
　カレー粉 … 少々
サラダ油 … 適量

[作り方]
1 ハムは粗みじん切りにし、玉ねぎはみじん切りにする。
2 ボウルに1とAを入れ、混ぜ合わせて4等分にし、ぎょうざの皮で包む。
3 多めのサラダ油を入れたフライパンを中火で熱し、2をこんがりと揚げ焼きにする。

15 min. / 216 kcal

ベーコンのうまみがきいてる
ベーコンのエリンギ巻きフライ

| 冷蔵3日／冷凍3週間 | フライパン | しょっぱい |

[材 料]（1人分）
スライスベーコン … 1枚
エリンギ … 1本
スパゲッティ … 1本
A 小麦粉、水
　… 各大さじ2
パン粉、サラダ油、
　中濃ソース … 各適量

[作り方]
1 ベーコンは3等分に切る。エリンギは根元を除いて、縦3等分に切る。エリンギにベーコンを巻きつけ、短く切ったスパゲッティでとめる。
2 混ぜ合わせたAに1をくぐらせてからパン粉をつける。
3 多めのサラダ油を入れたフライパンを中火で熱し、2をこんがりと揚げ焼きにする。お好みでソースを添える。

12 min. / 261 kcal

PART_2 肉加工品

MAIN OKAZU
卵

お弁当にマストな人気食材。卵焼きバリエなどレパートリーを増やしてマンネリを回避!

10 min. / 138 kcal

食べごたえぐっとアップ
魚肉ソーセージの卵焼き

| 冷蔵3日／冷凍2週間 | フライパン | しょっぱい |

[材 料]（作りやすい分量）
卵 … 2個
魚肉ソーセージ（細）
　… 1本
焼きのり … 適量
サラダ油 … 適量
A 水 … 大さじ2
　みりん … 小さじ2
　しょうゆ … 小さじ1/2
　顆粒和風だし … 少々

[作り方]
1 ボウルに卵を割りほぐし、Aを混ぜる。
2 卵焼き器にサラダ油を熱して1を1/3量ほど流し入れる。半熟になったら、のりを巻いた魚肉ソーセージをのせて手前に巻く。奥に寄せて油をひき、残りの卵液を2回に分けて流し入れ、巻く。
3 あら熱がとれたら食べやすく切る。

10 min. / 116 kcal

紅しょうがでほんのりピンク色
お好み焼き風卵焼き

| 冷蔵3日／冷凍2週間 | フライパン | しょっぱい |

[材 料]（作りやすい分量）
卵 … 2個
キャベツ … 1枚
紅しょうが … 20g
サラダ油 … 適量
A 水 … 大さじ2
　中濃ソース
　　… 小さじ1
　顆粒和風だし … 少々

[作り方]
1 キャベツと紅しょうがはみじん切りにする。ボウルに割りほぐした卵、Aとともに入れ、混ぜる。
2 卵焼き器にサラダ油を熱し、1を1/3量ほど流し入れ、半熟になったら手前に巻く。奥に寄せて油をひき、同様にあと2回くり返す。
3 あら熱がとれたら食べやすく切る。

市販のメンマを使って手軽に1品
中華風卵焼き

| 冷蔵3日／冷凍2週間 | フライパン | しょっぱい |

[材 料]（作りやすい分量）
卵 … 2個
焼き豚 … 30g
メンマ … 20g
ごま油 … 小さじ1
塩、こしょう … 各少々

♥ 愛情メモ
焼き豚＆メンマでボリュームと味をプラスして、大満足のアレンジ卵焼きに。

[作り方]
1 焼き豚、メンマは5mm角に切り、ごま油を熱したフライパンで炒める。
2 1に割りほぐした卵、塩、こしょうを加えて手早く混ぜ、半熟になったら端に寄せて形を整えながら焼く。
3 あら熱がとれたら食べやすく切る。

5 min. / 124 kcal

しらすの風味がオツな味わい
しらすと青のりの卵焼き

| 冷蔵3日／冷凍2週間 | フライパン | しょっぱい |

[材 料]（作りやすい分量）
卵 … 2個
しらす干し … 20g
青のり … 小さじ1
サラダ油 … 適量
A 水 … 大さじ2
　みりん … 小さじ2
　塩、顆粒和風だし
　　… 各少々

[作り方]
1 ボウルに卵を割りほぐし、しらす、青のり、Aを混ぜる。
2 卵焼き器にサラダ油を熱して1を⅓量ほど流し入れ、半熟になったら手前に巻く。奥に寄せて油をひき、同様にあと2回くり返す。
3 あら熱がとれたら食べやすく切る。

10 min. / 122 kcal

中にはほくほくポテトがたっぷり
ポテトの洋風卵焼き

| 冷蔵3日／冷凍2週間 | フライパン | しょっぱい |

[材 料]（作りやすい分量）
卵 … 2個
フライドポテト（冷凍）
　… 20g
サラダ油 … 適量
A 牛乳 … 大さじ2
　粉チーズ … 小さじ1
　顆粒コンソメスープの素
　　… 小さじ⅓
　パセリのみじん切り、
　　塩、こしょう … 各少々

[作り方]
1 ボウルに卵を割りほぐし、Aを混ぜる。フライドポテトは電子レンジで1分加熱する。
2 卵焼き器にサラダ油を熱して1を⅓量ほど流し入れ、半熟になったらフライドポテトを散らして手前に巻く。奥に寄せて油をひき、残りの卵液を2回に分けて流し入れ、巻く。
3 あら熱がとれたら食べやすく切る。

10 min. / 145 kcal

MAIN OKAZU
卵

7 min. / 133 kcal

10 min. / 312 kcal

あっさり和風でほっとする味
さくらえびと卵のいり煮

| 冷蔵3日／冷凍× | 鍋 | しょっぱい |

[材 料]（1人分）

卵 … 1個
さやえんどう … 2枚
さくらえび … 大さじ½
サラダ油 … 小さじ1
A 水 … 50㎖
　しょうゆ、みりん、
　顆粒和風だし
　　　… 各小さじ½
　塩 … 少々

[作り方]

1 さやえんどうはすじを除いて斜め細切りにする。
2 フライパンにサラダ油を熱し、割りほぐした卵を流し入れていり卵を作り、取り出す。
3 小鍋にさくらえび、合わせたAを入れて温め、2、1を加えてさっと煮る。

▶ ARRANGE

さやえんどうを小ねぎ1本にかえても。ねぎの風味で和の味わいが増します。

卵を肉で巻いたボリュームおかず
肉巻きゆで卵

| 冷蔵3日／冷凍2週間 | フライパン | しょっぱい |

[材 料]（1～2人分）

ゆで卵 … 2個
豚ロース薄切り肉
　　　… 4枚
小麦粉 … 適量
サラダ油 … 小さじ1
A しょうゆ、酒、みりん
　　　… 各大さじ1
　砂糖 … 小さじ1

[作り方]

1 ゆで卵は殻をむき、小麦粉をまぶす。豚肉を2枚ずつ少し重ねて広げ、ゆで卵をそれぞれ巻く。
2 フライパンにサラダ油を熱し、1の巻き終わりを下にして転がしながら全体を焼く。
3 Aを加えてからめる。

♥ 愛情メモ

食べやすくてボリュームがあり、黄身の彩りもばっちりな、お弁当に入っているとうれしい一品です。

焼かないので卵がふわっと食感に
レンジ茶巾卵

| 冷蔵3日／冷凍2週間 | 電子レンジ | しょっぱい |

[材 料]（1人分）
卵 … 2個
枝豆（冷凍・さやつき）
　　… 30g
かに風味かまぼこ
　　… 1本
塩、こしょう … 各少々

[作り方]
1 枝豆は解凍してさやから出し、かに風味かまぼこは裂く。
2 耐熱容器に卵を割りほぐし、1、塩、こしょうを加えて混ぜる。ラップをして電子レンジで1分加熱し、一度混ぜてさらに1分加熱する。
3 熱いうちに半量ずつラップで包み、茶巾にする。

10 min. / 192 kcal

ほんのり色づきお弁当のアクセントに
うずら卵のカレーマリネ

| 冷蔵3日／冷凍× | 鍋 | 辛い |

[材 料]（作りやすい分量）
うずら卵（水煮）… 8個
A 水 … 大さじ4
　 すし酢 … 大さじ2
　 顆粒コンソメスープの素、
　 カレー粉 … 各小さじ½

[作り方]
1 鍋にAを入れて煮立てる。
2 火を止めてうずら卵を入れ、冷めたらポリ袋にうつし、冷蔵庫でひと晩漬ける。

♥ 愛情メモ
冷ましている間に味がしみ込むので、作りおきがおすすめ。

5 min. / 92 kcal

食べてみるまで中はお楽しみ
卵の巾着焼き

| 冷蔵3日／冷凍× | フライパン | しょっぱい |

[材 料]（1人分）
卵 … 1個
油揚げ … ½枚
サラダ油 … 小さじ1
水 … 大さじ3
A みりん、しょうゆ
　　… 各大さじ2
　 砂糖、酒 … 各大さじ1

[作り方]
1 油抜きをした油揚げは、菜箸などで表面を転がしてから袋状に開く。
2 1の中に卵を割り入れ、口をつま楊枝でとめる。
3 フライパンにサラダ油を熱して2を両面焼く。水を加えてふたをし、5分蒸したらAを加えてからめる。

▶ ARRANGE
卵を納豆1パック、スライスチーズ1枚にかえて、ねばトロ巾着焼きにしても。

10 min. / 339 kcal

PART_2 卵

MAIN OKAZU
豆腐・大豆製品

値段が手ごろなお助け食材。冷凍すると食感が変わるので、作りおきは冷蔵庫で保存を。

8 min. / 182 kcal

10 min. / 160 kcal

ピーナッツバターが味つけのポイント
厚揚げのピーナッツ炒め

冷蔵3日／冷凍×　フライパン　しょっぱい

[材料] (1人分)

- 厚揚げ … 50g
- ピーマン … ½個
- 玉ねぎ … ⅛個
- ごま油 … 小さじ1
- A ピーナッツバター … 大さじ½
  - しょうゆ … 小さじ1
  - みりん、酒 … 各大さじ¼
  - 豆板醤 … 少々

[作り方]

1. 油抜きをした厚揚げは2cm角に、ヘタと種を除いたピーマン、玉ねぎは1.5cm角に切る。
2. フライパンにごま油を熱し、1を炒める。
3. 混ぜ合わせたAを加えてさっと炒める。

♥ 愛情メモ

ピーナッツバターを使った濃厚な味わいで、ひと味違ったおかずを楽しめます。

お肉と合わせてボリュームアップ
カレー風味のおから煮

冷蔵3日／冷凍×　フライパン　辛い

[材料] (1人分)

- おから … 30g
- 鶏ひき肉 … 30g
- さやいんげん … 1本
- ホールコーン缶 … 大さじ1
- カレー粉 … 小さじ¼
- サラダ油 … 小さじ1
- A だし … 100mℓ
  - しょうゆ、みりん … 各小さじ1

[作り方]

1. フライパンにサラダ油を熱し、おから、ひき肉を炒める。
2. 肉の色が変わったら、ヘタを除いて小口切りにしたいんげん、コーン、カレー粉の順に加えて炒める。
3. Aを加え、ときどき混ぜながら汁けがなくなるまで煮る。

▶ ARRANGE

ホールコーン缶をキドニー豆大さじ1にかえて、ほっくりとした洋風のおから煮にしても。

噛むたびにうまみがじゅわっと
高野豆腐のベーコン巻き

冷蔵3日／冷凍×　フライパン　しょっぱい

[材 料]（1人分）
- 高野豆腐 … 1枚
- スライスベーコン … 2枚
- 小麦粉 … 適量
- サラダ油 … 大さじ½
- 塩、こしょう … 各少々
- A 顆粒コンソメスープの素
  　　… 小さじ½
  　ぬるま湯 … 100㎖

[作り方]
1 高野豆腐はAに浸してもどす。水けをしぼり、棒状に4等分にして小麦粉をまぶして、半分に切ったベーコンで巻く。
2 フライパンにサラダ油を熱し、1の巻き終わりを下にして焼く。焼き色がついたら、塩、こしょうをふる。

ピリ辛＆ごま油の香りで食欲アップ
厚揚げのコチュジャン煮

冷蔵3日／冷凍×　フライパン　辛い

[材 料]（1人分）
- 厚揚げ … ½枚
- キャベツ … ½枚
- にら … 1本
- 白いりごま
  　… 小さじ½
- ごま油 … 小さじ1
- A コチュジャン、酒
  　　… 各小さじ1
  　しょうゆ … 小さじ½

[作り方]
1 油抜きをした厚揚げ、キャベツは2cm大に切り、にらは3cm長さに切る。
2 フライパンにごま油を熱し、1の厚揚げ、キャベツを炒める。
3 キャベツがしんなりしたらA、にら、ごまを加えて炒め合わせる。

焼きのりにのせるひと手間がワザ！
豆腐の蒲焼き風

冷蔵3日／冷凍×　フライパン　しょっぱい

[材 料]（1人分）
- もめん豆腐 … 50g
- 長ねぎのみじん切り
  　… 大さじ½
- 焼きのり … ¼枚
- サラダ油 … 小さじ½
- A 溶き卵 … 大さじ½
  　片栗粉 … 小さじ½
- B しょうゆ、みりん、酒
  　　… 各大さじ½

[作り方]
1 豆腐はペーパータオルで包み、電子レンジで1分加熱し、ポリ袋に入れてくずす。
2 1にA、長ねぎを加えてなめらかになるまで混ぜる。袋の端を切り、4等分にしたのりにしぼり出して平らにする。
3 フライパンにサラダ油を熱し、2を豆腐の面から両面焼いて、Bを加えてからめる。

PART_2　豆腐・大豆製品

MAIN OKAZU
さけ

定番おかずとして常備したいさけは、味つけを工夫して和・洋・中の幅広いテイストに。

15 min. / 270 kcal

10 min. / 220 kcal

野菜もいっしょにとれる彩りおかず
さけの甘酢照り焼き

| 冷蔵3日／冷凍3週間 | フライパン | 酸っぱい |

[材 料]（1人分）
- 生さけ(切り身) … 1切れ
- 玉ねぎ … ¼個
- グリーンアスパラガス … 1本
- 塩、しょうがのすりおろし … 各少々
- 片栗粉、サラダ油 … 各小さじ1
- A｜しょうゆ、砂糖、酢 … 各大さじ1
  ｜白いりごま … 小さじ1

[作り方]
1. さけは4等分に切って塩をふり、しょうがをすり込み、片栗粉をまぶす。玉ねぎは薄切りに、アスパラはかたい部分を除き、斜め4等分に切る。
2. フライパンにサラダ油を熱し、1のさけを両面こんがりと焼き、残りの1を加えて中火で野菜がしんなりするまで炒める。
3. 2に混ぜ合わせたAを加えて、煮つめる。

粉チーズと香草でパン粉にひと工夫
さけの香草パン粉焼き

| 冷蔵3日／冷凍3週間 | トースター | しょっぱい |

[材 料]（1人分）
- 生さけ(切り身) … 1切れ
- マヨネーズ … 小さじ2
- A｜パン粉 … 大さじ1
  ｜粉チーズ … 小さじ2
  ｜バジル(乾燥) … 小さじ⅓

[作り方]
1. さけは半分に切る。
2. 1にマヨネーズをぬり、混ぜ合わせたAをかけ、オーブントースターで5～6分焼く。

▶ ARRANGE

生さけを鶏もも肉100gにすると、ジューシーな鶏もも香草焼きにアレンジできます。

にんにくしょうゆが香ばしい
さけのから揚げ

| 冷蔵3日／冷凍3週間 | フライパン | しょっぱい |

8 min. / 245 kcal

[材料]（1人分）
- 生さけ（切り身）… 1切れ
- A しょうゆ、酒
  　… 各小さじ2
  　にんにくのすりおろし
  　… 少々
- 片栗粉 … 大さじ2
- サラダ油 … 適量

[作り方]
1. さけは4等分に切り、Aに10分漬け、片栗粉をまぶす。
2. 多めのサラダ油を入れたフライパンを中火で熱し、1を揚げ焼きにする。

♥ 愛情メモ
にんにくしょうゆのスタミナ味で、ごはんがすすむボリュームおかずに。

コクのあるソースが決め手
さけのオイマヨ焼き

| 冷蔵3日／冷凍3週間 | フライパン | しょっぱい |

12 min. / 261 kcal

[材料]（1人分）
- 生さけ（切り身）… 1切れ
- A 片栗粉 … 小さじ2
  　塩、こしょう … 各少々
- サラダ油 … 小さじ1
- B 酒、マヨネーズ
  　… 各小さじ2
  　オイスターソース
  　… 小さじ1
- 小ねぎ … 1本

[作り方]
1. さけは4等分に切ってAをまぶす。
2. フライパンにサラダ油を熱し、1、を両面こんがりするまで焼く。混ぜ合わせたBをからめ、小口切りにした小ねぎを散らす。

バターときのこで味わい深い
さけとエリンギのレンジ蒸し

| 冷蔵3日／冷凍3週間 | 電子レンジ | しょっぱい |

10 min. / 350 kcal

[材料]（1人分）
- 塩さけ（切り身）… 1切れ
- エリンギ … 1/2本
- 玉ねぎ … 1/4個
- にんじん … 1/4本
- A バター … 大さじ2
  　レモンの輪切り … 1枚
- しょうゆ … 少々

[作り方]
1. さけは半分に切る。エリンギは2mm厚さに切り、横半分に切る。玉ねぎは薄切り、にんじんは皮をむいてせん切りにする。
2. 耐熱容器に1の野菜を入れ、さけをおいてAをのせ、ラップをして電子レンジで4〜5分加熱する。
3. ラップをはずしてしょうゆをかける。

● 時短のコツ
塩さけを使えば味つけいらずでかんたんに。

MAIN OKAZU
ぶり

脂がのったぶりは濃いめの味つけにして、ごはんがすすむボリュームおかずに。

8 min. / 454 kcal

10 min. / 437 kcal

ごまを加えて風味よく
ぶりのごま照り焼き

| 冷蔵3日／冷凍3週間 | フライパン | 甘い |

[材 料]（1人分）
ぶり（切り身）… 1切れ
A しょうゆ、酒、はちみつ
　… 各大さじ1
片栗粉 … 大さじ1
サラダ油 … 大さじ½
黒いりごま … 小さじ1

[作り方]
1 ぶりは4等分に切って、混ぜ合わせたAに10分漬け、片栗粉をまぶす。漬け汁はとっておく。
2 フライパンにサラダ油を熱し、1を両面こんがりするまで焼く。1の漬け汁を加えて煮つめ、ごまを加えてあえる。

♥ 愛情メモ
お弁当の定番の照り焼きはごまの風味をプラスして、マンネリになりがちな味に変化を加えましょう。

しっかりと味がしみ込んだ
ぶり角煮

| 冷蔵3日／冷凍3週間 | 鍋 | しょっぱい |

[材 料]（1人分）
ぶり（切り身）… 1切れ
A しょうゆ、酒、みりん
　… 各大さじ2
砂糖 … 大さじ1
しょうがのせん切り
　… 薄切り1枚分
小ねぎ … ½本

[作り方]
1 ぶりはひと口大の角切りにし、塩（分量外）をふって5分おき、水けをふく。
2 鍋にAを煮立て、1を加えて落としぶたをし、中火で煮汁がなくなるまで煮る。
3 小口切りにした小ねぎを散らす。

カラッとジューシーに揚げて
ぶりカツ

| 冷蔵3日／冷凍3週間 | フライパン | しょっぱい |

10 min. / 451 kcal

[材 料]（1人分）
ぶり（切り身）… 1切れ
塩、こしょう … 各少々
小麦粉 … 大さじ1
卵 … ½個
パン粉 … 大さじ2
サラダ油、中濃ソース
　… 各適量

[作り方]
1 ぶりは半分に切り、塩（分量外）をふって5分おく。水けをふいて塩、こしょうをふり、小麦粉、溶き卵、パン粉の順で衣をつける。
2 多めのサラダ油を入れたフライパンを中火で熱し、1を揚げ焼きにして、お好みでソースをかける。

甘辛だれがしっかりからんだ
ぶりの韓国風焼き

| 冷蔵3日／冷凍3週間 | フライパン | 辛い |

8 min. / 411 kcal

[材 料]（1人分）
ぶり（切り身）… 1切れ
A 酒 … 大さじ1
　しょうゆ、みりん、砂糖、
　コチュジャン
　　… 各小さじ2
ごま油 … 小さじ1
水溶き片栗粉 … 小さじ1
白髪ねぎ … ¼本分

[作り方]
1 ぶりは3等分に切って混ぜ合わせたAに10分漬ける。漬け汁はとっておく。
2 フライパンにごま油を熱し、1を焼き色がつくまで焼く。1の漬け汁を加えて煮つめ、水溶き片栗粉でとろみをつけたら、白髪ねぎをのせる。

ぶりとトマトの濃厚なうまみ
ぶりのトマト煮

| 冷蔵3日／冷凍3週間 | フライパン | しょっぱい |

14 min. / 432 kcal

[材 料]（1人分）
ぶり（切り身）… 1切れ
にんにく … 1片
A 小麦粉 … 小さじ1
　塩、こしょう … 各少々
オリーブ油、白ワイン
　… 各大さじ1
B カットトマト缶
　　… ¼缶（100g）
　顆粒コンソメスープの素
　　… 小さじ1
　バジル（乾燥）… 小さじ½
イタリアンパセリ … 少々

[作り方]
1 ぶりは3等分に切り、塩（分量外）をふって5分おき、水けをふいてAをまぶす。にんにくは薄切りにする。
2 フライパンにオリーブ油とにんにくを熱し、ぶりを両面こんがりと焼き、白ワインを加える。
3 Bを加えて中火で煮込み、イタリアンパセリを添える。

MAIN OKAZU
さんま

秋のお弁当に入れたいさんまは、3枚におろして使えばちょうどいいサイズに。

12 min. / 430 kcal

10 min. / 417 kcal

蒲焼きに韓国風のスパイシーさをプラス
さんまのピリ辛蒲焼き

| 冷蔵3日／冷凍3週間 | フライパン | 辛い |

[材料]（1人分）
- さんま(3枚おろし) … 1尾分
- 片栗粉 … 小さじ2
- サラダ油 … 小さじ1
- A しょうゆ、酒、みりん … 各小さじ2
-   砂糖 … 小さじ1
-   豆板醤 … 少々
- 白いりごま … 適量

[作り方]
1. さんまは半分の長さに切り、片栗粉をまぶす。
2. フライパンにサラダ油を熱し、1を両面こんがりするまで焼く。混ぜ合わせたAを加えてからめたら、ごまをかける。

♥ 愛情メモ
蒲焼きはごはんと相性ばっちりのおかず。ピリ辛にすることで、さらに食欲がわきます。

塩味でさっぱり食べられる
さんまの塩竜田揚げ

| 冷蔵3日／冷凍3週間 | フライパン | しょっぱい |

[材料]（1人分）
- さんま(3枚おろし) … 1尾分
- 塩 … ひとつまみ
- 片栗粉 … 大さじ1
- サラダ油 … 大さじ2
- レモン … 適量

[作り方]
1. さんまは半分の長さに切り、塩をふって、片栗粉をまぶす。
2. フライパンにサラダ油を熱し、1を両面こんがりと焼き、レモンを添える。

▶ ARRANGE
レモンを大根おろし、しょうゆ各適量にチェンジして、おろし竜田にしてもOK。

10分でやわらか煮物
さんまの甘露煮風

| 冷蔵3日／冷凍3週間 | 鍋 | 甘い |

[材 料]（1人分）
さんま … 1尾
A 水、酒 … 各大さじ3
　しょうゆ、みりん、
　　砂糖 … 各大さじ2
　酢 … 大さじ1
　しょうがのせん切り
　　… 薄切り2枚分

[作り方]
1 さんまは頭と尾を切り落とし、ワタを除く。水洗いして水けをふき、4等分のぶつ切りにする。
2 鍋にAを入れて沸騰させ、1を加えて落としぶたをし、弱火で煮汁がなくなるまで煮る。
3 落としぶたを取り、中〜強火でさらに煮つめる。

バジルの風味をきかせてイタリアン風
さんまのバジル焼き

| 冷蔵3日／冷凍3週間 | トースター | しょっぱい |

[材 料]（1人分）
さんま（3枚おろし）
　… 1尾分
バジルペースト（市販）
　… 小さじ2
A パン粉 … 大さじ1
　オリーブ油 … 小さじ2
オリーブ油 … 少々

[作り方]
1 さんまは3等分に切る。
2 1にバジルペーストをぬってAをのせ、オリーブ油をかける。オーブントースターで5〜6分焼く。

香味野菜であっさりと
さんまの南蛮漬け

| 冷蔵3日／冷凍3週間 | フライパン | 酸っぱい |

[材 料]（1人分）
さんま（3枚おろし）
　… 1尾分
にんじん … 1/6本
玉ねぎ … 1/6個
片栗粉 … 大さじ1
サラダ油 … 大さじ3
A しょうゆ、酒、みりん、
　酢 … 各大さじ1
　セロリの葉のみじん
　　切り … 少々

[作り方]
1 さんまは3等分に切り、片栗粉をまぶす。にんじんは皮をむいてせん切り、玉ねぎは薄切りにする。
2 フライパンにサラダ油を熱し、1のさんまを両面こんがりと焼く。
3 ボウルにAを入れてよく混ぜ、1の野菜、2を加えてあえる。

MAIN OKAZU
さば

季節を問わず手に入って便利なさばは、
香辛料や香味野菜と合わせて食べやすく。

15 min. / 369 kcal

8 min. / 286 kcal

脂がのったさばをトマトでさっぱりと
さばのイタリアングリル焼き

冷蔵3日／冷凍2週間　フライパン　しょっぱい

[材料]（1人分）
- さば（半身）… ½切れ
- トマト … ½個
- 玉ねぎ … ⅙個
- A 片栗粉 … 小さじ2
-   塩、粗びき黒こしょう
-     … 各少々
- B にんにくの薄切り … 1片分
-   オリーブ油 … 大さじ1
-   白ワイン … 小さじ2
- C 顆粒コンソメスープの素、
-   バジル（乾燥）
-     … 各小さじ¼
-   塩 … ひとつまみ

[作り方]
1 さばはAをまぶす。トマトは2cmの角切り、玉ねぎは薄切りにする。
2 フライパンにBを入れて熱し、さばを加えて両面こんがりと焼いたらトマト、玉ねぎ、Cを加えて炒める。

▶ ARRANGE
スライスチーズ1枚をのせて焼いて、グラタン風にしても。

カレー風味でどんどん食べちゃう
さばのカレー竜田

冷蔵3日／冷凍3週間　フライパン　辛い

[材料]（1人分）
- さば（半身）… ½切れ
- A しょうゆ、酒
-     … 各小さじ1
- B 片栗粉 … 小さじ2
-   カレー粉 … 小さじ¼
- サラダ油、セロリの葉
-     … 各適量

[作り方]
1 さばは3等分に切り、Aに10分漬け、混ぜ合わせたBをまぶす。
2 多めのサラダ油を入れたフライパンを中火で熱し、1を揚げ焼きにしたら、セロリの葉の上にのせる。

♥ 愛情メモ
カレー風味で魚の臭みを抑え、セロリの葉を添えてさっぱり食べやすくしましょう。

冬にうれしい定番おかず
さばのみそ煮

| 冷蔵3日／冷凍3週間 | 鍋 | しょっぱい |

[材料]（1人分）
さば(半身)… ½切れ
長ねぎ… 5cm分
A 水、酒… 各大さじ3
　みりん、砂糖
　　… 各大さじ1
　しょうゆ… 小さじ2
　しょうがのせん切り
　　… 1片分
みそ… 大さじ1

[作り方]
1 さばは切り込みを入れ、熱湯（分量外）をかける。
2 鍋にAを入れて沸騰させ、さば、長ねぎを加えて落としぶたをし、弱火で5分煮込む。
3 みそを溶きながら加え、再び落としぶたをして煮汁が少なくなるまで煮つめる。

15 min. / 365 kcal

マヨネーズのコクがポイント
さばの照りマヨ焼き

| 冷蔵3日／冷凍3週間 | フライパン | しょっぱい |

[材料]（1人分）
さば(半身)… ½切れ
片栗粉… 大さじ1
サラダ油… 小さじ1
A しょうゆ、マヨネーズ
　　… 各小さじ2
　みりん… 小さじ1
小ねぎ… ½本
七味唐辛子… 少々

[作り方]
1 さばは3等分に切り、片栗粉をまぶす。
2 フライパンにサラダ油を熱してさばを両面こんがりと焼き、混ぜ合わせたAを加えて炒め合わせる。
3 小口切りにした小ねぎ、七味唐辛子をかける。

10 min. / 329 kcal

洋風アレンジで見た目も華やかに
さばのカラフルタルタル焼き

| 冷蔵2日／冷凍× | トースター | しょっぱい |

[材料]（1人分）
さば(半身)… ½切れ
しいたけ… ½枚
赤ピーマン… ¼個
うずら卵(水煮)… 1個
塩、こしょう… 各少々
A タルタルソース(市販)
　　… 小さじ2
　ピザ用チーズ… 10g
　しょうゆ、塩、こしょう
　　… 各少々
イタリアンパセリ… 適量

[作り方]
1 さばは、塩、こしょうをふってしばらくおく。
2 しいたけは石づきを除き、赤ピーマンはヘタと種を除いてそれぞれ粗みじん切りにし、うずら卵はフォークでつぶす。すべてAと混ぜ合わせる。
3 1の水けをふき、オーブントースターで5分焼く。2をのせてさらに3分焼き、イタリアンパセリを添える。

15 min. / 302 kcal

MAIN OKAZU
たら

身がやわらかく淡白な味わいで使い勝手が
よい食材。味つけでコクをプラスして。

⏱10 min. / 241 kcal

⏱15 min. / 238 kcal

ポン酢がきいたさっぱり味
たらのバタポンムニエル

| 冷蔵3日／冷凍3週間 | フライパン | しょっぱい |

[材 料]（1人分）
生たら(切り身)… 1切れ
A 小麦粉 … 小さじ2
　塩、こしょう … 各少々
オリーブ油 … 小さじ1
白ワイン … 大さじ1
B バター … 大さじ1
　ポン酢しょうゆ
　　… 小さじ1
イタリアンパセリ … 適量
レモンのくし形切り
　… 1/8個分

[作り方]
1 たらは3等分に切り、Aをまぶす。
2 フライパンにオリーブ油を熱し、1を両面こんがりと焼き、白ワインを加えてふたをする。
3 火が通ったらBを加えてからめる。ちぎったイタリアンパセリを散らし、レモンを添える。

甘酢がしっかりからんでおいしい
たらの甘酢あんかけ

| 冷蔵3日／冷凍2週間 | フライパン | 酸っぱい |

[材 料]（1人分）
生たら(切り身)… 1切れ
にんじん … 1/6本
ピーマン … 1/2個
しいたけ … 1/2枚
玉ねぎ … 1/8個
A 片栗粉 … 小さじ2
　塩、こしょう … 各少々
サラダ油 … 大さじ2
B 酢、酒、砂糖
　　… 各小さじ2
　しょうゆ、トマトケチャップ … 各小さじ1/2
　片栗粉 … 小さじ1/4

[作り方]
1 たらは3等分に切り、Aをまぶす。皮をむいたにんじん、ヘタと種を除いたピーマンはせん切りにする。軸を除いたしいたけ、玉ねぎは薄切りにする。
2 フライパンにサラダ油を熱し、1のたらを両面こんがりと焼き、一度取り出す。
3 同じフライパンに1の野菜を加えて炒め、しんなりしたら2、混ぜ合わせたBを加えてさっと炒める。

みそマヨが香ばしい
たらのみそマヨチーズ焼き

| 冷蔵3日／冷凍3週間 | トースター | しょっぱい |

10 min. / 236 kcal

[材料]（1人分）
生たら(切り身) … 1切れ
A みそ、マヨネーズ
　… 各大さじ1
スライスチーズ
　… 1/2枚
青じそ … 適量

[作り方]
1 たらはひと口大に切る。
2 ボウルにAを入れて混ぜ合わせて1にぬり、ちぎったチーズをのせてオーブントースターで5分ほど焼く。
3 せん切りにした青じそを散らす。

淡白なたらとミルクのコクがぴったり
たらとチンゲン菜のミルク煮

| 冷蔵3日／冷凍2週間 | フライパン | しょっぱい |

10 min. / 209 kcal

[材料]（1人分）
生たら(切り身) … 1切れ
チンゲン菜 … 1/4株
サラダ油 … 小さじ2
A 水 … 70mℓ
　牛乳 … 大さじ2
　塩、こしょう、顆粒鶏ガラ
　スープの素 … 各少々
水溶き片栗粉 … 大さじ1

[作り方]
1 たらは3等分に切る。チンゲン菜は2cm長さに切る。
2 フライパンにサラダ油を熱し、たらの両面に軽く焼き色をつける。
3 2にA、チンゲン菜を加えて軽く煮つめ、たらに火が通ったら水溶き片栗粉を加え、とろみをつける。

ふっくら衣に明太マヨソースがマッチ
たらのフリット明太マヨソース添え

| 冷蔵2日／冷凍3週間 | フライパン | しょっぱい |

10 min. / 473 kcal

[材料]（1人分）
生たら(切り身) … 1切れ
ブロッコリー … 3房
サラダ油 … 適量
A 片栗粉 … 大さじ2
　塩、こしょう … 各少々
B 小麦粉、水
　… 各大さじ3
　ベーキングパウダー
　… 小さじ1
C ほぐし明太子 … 1/2腹分
　マヨネーズ … 大さじ1

[作り方]
1 たらは3等分に切って、Aをまぶす。
2 混ぜ合わせたBに1、ブロッコリーをくぐらせる。
3 多めのサラダ油を入れたフライパンを中火で熱し、2をこんがりと揚げ焼きにする。混ぜ合わせたCを添える。

MAIN OKAZU
めかじき

骨がなくて扱いやすいお弁当向きの白身魚。
パサつきやすいので火の通しすぎに注意。

15 min. / 400 kcal

15 min. / 312 kcal

にんにくとしょうがをたっぷり使って
めかじきのにんにくしょうがソテー

| 冷蔵3日／冷凍3週間 | フライパン | しょっぱい |

[材 料]（1人分）
めかじき（切り身）
　… 1切れ
にんにく、しょうが
　… 各1片
A 片栗粉 … 小さじ2
　塩、こしょう … 各少々
サラダ油 … 小さじ2
B バター … 大さじ1
　しょうゆ、酒、みりん
　　… 各小さじ2
青じそ … 適量

[作り方]
1 めかじきはひと口大に切り、Aをまぶす。にんにく、しょうがはみじん切りにする。
2 フライパンにサラダ油を熱し、めかじきをこんがりと焼く。B、にんにく、しょうがを加え、煮つめる。
3 せん切りにした青じそを添える。

ねぎが香る中華風の味つけ
めかじきの香味だれ

| 冷蔵2日／冷凍× | フライパン | しょっぱい |

[材 料]（1人分）
めかじき（切り身）
　… 1切れ
トマト … 1/4個
長ねぎ … 1/4本
片栗粉、ごま油
　… 各小さじ2
A 酒、しょうゆ
　　… 各大さじ1
　オイスターソース、
　　砂糖 … 各小さじ1
　顆粒鶏ガラスープの素
　　… 小さじ1/2
貝割れ大根 … 1/6パック

[作り方]
1 めかじきはひと口大に切り、片栗粉をまぶす。トマトは1cmの角切りに、長ねぎはみじん切りにする。
2 フライパンにごま油を熱し、めかじきをこんがりと焼き、混ぜ合わせたA、長ねぎを加えて炒める。
3 1のトマト、3等分にした貝割れ大根を散らす。

暑い時期にもさっぱり食べやすい
めかじきの梅しそ焼き

| 冷蔵3日／冷凍3週間 | トースター | 酸っぱい |

[材 料]（1人分）
めかじき（切り身）
　… 1切れ
青じそ … 3枚
梅肉 … 小さじ1
A 酒、しょうゆ
　… 各小さじ½

[作り方]
1　めかじきは6等分にしてAをからめておく。
2　1の水けをふいて梅肉をぬり、半分に切った青じそで包む。オーブントースターで5分ほど焼き、2つずつ竹串に刺す。

12 min. / 164 kcal

しっかりと下味をつけてやわらかく仕上げる
めかじきの照り焼き

| 冷蔵3日／冷凍3週間 | フライパン | しょっぱい |

[材 料]（1人分）
めかじき（切り身）
　… 1切れ
小麦粉、サラダ油
　… 各小さじ2
A しょうゆ、酒、みりん、
　砂糖 … 各大さじ1
サニーレタス … 適量

[作り方]
1　めかじきはひと口大に切り、Aに10分漬け、小麦粉をまぶす。漬け汁はとっておく。
2　フライパンにサラダ油を熱し、1のめかじきをこんがりするまで焼き、1の漬け汁を加えて煮つめる。
3　サニーレタスの上にのせる。

8 min. / 356 kcal

大根おろしでさっぱりジューシーに
めかじきのおろし煮

| 冷蔵2日／冷凍2週間 | フライパン | 酸っぱい |

[材 料]（1人分）
めかじき（切り身）
　… 1切れ
A 片栗粉 … 小さじ2
　塩、こしょう … 各少々
サラダ油 … 小さじ2
大根（葉つき）… ¼本
ポン酢しょうゆ
　… 大さじ2

[作り方]
1　めかじきはひと口大に切り、Aをまぶす。大根はすりおろし、葉はみじん切りにする。
2　フライパンにサラダ油を熱し、めかじきをこんがりと焼く。1の大根と葉、ポン酢しょうゆを加えてさっと煮込む。

▶ ARRANGE
七味唐辛子適量をプラスして、ピリ辛な味わいにしても。

10 min. / 291 kcal

MAIN OKAZU
その他魚介類

和洋中どのおかずにも重宝。
えびやいかは冷凍品を活用してもOK。

10 min. / 229 kcal

10 min. / 285 kcal

食欲そそるまろやかな酸味
えびとブロッコリーのオーロラ炒め

| 冷蔵3日／冷凍2週間 | フライパン | しょっぱい |

[材 料]（1人分）
むきえび…4尾
ブロッコリー…6房
サラダ油…小さじ1
A トマトケチャップ、
　マヨネーズ
　　…各大さじ1
　おろしにんにく（チューブ）
　　…少々

♥ **時短のコツ**
ブロッコリーはあらかじめレンジで加熱することで、炒め時間を短く。

[作り方]
1 むきえびは背側に切り込みを入れて背ワタを除く。
2 ブロッコリーは水にくぐらせる。耐熱容器に入れてラップをかけ、電子レンジで1〜2分加熱する。取り出して水にさらし、水けをきる。
3 フライパンにサラダ油を熱して、1、2を炒める。えびに火が通ったら混ぜ合わせたAを加えてからめる。

コーンフレークをたっぷりまぶして
カリカリえびフライ

| 冷蔵3日／冷凍3週間 | フライパン | しょっぱい |

[材 料]（1人分）
えび（殻付き）…3尾
塩、こしょう…各少々
小麦粉…大さじ2
水…大さじ1
コーンフレーク…20g
サラダ油…適量

♥ **愛情メモ**
コーンフレークを衣にすることでカリカリ食感になり、食べごたえがアップします。

[作り方]
1 えびは尾を残して殻をむき、背ワタを除いて腹を開き、塩、こしょうをふる。
2 ボウルに小麦粉、水を入れてよく混ぜ、1をくぐらせて、砕いたコーンフレークをまぶす。
3 多めのサラダ油を入れたフライパンを中火で熱し、2をこんがりと揚げ焼きにする。

しょうがじょうゆを焼きからめて
ロールいかのしょうが焼き

| 冷蔵3日／冷凍3週間 | フライパン | しょっぱい |

[材 料]（1人分）
ロールいか(冷凍)
　…1枚
サラダ油…小さじ1
A｜しょうがのすりおろし
　｜…1片分
　｜しょうゆ…大さじ1
　｜みりん…大さじ½
パセリ…適量

[作り方]
1 ロールいかは解凍して、格子状に切り込みを入れ、3cm角に切る。
2 フライパンにサラダ油を熱して、1を炒める。火が通ったら、混ぜ合わせたAを加えて煮からめ、パセリを添える。

10 min. / 164 kcal

粉チーズ多めでうまみたっぷり
ほたてのチーズソテー

| 冷蔵3日／冷凍3週間 | フライパン | しょっぱい |

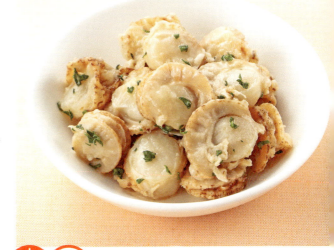

[材 料]（1人分）
ベビーほたて … 70g
バター … 10g
粉チーズ … 大さじ1
塩 … 少々
パセリのみじん切り
　… 小さじ¼

[作り方]
1 フライパンにバターを溶かして、ベビーほたてを入れ、中火でさっと炒める。
2 1に粉チーズ、塩を入れて混ぜ、火を止めてパセリを散らす。

5 min. / 173 kcal

粒マスタードが味のアクセント
たことじゃがいものマスタード炒め

| 冷蔵3日／冷凍2週間 | フライパン | しょっぱい |

[材 料]（1人分）
ゆでだこ(足)
　… 60g
じゃがいも … ½個
玉ねぎ … ⅙個
オリーブ油…小さじ2
A｜粒マスタード
　｜… 大さじ1
　｜塩 … 少々

[作り方]
1 たこはひと口大の乱切りに、じゃがいもは皮をむいて2cm角に、玉ねぎは薄切りにする。
2 じゃがいもはラップで包み、電子レンジで2〜3分加熱する。
3 フライパンにオリーブ油を熱して、玉ねぎ、2を炒める。玉ねぎがしんなりとしたら、たこ、Aを加えてさっと炒める。

15 min. / 237 kcal

PART_2　その他魚介類

MAIN OKAZU
魚介加工品

日持ちするツナや魚肉ソーセージは、常備しておくと1品プラスしたいときに便利です。

10 min. / 207 kcal

10 min. / 142 kcal

甘辛くこってり仕上げて
魚肉ソーセージの韓国風炒め

冷蔵3日／冷凍3週間 | フライパン | 辛い

[材 料]（1人分）
- 魚肉ソーセージ … 1本
- ピーマン … 1/2個
- A しょうゆ … 大さじ1/2
  - コチュジャン、砂糖 … 各小さじ1/2
  - おろしにんにく（チューブ） … 少々
- ごま油、白いりごま … 各小さじ1

[作り方]
1. 魚肉ソーセージは斜め薄切りにし、ピーマンはヘタと種を除いて縦半分に切り、横1cm幅に切る。
2. フライパンにごま油を熱して、中火で1を炒める。ソーセージに焼き色がついたら、混ぜ合わせたAを加えてさっと炒め、ごまをふる。

♥ 愛情メモ
魚肉ソーセージは味がしみ込みやすく、お肉がわりになるので、濃いめの味つけでごはんのすすむおかずに仕上げましょう。

ころんとした見た目がかわいい
しいたけのツナマヨ詰め

冷蔵3日／冷凍3週間 | トースター | しょっぱい

[材 料]（1人分）
- しいたけ … 2枚
- ツナ缶 … 小1/2缶（35g）
- A マヨネーズ … 大さじ1/2
  - しょうゆ … 小さじ1/2
- 粉チーズ … 少々
- パン粉 … 適量
- パセリのみじん切り … 少々

[作り方]
1. しいたけは石づきを落としてかさと軸に分け、軸はみじん切りにする。
2. ボウルに1の軸、缶汁をきったツナ、Aを混ぜ合わせ、しいたけのかさに詰める。
3. 2に粉チーズとパン粉を散らし、オーブントースターで5～6分焼いたら、パセリを散らす。

♥ 愛情メモ
ひと口サイズの食べやすいおかずは、お弁当箱のすきま埋めにも重宝します。

ほっくりおいもで食べごたえ満点!
ツナのスパイシーポテトおやき

| 冷蔵3日／冷凍3週間 | フライパン | 辛い |

[材 料]（1人分）
じゃがいも … ½個
ツナ缶 … 小1缶(70g)
A｜小麦粉 … 大さじ½
　｜マヨネーズ … 大さじ2
　｜カレー粉 … 小さじ½
　｜塩 … 少々
サラダ油 … 小さじ1

[作り方]
1 じゃがいもは皮をむいてラップで包み、電子レンジで2～3分加熱する。
2 1をボウルに入れてフォークでつぶし、缶汁をきったツナ、Aを加えて混ぜ合わせる。3等分にして小判形に整える。
3 フライパンにサラダ油を熱して、2を両面こんがりと焼く。

10 min. / 319 kcal

PART_2 魚介加工品

調味料いらずの簡単おかず
はんぺんベーコン巻き

| 冷蔵3日／冷凍3週間 | フライパン | しょっぱい |

[材 料]（1人分）
はんぺん … ¼枚
ベーコン … 2枚
サラダ油 … 小さじ½

▶ ARRANGE
スライスチーズ¼枚をのせ、オーブントースターで焼いても。

[作り方]
1 はんぺんは4等分に、ベーコンは半分に切る。はんぺんにベーコンを巻き、2つずつつま楊枝でとめる。
2 フライパンにサラダ油を熱して、1を両面こんがりと焼く。

5 min. / 204 kcal

お手軽な魚肉ソーセージで焼き鳥風に
魚肉ソーセージとうずらの串焼き

| 冷蔵3日／冷凍3週間 | フライパン | しょっぱい |

[材 料]（1人分）
魚肉ソーセージ … ½本
うずら卵(水煮) … 2個
サラダ油 … 小さじ1
A｜焼き肉のたれ(市販)
　｜　… 大さじ½
　｜はちみつ … 小さじ½

▶ ARRANGE
うずら卵を長ねぎ8cm（4等分にしたもの）にかえれば、ねぎま風になります。

[作り方]
1 魚肉ソーセージは2cm長さに切る。
2 1、うずら卵、1の順で、竹串に刺す。
3 フライパンにサラダ油を熱して、2を中火で焼く。こんがりと焼き色がついたら、混ぜ合わせたAを加えて煮からめる。

5 min. / 158 kcal

\ 特集 /
主食が主役のお弁当

中高生が大好きなごはん、
パン、めんがメインのお弁当をご紹介。
かんたん豪華な主食で印象チェンジ！

ONIGIRI
おにぎり

定番のおにぎりもいいけど、
たまには気分を変えて

濃厚なたれで満足度アップ！
肉巻きおにぎり弁当

 675 kcal (10 min.)
 135 kcal (10 min.)
 71 kcal (5 min.)

主食

1品で満足の大ボリューム
肉巻きおにぎり

[材料]（2個分）
- ごはん…160g
- 豚バラ薄切り肉…2枚
- 白いりごま…大さじ½
- 小麦粉…適量
- サラダ油…小さじ1
- A しょうゆ、みりん…各大さじ1
- 　酒…大さじ½

[作り方]
1. ボウルにごはん、ごまを入れて混ぜ合わせ、2等分にして俵形に整える。豚肉は半分の長さに切る。
2. 1のおにぎり1つにつき、2枚の豚肉を巻きつけ、小麦粉を薄くまぶす。
3. フライパンにサラダ油を熱して、2を転がしながら焼く。焼き色がついたら、Aを加えて煮からめ、ごま適量（分量外）をふる。

メイン

さっぱり箸休めに
ささみのナムル

[作り方]（1人分）
1. 鶏ささみ1本はすじを除いて耐熱容器に入れ、酒小さじ1をふり、ラップをして電子レンジで1〜2分加熱する。あら熱がとれたら、手で食べやすく裂く。
2. ほうれん草2株は塩少々を入れた熱湯でゆでて水にさらし、水けをきって4cm長さに切る。
3. ボウルにコチュジャン小さじ½、おろしにんにく（チューブ）、塩各少々、ごま油大さじ½を混ぜ合わせ、1、2、白いりごま小さじ1を加えてあえる。

サブ

さっと炒めて食感を残して
パプリカの塩きんぴら

[作り方]（1人分）
1. 赤・黄パプリカ各¼個は、ヘタと種を除いて、細切りにする。
2. フライパンにごま油小さじ1を熱して、中火で1をさっと炒め、みりん小さじ1、塩少々を加えて炒め合わせる。

バリエ 1

5 min. / 291 kcal

梅の酸味に昆布のうまみをプラス
カリカリ梅のとろろおにぎり

[材料](2個分)
カリカリ梅…4〜5個
ごはん…160g
のり(15×1cm)…4枚
A とろろ昆布、塩
　…各適量

[作り方]
1 カリカリ梅は種を除いて、適当な大きさに切る。
2 ごはんにA、1を加えて混ぜ合わせ、2等分にする。それぞれ丸形ににぎり、のりを交差させて巻く。

バリエ 2

5 min. / 309 kcal

食欲そそる香ばしさ
枝豆とさくらえびのおにぎり

[材料](2個分)
さくらえび…5g
ごはん…160g
ゆで枝豆(さやなし)
　…15g
酒、しょうゆ
　…各小さじ½
塩…少々

[作り方]
1 さくらえびをフライパンでから炒りし、酒、しょうゆで味を調える。
2 ごはんに塩、枝豆、1を加えて混ぜ、2等分にし、それぞれ丸形ににぎる。

バリエ 3

5 min. / 458 kcal

食べごたえばつぐん!
ランチョンポークおにぎり

[材料](2個分)
ランチョンポーク…40g
ごはん…160g
のり(15×1cm)…2枚
サラダ油、マヨネーズ
　…各適量

[作り方]
1 ランチョンポークは5mm厚さで2枚に切り、フライパンにサラダ油を熱し、両面をこんがりと焼く。
2 ごはんを2等分にし、それぞれ1の大きさに合わせて平たくにぎる。1の片面にマヨネーズをぬってごはんにのせ、のりを巻く。

バリエ 4

10 min. / 430 kcal

山椒がピリリと香る
牛肉の甘辛煮と山椒ごはんのおにぎり

[材料](2個分)
牛肩ロース薄切り肉
　…30g
ごはん…160g
のり…⅓枚
サラダ油…適量
A しょうゆ…大さじ1
　砂糖…小さじ1
B 粉山椒…小さじ½
　塩…適量

[作り方]
1 牛肉は1cm幅に切る。
2 フライパンにサラダ油を熱して1を炒め、肉の色が変わったらAを加えてからめる。
3 ごはんにBを加えて混ぜ合わせ、2等分にする。それぞれ2を中に入れて三角形ににぎり、のりを着物を着せるように巻く。最後に残った2をのせる。

RICE

変わりごはん

お手軽な混ぜごはんはもちろん、
余裕のある日はちょっと凝ったものも。

ちょっと豪華にごほうび弁当

カリフォルニアロール弁当

主食　12 min.　480 kcal

サラダ感覚の洋風巻き寿司

カリフォルニアロール

［ 材 料 ］（1人分）

えび … 2尾
アボカド … ⅛個
貝割れ大根 … ⅛パック
ごはん … 160g
のり … ¼枚
マヨネーズ、白いりごま … 各大さじ1
A 酢 … 大さじ½
　砂糖 … 大さじ¼
　塩 … 少々

［ 作り方 ］

1 えびは殻をむいて背ワタを取り、腹側に包丁を入れて曲がらないようにしておく。塩、酒各少々（分量外）を加えた湯でゆでる。アボカドは7～8mm角の棒状に切り、貝割れ大根は根を切り落とす。

2 温かいごはんに混ぜ合わせたAを加え、すし飯を作る。

3 のりを縦長におき、2のすし飯を全体にのせる。すし飯を下にして、ラップの上におく。

4 3に1をのせてマヨネーズをしぼり、手前からのり巻きの要領で巻く。

5 まわりにごまをつけ、食べやすく切る。

メイン1　10 min.　211 kcal

ひき肉がなくても作れる

豆腐ツナハンバーグ

［ 作り方 ］（1人分）

1 もめん豆腐⅛丁、ツナ缶小½缶は水けをきる。

2 ボウルにみじん切りにした玉ねぎ大さじ½、溶き卵⅛個分、パン粉大さじ½、塩、こしょう各少々を合わせる。1を加えてよく混ぜ、2等分に成形する。

3 フライパンにサラダ油小さじ1を熱して2を両面焼き、酒、しょうゆ各小さじ1、砂糖、みりん各小さじ½を加えて煮からめる。水溶き片栗粉少々を加えてとろみをつける。

メイン2　8 min.　159 kcal

バターのコクがしっかり！

カラフルオムレツ

［ 作り方 ］（1人分）

1 赤ピーマン¼個はヘタと種を除いて1cm角に切る。

2 フライパンにバター小さじ2を溶かし、水けをきったミックスビーンズ（水煮）小さじ2、1を加えて軽く炒める。

3 ボウルに卵1個、牛乳大さじ1、塩、こしょう各少々を合わせて2に加えて混ぜる。半熟になったら端に寄せ、形を整えながら焼く。

サブ　5 min.　22 kcal

すきま埋めにパパッと1品

アスパラのソテー

［ 作り方 ］（1人分）

1 グリーンアスパラガス1本はかたい部分を除いて2cm幅の斜め切りにする。

2 フライパンにサラダ油小さじ½を熱し、1を炒めて塩、こしょう各少々をふって味を調える。

バリエ 1

電子レンジで本格いなり
いなり寿司

10 min. / 490 kcal

[材 料]（1人分）

油揚げ … 1½枚
ごはん … 160g
A 水 … 大さじ2
　砂糖、しょうゆ
　　… 各大さじ1
B すし酢 … 小さじ2
　白いりごま
　　… 大さじ½

[作り方]

1 油抜きをした油揚げは、半分に切って袋状に開く。耐熱容器に入れ、混ぜ合わせたAを加えてラップをし、電子レンジで1分加熱する。1枚は裏返して、そのまま冷ます。
2 ごはんにBを混ぜ合わせる。
3 1の汁を軽くきり、2を3等分にして詰める。

ザーサイの塩味がアクセント
ザーサイとチャーシューの混ぜごはん

7 min. / 392 kcal

バリエ 2

[材 料]（1人分）

ザーサイ … 20g
チャーシュー（市販）
　… 3枚
ごはん … 160g
チャーシューのたれ
　（市販）… 大さじ1
紅しょうが … 10g
青のり … 適量

[作り方]

1 ザーサイは粗く刻み、チャーシューは1cm幅の細切りにする。
2 ごはんに、1、たれ、汁けをきった紅しょうがを加えて混ぜ、青のりをふる。

バリエ 3

鶏ひき肉でヘルシーそぼろ
鶏そぼろとねぎのしょうがごはん

10 min. / 446 kcal

[材 料]（1人分）

鶏ひき肉 … 60g
しょうが … 10g
小ねぎ … 1本
ごはん … 160g
サラダ油 … 小さじ2
A 酒、しょうゆ
　　… 各大さじ½
　砂糖 … 小さじ1

[作り方]

1 小鍋にサラダ油を熱し、ひき肉、せん切りにしたしょうがを炒める。肉の色が変わったらAを加えて軽く煮て、小口切りにした小ねぎを加えて混ぜる。
2 ごはんに1を混ぜ合わせる。

SANDWICH
サンドイッチ

好きな具材を彩りよくはさんで、華やかさアップ！

お手軽ボリュームランチ
ハンバーガー弁当

主食 5 min. / 281 kcal

市販品を上手に使ってラクラク
ハンバーガー

[材料]（1人分）
- ハンバーグ（冷凍・ミニサイズ）… 2個
- イングリッシュマフィン … 1個
- マスタード … 適量
- グリーンカール … 1枚
- トマトケチャップ … 大さじ1

[作り方]
1. ハンバーグは耐熱容器に入れてラップをせずに、電子レンジで1分20秒加熱する。
2. イングリッシュマフィンは横半分に切り、下半分の切り口に、マスタードをぬる。適当な大きさにちぎったグリーンカール、1、トマトケチャップの順にのせる。
3. 2に上半分のマフィンをのせる。

サブ1 10 min. / 43 kcal

和洋折衷の新しい味わい
ミニトマトとブロッコリーの白みそ焼き

[作り方]（1人分）
1. ミニトマト2個はヘタを除いて半分に切る。
2. ブロッコリー3房はラップで包んで、電子レンジで30秒加熱する。
3. アルミカップに1、2を入れて、合わせた白みそ大さじ½、粉チーズ小さじ½をかけてオーブントースターで3分焼く。

サブ2 10 min. / 188 kcal

甘さと酸味のバランスが◎
かぼちゃとベーコンのイタリアンサラダ

[作り方]（1人分）
1. ピーマン¼個は1cm角に、ベーコン½枚は細切りにする。
2. かぼちゃ（冷凍）2個、1のベーコンは耐熱容器に並べてラップをし、電子レンジで1分加熱する。
3. 2をスプーンでくずし、1のピーマン、オリーブ油大さじ1、レモン汁小さじ1、塩、こしょう各少々を加えてあえる。

バランスも彩りもオッケー！
サーモンのタルタルサンド弁当

主食 10 min. / 424 kcal

変わり具材が新鮮
サーモンのタルタルサンド

[材料]（1人分）

- 生さけ（切り身）… 1切れ
- タルタルソース（市販）… 大さじ1
- きゅうり … ⅓本
- サラダ菜 … 2枚
- 食パン（サンドイッチ用）… 4枚
- バター … 少々

[作り方]

1. さけは耐熱容器に入れてラップをし、電子レンジで2分加熱する。あら熱がとれたらほぐして、タルタルソースとあえる。
2. きゅうりは斜めに薄切りにし、サラダ菜は洗ってしっかりと水けをふく。
3. 食パンに薄くバターをぬり、1枚に1、2を半量ずつのせ、食パン1枚ではさみ、4等分に切る。同様にもう1つ作る。

サブ1 5 min. / 52 kcal

酸味がさわやかな一品
ズッキーニとトマトのヨーグルトあえ

[作り方]（1人分）

1. ズッキーニ⅛本、トマト¼個は1cm角に切り、塩、こしょう各少々をふる。
2. プレーンヨーグルト大さじ1、マヨネーズ小さじ1、塩少々を混ぜ合わせ、1とあえる。

サブ2 5 min. / 41 kcal

ささっと電子レンジで
蒸しキャベツのサラダ

[作り方]（1人分）

1. キャベツ½枚はざく切りにし、しめじ20gはほぐす。
2. 耐熱容器に1を入れて塩少々をふり、ラップをして電子レンジで1分30秒加熱する。
3. 水けをしっかりときり、フレンチドレッシング（市販）小さじ2であえる。

SOUP JAR
スープジャー

温かいお弁当はうれしいもの。スープジャーひとつで具だくさん主食に。

[材料]（スープジャー400ml1回分）
白菜 … 2枚（200g）
にんじん … 20g
豚薄切り肉 … 80g
ピーマン … 1個
ヤングコーン … 2本
A 顆粒鶏ガラスープの素、砂糖、
　しょうゆ … 各小さじ1
　オイスターソース … 小さじ2
　水 … 100ml
ごま油 … 大さじ1
水溶き片栗粉 … 大さじ2
［焼きおにぎり］
ごはん … 160g
しょうゆ … 大さじ1/2
B しょうゆ、みりん…各大さじ1

15 min. / 769 kcal

[作り方]
1 スープジャーに熱湯（分量外）を入れて温める。白菜はざく切り、にんじんは皮をむいて短冊切り、豚肉は4cm幅に切る。ピーマンはヘタと種を除いて乱切り、ヤングコーンは斜め半分に切る。
2 焼きおにぎりを作る。ボウルにごはん、しょうゆを入れて混ぜ合わせ、4等分にし三角形ににぎる。
3 フライパンに半量のごま油を熱して、弱中火で2をこんがりと焼く。裏返す前に、混ぜ合わせたBをぬり、両面をこんがりと焼く。
4 3のフライパンに残りのごま油を熱して、豚肉とにんじんを炒め、豚肉の色が変わったら残りの野菜を加えてさっと炒める。混ぜ合わせたAを加えてふたをして2〜3分煮て、水溶き片栗粉でとろみをつける。
5 スープジャーの湯を捨てて、4を入れ、食べるときに3を加える。

とろ〜りあったかあんに
おこげごはんを添えて
中華おこげ風弁当

▶ 食べるときは

焼きおにぎりは小さめに にぎるのがポイント。別容器で持っていき、スープジャーに入れてくずしながら食べれば、あんかけおこげ風に。

トマトスープでいただく満腹ペンネ
ウインナーとアスパラのスープパスタ弁当

[材料]（スープジャー400ml1回分）

- ペンネ … 100g
- ウインナー … 3本
- マッシュルーム … 2個
- グリーンアスパラガス … 1本
- 玉ねぎ … ¼個
- 塩 … 少々
- オリーブ油 … 小さじ1
- A トマトジュース…100ml
  - 水 … 50ml
  - 顆粒コンソメスープの素 … 小さじ1
  - 塩 … 少々

[作り方]

1. スープジャーに熱湯（分量外）を入れて温める。ウインナーは斜め薄切り、マッシュルームは薄切りにし、玉ねぎは1cm角に切る。アスパラは根元のかたい部分を除いて斜め薄切りにする。
2. 塩を入れた熱湯でペンネをゆで、同じ湯でアスパラをさっとゆでる。
3. 小鍋にオリーブ油を熱して、中火で1のアスパラ以外を炒める。玉ねぎがしんなりとしたらAを加えて煮立て、沸騰後2〜3分煮る。
4. スープジャーの湯を捨てて3を入れ、食べるときにアスパラとペンネを加える。

▶ 食べるときは

スープパスタの場合は別容器にパスタを入れておくとのびる心配がなくオススメです。オリーブ油と合わせておくとくっつかず食べやすい。

15 min. / 607 kcal

NOODLES
めん

汁けをよくきって、めんがのびないように工夫を。

サラダ風でさっぱり食べられる
明太ごまのサラダパスタ

[材料]（1人分）
鶏ささみ肉 … 1本
さやいんげん … 3本
しいたけ … 2枚
スパゲッティ … 70g
辛子明太子 … 1本
ごまドレッシング（市販）
　… 大さじ2

[作り方]
1 鶏肉はすじを取る。いんげんはヘタを除いて5等分に、しいたけは軸を除いて薄切りにする。
2 スパゲッティは塩適量（分量外）を加えたたっぷりの熱湯でゆでる。
3 ゆで上がり3分前に1を入れていっしょにゆで、鶏肉は食べやすくほぐす。ほぐした明太子、ごまドレッシングを加えて混ぜ合わせる。

12 min. / 445 kcal

具だくさんでうまみをプラス
五目塩焼きそば

[材料]（1人分）
むきえび … 5尾
たけのこ（水煮）… 30g
赤ピーマン … ½個
小松菜 … 1株
中華蒸しめん … 1玉
ツナ缶 … 小½缶（35g）
サラダ油 … 小さじ2
酒 … 大さじ1
塩 … 小さじ½
しょうゆ … 少々

[作り方]
1 たけのこ、赤ピーマンは細切り、小松菜は3cm長さに切る。むきえびは背ワタを除く。
2 フライパンにサラダ油を熱し、1を炒め合わせる。えびに火が通ったら、中華蒸しめん、酒を加えてほぐしながら炒め、ツナ、塩、しょうゆを加えて強火でさっと炒める。

10 min. / 546 kcal

牛肉とうどんでしっかり満足
あっさりしょうゆの焼きうどん

[材料]（1人分）
ピーマン … 1½個
にんじん … 15g
しめじ … ¼パック
牛こま切れ肉 … 90g
ゆでうどん … 1½玉
サラダ油 … 適量
A しょうゆ … 大さじ1
　塩、こしょう … 各少々

[作り方]
1 ピーマンはヘタと種を除いて細切り、にんじんは短冊切りにし、しめじはほぐす。
2 フライパンにサラダ油を熱して、牛肉を炒める。火が通ったら1を加えて炒め合わせる。
3 全体がしんなりしたらうどんを加えて炒め、Aで味を調える。

15 min. / 653 kcal

RAKUCHIN BENTO FOR BOYS & GIRLS

PART 3

\ 組み合わせ自由自在！ /

色別

サブおかず

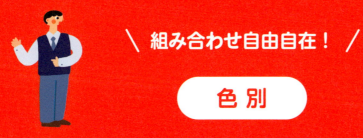

お弁当を明るく彩る野菜たっぷりのサブおかず。
どれも短時間で作れて、栄養も補える優秀レシピばかり。
「茶色いお弁当！」なんてもう言わせません。

SUB OKAZU 赤のおかず

お弁当をぱっと明るくしてくれる名脇役。
トマト、にんじんといった定番食材の他に
梅やトマトケチャップなどの味つけでも
赤い彩りを添えられます。

ほんのり甘いこっくりおかず
にんじんとコーンのグラッセ

4 min. / 79 kcal

| 冷蔵3日／冷凍3週間 | 電子レンジ | 甘い |

[材 料]（1人分）
にんじん … 3cm
バター … 5g
A ホールコーン缶
　… 大さじ1
　はちみつ … 小さじ1
　塩、こしょう
　… 各少々

[作り方]
1 にんじんは皮をむいて1cm厚さの半月切りにする。
2 1、バターを耐熱容器に入れ、ラップをして電子レンジで1分加熱する。
3 2にAを混ぜ合わせる。

▶ ARRANGE
にんじんをさつまいも3cmにかえると、より甘みのあるおやつおかずになります。

3 min. / 78 kcal

せん切りにんじんの食感が繊細
にんじんとハムのサラダ

| 冷蔵3日／冷凍× | あえるだけ | 酸っぱい |

[材 料]（1人分）
にんじん … 1/6本
ロースハム … 1/2枚
塩、こしょう … 各少々
フレンチドレッシング
（市販）… 大さじ1

[作り方]
1 にんじんは皮をむいてせん切りにし、塩、こしょうをふる。
2 ロースハムは細切りにし、ボウルに1、フレンチドレッシングとともに入れてあえる。

● 時短のコツ
市販のドレッシングを使えば、味がかんたんにきまります。

ごまをたっぷりとからめて
にんじんのごまあえ

5 min. / 89 kcal

| 冷蔵3日／冷凍2週間 | あえるだけ | しょっぱい |

[材 料]（1人分）

にんじん … ¼本
A 白すりごま
　… 大さじ1
　しょうゆ
　… 大さじ½
　みりん … 小さじ1

[作り方]

1 にんじんは皮をむいて細切りにし、熱湯でさっとゆでる。
2 ボウルに1、Aを入れてあえる。

♥ 愛情メモ

彩りおかずのにんじんは、濃いめの味つけにすると甘さがより引き立ちます。

ツナといっしょに漬けてコクをプラス
赤ピーマンとツナのマリネ

7 min. / 170 kcal

| 冷蔵3日／冷凍× | 漬けるだけ | 酸っぱい |

[材 料]（1人分）

赤ピーマン … 1個
ツナ缶 … 大さじ1
A 白ワインビネガー
　… 大さじ2
　サラダ油 … 大さじ1
　レモン汁 … 小さじ1
　塩、こしょう
　… 各少々

[作り方]

1 赤ピーマンは1cm角に切る。ツナは缶汁をきる。
2 ボウルにAを合わせて1を5分ほど漬け込む。

▶ ARRANGE

赤ピーマンをズッキーニ¼個にかえれば、緑のおかずに変身します。

梅肉の酸味でさっぱりといただく
ささみの梅あえ

7 min. / 63 kcal

| 冷蔵3日／冷凍3週間 | あえるだけ | 酸っぱい |

[材 料]（1人分）

鶏ささみ肉 … 1本
梅干し … 1個
かつお節 … ひとつまみ
塩 … 少々
酒 … 小さじ1
A しょうゆ、みりん
　… 各小さじ½

[作り方]

1 鶏肉に塩、酒をふり、耐熱容器に入れて電子レンジで1分30秒加熱し、あら熱をとる。
2 梅干しは種を除いて包丁でたたき、ペースト状にする。ボウルにかつお節、Aとともに入れ、混ぜ合わせる。
3 1を裂き、2に加えてあえる。

ミニトマトの中華あえ
切ってあえるだけのかんたんおかず

| 冷蔵3日／冷凍× | あえるだけ | 辛い |

[材 料]（1人分）
ミニトマト…3個
長ねぎ…3cm分
A しょうゆ、ごま油
　　…各小さじ1
　酢…小さじ½
　コチュジャン
　　…小さじ¼

[作り方]
1 ミニトマトはヘタを除いて半分に切り、長ねぎはみじん切りにする。
2 ボウルにAを混ぜ合わせ、1を加えてあえる。

♥ 愛情メモ
コチュジャンとごま油で、食欲がそそるピリ辛な味つけに。

ミニトマトのベーコン巻き
くるっと巻いてキュートに

| 冷蔵3日／冷凍× | トースター | しょっぱい |

[材 料]（1人分）
ミニトマト…2個
ベーコン…1枚

♥ 愛情メモ
つま楊枝で手軽に食べられ、ベーコンを巻くことでボリュームアップになります。

[作り方]
1 ミニトマトはヘタを除き、ベーコンは半分に切る。
2 ミニトマトにベーコンを巻いてつま楊枝でとめる。
3 2をオーブントースターで3分焼く。

ミニトマトのこんがりチーズ
トマトにチーズの香ばしさがマッチ

| 冷蔵3日／冷凍× | トースター | しょっぱい |

[材 料]（1人分）
ミニトマト…3個
パン粉、粉チーズ
　…各小さじ1
塩、こしょう…各少々

♥ 時短のコツ
オーブントースターを使うことで、手早く香ばしい味わいに焼き上げます。

[作り方]
1 ミニトマトはヘタを除いて半分に切る。
2 耐熱容器にパン粉、1の順にのせ、上から粉チーズ、塩、こしょうをふってオーブントースターで3分焼く。

歯ごたえのある組み合わせ
にんじんとれんこんのきんぴら

⏱10 min. / 🔥110 kcal

| 冷蔵4日／冷凍3週間 | フライパン | しょっぱい |

[材料]（1人分）
にんじん … ¼本
れんこん … 2cm
サラダ油…小さじ1
A しょうゆ … 小さじ1
　砂糖 … 小さじ½
　白いりごま … 小さじ2

[作り方]
1 にんじんは皮をむいて細切りに、れんこんは皮をむいて薄いいちょう切りにする。
2 フライパンにサラダ油を熱し、1を炒め、ボウルに取り出す。熱いうちにAを加えてあえる。

PART_3　赤のおかず

セロリの香りと食感が楽しめる
セロリのベーコン巻き

⏱5 min. / 🔥109 kcal

| 冷蔵3日／冷凍3週間 | フライパン | しょっぱい |

[材料]（1人分）
ベーコン … 1枚
セロリ … ¼本
粒マスタード、サラダ油、
　塩、こしょう … 各適量

[作り方]
1 ベーコンは半分に切り、セロリはすじを除いて3cmの棒状に切る。
2 ベーコンの片面に粒マスタードをぬり、セロリを巻く。
3 フライパンにサラダ油を熱して2を焼き、こんがりと焼き色がついたら塩、こしょうで味を調える。

⏱5 min. / 🔥71 kcal

ごはんにのせたり、おにぎりの具にしたりしても
カリカリしらすの梅肉あえ

| 冷蔵3日／冷凍3週間 | フライパン | 酸っぱい |

[材料]（1人分）
しらす干し … 大さじ3
梅肉 … 大さじ1
ごま油 … 適量

♥ 愛情メモ
カリカリ食感でふりかけにもなる、ごはんのおともにうれしい一品。カルシウムを手軽に摂れます。

[作り方]
1 フライパンにごま油を熱し、しらす干しをカリカリになるまで炒める。
2 1のあら熱がとれたら梅肉を加えてあえる。

SUB OKAZU
赤のおかず

バジルをきかせてさわやかに
ラディッシュと玉ねぎのサラダ

| 冷蔵3日／冷凍× | あえるだけ | 酸っぱい |

3 min. / 81 kcal

[材 料]（1人分）
ラディッシュ … 2個
玉ねぎ … 1/8個
A しょうゆ … 大さじ1
　酢、サラダ油
　　… 各大さじ1/2
　バジルのみじん切り
　　… 小さじ1

[作り方]
1 ラディッシュは4等分のくし形に切り、玉ねぎは薄切りにする。
2 ボウルにAを合わせ、1を加えてさっと混ぜ合わせる。

▶ ARRANGE
バジルのかわりにパセリ小さじ1で、よりさっぱりと仕上げても。

淡いピンクの漬けものでみょうがをあえて
みょうがと赤かぶの甘酢あえ

| 冷蔵4日／冷凍× | あえるだけ | 酸っぱい |

[材 料]（1人分）
みょうが … 1個
赤かぶの漬けもの
　（市販）… 10g
塩 … 少々

[作り方]
1 みょうがは薄切りにし、塩で軽くもんで、水けをしぼる。
2 赤かぶの漬けものは薄切りにし、1とあえる。

● 時短のコツ
漬けものは食材としても、調味料としても使えるので、時間をかけずに調理ができます。

5 min. / 4 kcal

電子レンジでパパッと
かんたんケチャップえびチリ

| 冷蔵3日／冷凍2週間 | 電子レンジ | 辛い |

5 min. / 107 kcal

[材 料]（1人分）
むきえび … 4尾
A トマトケチャップ
　　… 大さじ1 1/2
　水 … 大さじ1
　酒 … 小さじ1
　顆粒鶏ガラスープの素
　　… 小さじ1/4
　豆板醤 … 少々

[作り方]
1 耐熱容器にAを混ぜ合わせ、背ワタを除いたえびを入れてラップをする。
2 1を電子レンジで1分10～30秒加熱する。

● 時短のコツ
作るのが面倒なえびチリは、電子レンジでさくっと作ってボリュームの足しにしましょう。

甘めのケチャップ味で食べやすく
厚揚げの**ケチャップ**炒め

| 冷蔵3日／冷凍× | フライパン | 甘い |

⏱ 7 min. / 165 kcal

[材料]（1人分）
- 厚揚げ … 1/4枚
- にんにく … 1/2片
- 長ねぎ … 1/6本
- サラダ油 … 適量
- A｜トマトケチャップ … 大さじ1
  ｜とんかつソース … 大さじ1/2
  ｜砂糖 … 小さじ1

[作り方]
1. 厚揚げは油抜きをし、8等分に切る。にんにく、長ねぎはみじん切りにする。
2. フライパンにサラダ油を熱し、にんにくを入れて香りが立ったら、厚揚げ、長ねぎを加えて炒める。
3. 焼き色がついたら、合わせたAを加えてさっと炒める。

香ばしいナッツの食感が魅力
かにかまとカシューナッツのペッパー炒め

| 冷蔵4日／冷凍3週間 | フライパン | しょっぱい |

⏱ 5 min. / 63 kcal

[材料]（1人分）
- かに風味かまぼこ … 2本
- カシューナッツ … 5g
- サラダ油 … 適量
- A｜ナンプラー、粗びき黒こしょう … 各適量

[作り方]
1. かに風味かまぼこは食べやすく裂き、カシューナッツは粗く砕く。
2. フライパンにサラダ油を熱して1を炒め、Aを加えて炒め合わせる。

ほっくり豆をトマトで煮込んで
キドニー豆の**トマト**煮

| 冷蔵3日／冷凍3週間 | 鍋 | 酸っぱい |

[材料]（1人分）
- キドニー豆（水煮）… 1/2カップ
- ホールトマト缶 … 1/4カップ
- ウスターソース … 大さじ1
- 塩、こしょう … 各適量

[作り方]
1. 鍋にすべての材料を入れて火にかける。
2. ひと煮立ちしたら弱火にし、ふたをして2～3分煮込む。

▶ **時短のコツ**
水煮を使って、煮込み時間を短縮。ウスターソースは意外とオリエンタルな風味を出してくれるお役立ち調味料です。

PART_3 赤のおかず

BUB OKAZU 紫のおかず

お弁当全体をぐっと引き締めてくれる
紫のおかずは、プラス1品として大活躍。
食材を生のまま使ったり、炒め時間を
短くすることで、色がより鮮やかに残ります。

鮮やかな赤紫色に染めて
セロリの赤じそあえ

| 冷蔵3日／冷凍2週間 | あえるだけ | しょっぱい |

[材 料]（1人分）
セロリ … 1/3本
赤じそ風味ふりかけ
　… 小さじ1/2

[作り方]
1 セロリはすじを除いて細切りにする。
2 1をふりかけであえる。

● 時短のコツ
赤じそ風味ふりかけはこれ1つで味つけがきまり彩りもよくなるので、時短調味料として活躍します。

3 min. / 6 kcal

甘辛のみそ味でごはんがすすむ
みそなす

7 min. / 167 kcal

| 冷蔵3日／冷凍3週間 | フライパン | 辛い |

[材 料]（1人分）
なす … 1本
サラダ油 … 大さじ1
A　みそ … 大さじ1/2
　　しょうゆ、みりん
　　　… 各小さじ1
　　砂糖 … 小さじ1/2
七味唐辛子 … 少々

[作り方]
1 なすは、ひと口大の乱切りにする。
2 フライパンにサラダ油を熱して、1を炒める。焼き色がついたら、合わせたAを加えて炒め合わせ、七味唐辛子をふる。

● 時短のコツ
乱切りにすることで熱の入りがよくなり、味がしみ込みやすくなります。

きれいな色で彩りを添える
紫キャベツとツナのサラダ

5 min. / 222 kcal

| 冷蔵3日／冷凍3週間 | あえるだけ | 酸っぱい |

[材料]（1人分）
- 紫キャベツ … 1枚
- ツナ缶 … 小½缶（35g）
- A オリーブ油 … 大さじ1
- 　白ワインビネガー … 小さじ2
- 　砂糖、塩 … 各少々

[作り方]
1. 紫キャベツは2cm角に切り、熱湯でさっとゆでて水にさらし、水けをきる。
2. ボウルにAを混ぜ合わせ、1、缶汁をきったツナを加えてあえる。

♥ 愛情メモ
彩りがきれいな食材にツナを組み合わせれば、見栄えもボリュームもアップします。

PART_3　紫のおかず

粒マスタードの酸味がアクセント
紫玉ねぎのマスタードマリネ

| 冷蔵3日／冷凍× | あえるだけ | 酸っぱい |

[材料]（1人分）
- 紫玉ねぎ … ¼個
- ロースハム … 1枚
- 塩 … 少々
- A オリーブ油 … 大さじ½
- 　粒マスタード、酢 … 各小さじ1
- 　砂糖 … 小さじ½

[作り方]
1. 紫玉ねぎは薄切りにし、塩もみをして水けをしぼる。ロースハムは短冊切りにする。
2. ボウルにAを混ぜ合わせ、1を加えてあえる。

▶ ARRANGE
砂糖をはちみつ少々にかえると、こっくりとした甘酸っぱさになります。

5 min. / 135 kcal

7 min. / 50 kcal

夏に食べたいエスニック風味
紫玉ねぎのエスニックあえ

| 冷蔵3日／冷凍× | あえるだけ | 酸っぱい |

[材料]（1人分）
- 紫玉ねぎ … ⅓個
- パクチー … 1株
- さくらえび … 大さじ1
- 塩 … 少々
- A ナンプラー … 大さじ½
- 　レモン汁 … 小さじ½
- 　砂糖 … 少々

[作り方]
1. 紫玉ねぎは繊維を断つように薄切りにして塩をふり、しばらくおいてから水けをしぼる。パクチーは2cm長さに切る。
2. ボウルにAを混ぜ合わせ、1、さくらえびを加えてあえる。

♥ 愛情メモ
紫玉ねぎは、繊維を断つように切ることで辛みが抑えられ、生でも食べやすくなります。

SUB OKAZU
緑のおかず

栄養豊富で、和洋中どんな料理とも相性のいい緑色の野菜。旬に合わせた食材を使えばお弁当に彩りと季節感を添えられます。

レモンでさわやかに
コンビーフのキャベツあえ

| 冷蔵3日／冷凍2週間 | あえるだけ | 酸っぱい |

3 min. / 48 kcal

[材 料]（1人分）
コンビーフ缶 … 20g
キャベツ … ½枚
A レモン汁 … 小さじ2
　 塩、こしょう … 各少々

[作り方]
1 コンビーフはほぐし、キャベツは細切りにする。
2 ボウルに1とAを入れてあえる。

▶ ARRANGE
コンビーフ缶をさけフレーク20gにかえて、さっぱりとした一品に。

オリーブ油で香りよく
キャベツのペペロンチーニ風

| 冷蔵3日／冷凍3週間 | フライパン | 辛い |

3 min. / 59 kcal

[材 料]（1人分）
キャベツ … ½枚
A にんにくのみじん切り
　　… 小さじ¼
　 赤唐辛子の輪切り
　　… 少々
　 オリーブ油 … 小さじ1
塩 … 少々

[作り方]
1 キャベツはざく切りにする。
2 フライパンにAを熱して、香りが立ったら1を加えてさっと炒め、塩で味を調える。

♥ 愛情メモ
洋風弁当に合うかんたんソテー。にんにくの風味が気になる場合は、入れずに作っても。

緑の野菜を食感よく炒め合わせて
緑野菜のささっと炒め

| 冷蔵3日／冷凍3週間 | フライパン | 酸っぱい |

[材 料]（1人分）
キャベツ … ½枚
グリーンアスパラガス … 1本
塩、こしょう … 各少々
オリーブ油 … 小さじ1
A｜酢 … 大さじ½
　｜しょうゆ … 小さじ⅓

[作り方]
1 キャベツは2cm角に切り、アスパラはかたい部分を除いて1cm幅の斜め切りにする。
2 フライパンにオリーブ油を熱し、1を炒めて塩、こしょうをふる。
3 合わせたAを回し入れ、しんなりするまで炒める。

PART_3　緑のおかず

カリカリに炒めたじゃこがアクセント
キャベツとじゃこのサラダ

| 冷蔵3日／冷凍3週間 | フライパン | しょっぱい |

[材 料]（1人分）
キャベツ … 1枚
じゃこ … 大さじ1
ごま油 … 小さじ1
A｜酢 … 大さじ½
　｜しょうゆ、白いりごま … 各小さじ1
　｜塩 … 少々

[作り方]
1 キャベツはざく切りにする。
2 フライパンにごま油を熱して1、じゃこを炒め、こんがりしてきたらボウルに取り出す。
3 2にAを加えて炒め合わせる。

さっとゆでてシャキシャキ感を残して
小松菜と豆もやしの中華あえ

| 冷蔵3日／冷凍× | あえるだけ | しょっぱい |

[材 料]（1人分）
小松菜 … 1株
豆もやし … 20g
A｜しょうゆ … 小さじ2
　｜酢、ごま油 … 各小さじ1

[作り方]
1 小松菜は根元を除いてざく切りにし、豆もやしといっしょに熱湯でさっとゆで、ざるにあげて水けをきる。
2 1を、合わせたAであえる。

▶ ARRANGE
一味唐辛子適量をプラスして、辛みをきかせても。

SUB OKAZU
緑のおかず

スナップえんどうの辛みそだれ

豆板醤をきかせたみそだれをからめて

6 min. / 109 kcal

| 冷蔵3日／冷凍3週間 | フライパン | 辛い |

[材 料]（1人分）
スナップえんどう … 6本
サラダ油 … 適量
A｜だし … 大さじ1
 ｜赤みそ … 大さじ1/2
 ｜豆板醤、しょうゆ
 ｜ … 各小さじ1/2

[作り方]
1 スナップえんどうはすじを取り除く。
2 フライパンにサラダ油を熱し、1を炒める。
3 合わせたAを加えて炒め合わせる。

▶ ARRANGE
スナップえんどうを冷凍枝豆（さやつき）6本にかえると、季節を問わず作りやすくなります。

さやえんどうとわかめのさっと煮

電子レンジでかんたん煮もの

| 冷蔵3日／冷凍3週間 | 電子レンジ | しょっぱい |

[材 料]（1人分）
さやえんどう … 10枚
わかめ（乾燥）… 2g
A｜だし … 大さじ1
 ｜塩、薄口しょうゆ
 ｜ … 各小さじ1/2

[作り方]
1 わかめは水でもどし、さやえんどうはすじを除いて4等分の斜め切りにする。
2 耐熱容器に水けをきったわかめ、さやえんどう、Aを入れ、ラップをして電子レンジで1分ほど加熱する。

♥ 愛情メモ
さやえんどうはだしを含ませることで、独特の味わいが抑えられ、苦手な人でも食べやすくなります。

4 min. / 12 kcal

さやいんげんのマヨネーズ焼き

マヨネーズで炒めてコクまろに

5 min. / 92 kcal

| 冷蔵3日／冷凍3週間 | フライパン | しょっぱい |

[材 料]（1人分）
さやいんげん…5本
マヨネーズ…大さじ1
塩…少々

[作り方]
1 さやいんげんはヘタとすじを除いて2cm長さに切り、塩を入れた熱湯でさっとゆでる。
2 フライパンにマヨネーズと1を入れて炒める。

♥ 時短のコツ
マヨネーズで炒めることで、油いらずでコクのある味わいに。

昆布のうまみがきいている
さやえんどうの切り昆布あえ

| 冷蔵3日／冷凍3週間 | あえるだけ | しょっぱい |

[材 料]（1人分）
さやえんどう … 5枚
切り昆布（乾燥）… 5g
めんつゆ（3倍濃縮）
　… 大さじ1

[作り方]
1 切り昆布は水でもどす。
2 さやえんどうは熱湯でさっとゆでて斜め半分に切る。
3 ボウルに1、2、めんつゆを加えてあえる。

PART_3　緑のおかず

かつお節がゴーヤーの苦みを和らげる
ゴーヤーのおかかあえ

| 冷蔵3日／冷凍3週間 | あえるだけ | しょっぱい |

[材 料]（1人分）
ゴーヤー … ⅙本
塩 … 適量
A｜かつお節 … 大さじ1
　｜しょうゆ … 小さじ2

[作り方]
1 ゴーヤーは種とワタを除いて、薄切りにして塩もみをし、水けをしぼる。
2 1をAであえる。

♥ 愛情メモ
暑い季節にぴったりの、滋養おかず。よく塩もみして苦みを抜くとちょうどいい箸休めに。

お弁当にかわいいミニ串焼き
アスパラのバター炒め串

| 冷蔵3日／冷凍3週間 | フライパン | しょっぱい |

[材 料]（1人分）
グリーンアスパラガス
　… 2本
バター … 小さじ2
塩 … 適量

[作り方]
1 アスパラはかたい部分を除いて3等分に切る。
2 フライパンにバターを溶かし、1を入れてこんがりと焼き、塩で味を調えたら、3つずつピックでとめる。

♥ 愛情メモ
ピックでとめるだけで、お弁当がにぎやかになるミニ串焼き。女の子にはマスキングテープでフラッグを手作りしても。

SUB OKAZU
緑のおかず

ごまの風味をたっぷりまとわせて
きゅうりのごまあえ

冷蔵3日／冷凍× ／ あえるだけ ／ しょっぱい

[材 料]（1人分）
きゅうり…1/3本
A 白いりごま…小さじ2
　ごま油…小さじ1
　塩…小さじ1/3

[作り方]
きゅうりは薄切りにし、Aを加えて軽くもみ込む。

▶ ARRANGE
蒸した鶏ささみ適量を食べやすく裂いてプラスし、中華風サラダに。

3 min. / 77 kcal

のりの佃煮であえるだけ
たたききゅうりの磯のりあえ

冷蔵3日／冷凍× ／ あえるだけ ／ しょっぱい

[材 料]（1人分）
きゅうり…1/3本
のりの佃煮（市販）
　…大さじ1/2

[作り方]
1 きゅうりはめん棒などでたたき、食べやすい大きさにする。
2 ボウルに1を入れ、のりの佃煮とあえる。

▶ ARRANGE
のりの佃煮を塩、わさび少々にかえてピリ辛おかずに。

3 min. / 16 kcal

カッテージチーズでさっぱりと
きゅうりとカッテージチーズのサラダ

冷蔵3日／冷凍× ／ あえるだけ ／ しょっぱい

[材 料]（1人分）
きゅうり…1/3本
塩…少々
A カッテージチーズ
　　…大さじ1
　フレンチドレッシング
　　（市販）…小さじ2
　粗びき黒こしょう
　　…少々

[作り方]
1 きゅうりは薄切りにして塩をふってもむ。
2 ボウルにAを混ぜ合わせ、1のきゅうりを加えてあえる。

♥ 愛情メモ
近ごろ人気のカッテージチーズは、少量ならお弁当に取り入れやすく、味にも見た目にも華やかさをプラスしてくれます。

3 min. / 47 kcal

香ばしいくるみの風味でこっくり味に
ほうれん草のくるみあえ

冷蔵3日／冷凍3週間　あえるだけ　しょっぱい

[材料]（1人分）
- ほうれん草 … 2株
- くるみ … 10g
- A しょうゆ、みりん … 各小さじ1

[作り方]
1. ほうれん草は熱湯でさっとゆでて水けをしぼり、根元を除いてざく切りにする。
2. くるみは粗く砕いて、合わせたAとボウルに入れ、1を加えてあえる。

▶ ARRANGE
ほうれん草をにんじん30g、ごぼう30gなどの体を温める食材にかえても。

コーンを加えてコクも彩りもアップ！
ほうれん草とコーンのソテー

冷蔵3日／冷凍3週間　フライパン　しょっぱい

[材料]（1人分）
- ほうれん草 … 2株
- ホールコーン缶 … 大さじ1
- バター … 小さじ1
- 塩、こしょう … 各少々

[作り方]
1. ほうれん草は根元を除いて3cm幅に切る。
2. フライパンにバターを溶かし、1を炒める。
3. しんなりしたらコーン、塩、こしょうを加えて炒め合わせる。

♥ 愛情メモ
緑と黄色で色鮮やかに。バターを加えることで、風味がよくなりごはんがすすみます。

無限に食べられる!?
ピーマンの和風炒め

冷蔵3日／冷凍3週間　フライパン　しょっぱい

[材料]（1人分）
- ピーマン … 1個
- かつお節 … 少々
- サラダ油、しょうゆ、みりん … 各小さじ½

[作り方]
1. ピーマンはヘタと種を除いて細切りにする。
2. フライパンにサラダ油を熱し、1をさっと炒め、かつお節、しょうゆ、みりんを加えて炒め合わせる。

▶ ARRANGE
ピーマンをなす1本にかえれば、紫のおかずに。

SUB OKAZU
緑のおかず

4 min. / 22 kcal

めんつゆで即席おひたし
水菜の煮びたし

| 冷蔵3日／冷凍× | 鍋 | しょっぱい |

[材料]（1人分）
水菜 … 1株
A 水 … 大さじ3
　めんつゆ（3倍濃縮）
　　… 大さじ1

[作り方]
1 水菜は根元を除いて5cm長さに切る。
2 小鍋に1、Aを入れ、水菜がしんなりするまで煮る。

▶ ARRANGE
しょうがのせん切り少々を加えて、さっぱりと仕上げても。

バジルソースでおしゃれ味に
ブロッコリーのバジルソース炒め

| 冷蔵3日／冷凍3週間 | フライパン | しょっぱい |

5 min. / 121 kcal

[材料]（1人分）
ブロッコリー … 3房
サラダ油 … 小さじ½
塩、こしょう … 各適量
バジルペースト（市販）
　… 大さじ1

[作り方]
1 ブロッコリーは縦半分に切り、熱湯でさっとゆでて水けをしっかりきる。
2 フライパンにサラダ油を熱し、1を炒める。塩、こしょう、バジルペーストを加えて、さっと炒め合わせる。

▶ ARRANGE
ブロッコリーをズッキーニ30gにしても。粉チーズをふりかけて炒めると、よりコクが出ます。

4 min. / 47 kcal

コクのあるごまに酢を加えてさっぱりと
ブロッコリーのごま酢あえ

| 冷蔵4日／冷凍3週間 | あえるだけ | 酸っぱい |

[材料]（1人分）
ブロッコリー … 3房
A 白すりごま、酢
　　… 各大さじ½
　砂糖、しょうゆ
　　… 各小さじ½

[作り方]
1 ブロッコリーはラップで包み、電子レンジで40秒加熱する。
2 ボウルに1、Aを入れてあえる。

♥ 愛情メモ
ブロッコリーは電子レンジ加熱すればラクチン。砂糖を少なめにしてさっぱり味に仕上げましょう。

5 min. / 52 kcal

味つけはさけの塩けとマヨネーズだけ
ブロッコリーとさけのマヨあえ

冷蔵3日／冷凍3週間 ／ あえるだけ ／ しょっぱい

[材 料]（1人分）
ブロッコリー … 3房
さけフレーク … 大さじ½
マヨネーズ … 小さじ1

[作り方]
1 ブロッコリーは縦半分に切ってラップで包み、電子レンジで1分加熱する。
2 ボウルに1、さけフレーク、マヨネーズを加えてあえる。

● 時短のコツ
さけフレークは調味料がわりにもなるお役立ち食品。

塩昆布を調味料がわりに使って
ブロッコリーの塩昆布あえ

冷蔵3日／冷凍× ／ あえるだけ ／ しょっぱい

[材 料]（1人分）
ブロッコリー … 2房
塩昆布 … 大さじ½
ごま油 … 小さじ1

[作り方]
1 ブロッコリーは小房に分けてラップで包み、電子レンジで1分加熱する。
2 ボウルに1、塩昆布、ごま油を入れてさっとあえる。

▶ ARRANGE
塩昆布をもどしたわかめ適量にかえて、塩を加えてあえても。

3 min. / 46 kcal

4 min. / 72 kcal

カリカリじゃこと唐辛子がアクセント
ししとうとじゃこのピリ辛炒め

冷蔵3日／冷凍3週間 ／ フライパン ／ 辛い

[材 料]（1人分）
ししとう … 4本
じゃこ … 大さじ1
赤唐辛子 … ⅓本
ごま油 … 小さじ1
しょうゆ … 小さじ2

[作り方]
1 赤唐辛子はみじん切りにする。
2 フライパンにごま油を熱し、1を炒める。香りが立ったらししとう、じゃこを加えて炒め、しょうゆを回しかける。

♥ 愛情メモ
ししとうと赤唐辛子で、ごはんがたっぷり食べられる辛みのきいた大人味のおかずに仕上げましょう。

PART_3　緑のおかず

SUB OKAZU 黄のおかず

かぼちゃやコーン、卵など、
幅広いバリエーションがある黄色。
カレー粉はオリエンタルな味わいで
彩りを添えられるので重宝します。

かつお節の風味が味の決め手
黄パプリカとクリームチーズの和風あえ

| 冷蔵3日／冷凍3週間 | あえるだけ | しょっぱい |

[材 料]（1人分）
黄パプリカ … ¼個
クリームチーズ … 15g
A かつお節 … 大さじ1
　 しょうゆ … 小さじ1

[作り方]
1 パプリカはヘタと種を除いて1.5cm角に切る。クリームチーズは1cm角に切る。
2 1をAであえる。

▶ ARRANGE
クリームチーズをゆでた鶏ささみ肉15gにかえればボリュームがアップ。

3 min. / 67 kcal

5 min. / 42 kcal

ゆずこしょうの辛みでさわやかに
黄パプリカと油揚げのピリ辛あえ

| 冷蔵3日／冷凍× | あえるだけ | 辛い |

[材 料]（1人分）
黄パプリカ … ¼個
油揚げ … ⅛枚
A ポン酢しょうゆ
　 … 大さじ1
　 ゆずこしょう … 少々

[作り方]
1 パプリカはヘタと種を除いて細切りにしてラップで包み、電子レンジで20秒加熱する。
2 油抜きした油揚げはフライパンで両面をこんがりと焼き、長さを半分にして、5mm幅に切る。
3 1、2をAであえる。

▶ ARRANGE
パプリカのシャキッと食感＆油揚げのカリカリ感が楽しめる一品です。

ベーコンとの相性ばつぐん
さつまいもの辛子マヨサラダ

| 冷蔵3日／冷凍3週間 | 電子レンジ | 辛い |

[材料]（1人分）
さつまいも … 40g
厚切りベーコン … 10g
A マヨネーズ … 大さじ½
　練り辛子 … 小さじ¼
パセリ（乾燥）… 少々

● 時短のコツ
ぬらしたペーパータオルをかぶせて電子レンジで加熱することで、加熱むらを防ぎます。

[作り方]
1. さつまいもは皮つきのまま1.5cm角に切り、水にさらす。ベーコンは1cm角に切る。
2. 耐熱容器に1を入れてぬらしたペーパータオルをかぶせ、ラップをして電子レンジで2～3分加熱する。
3. ボウルにAを混ぜ合わせ、水けをふいた2を加えてあえたら、パセリを散らす。

カリッと甘くて、お弁当に入っているとうれしい
かんたん大学いも

| 冷蔵3日／冷凍3週間 | フライパン | 甘い |

[材料]（1人分）
さつまいも … 60g
サラダ油 … 適量
A 砂糖、水 … 各大さじ1
　水あめ … 小さじ1
B しょうゆ、黒いりごま
　… 各少々

[作り方]
1. さつまいもは皮つきのまま乱切りにしてラップで包み、電子レンジで1分加熱する。
2. 多めのサラダ油を入れたフライパンを中火で熱し、1をこんがりと揚げ焼きにする。
3. 別のフライパンにAを入れて熱し、2、Bを加えてからめる。

甘くまろやかな風味が絶妙
さつまいものココナッツミルク煮

| 冷蔵3日／冷凍2週間 | 鍋 | 甘い |

[材料]（1人分）
さつまいも … 50g
A ココナッツミルク
　… 50㎖
　砂糖 … 大さじ¼

▶ ARRANGE
さつまいもをかぼちゃ50gにかえると、甘さが控えめに。

[作り方]
1. さつまいもは皮つきのまま1.5cm角に切る。
2. 小鍋に1、Aを入れて、さつまいもがやわらかくなるまで煮つめる。

PART_3　黄のおかず

SUB OKAZU
黄のおかず

5 min. / 73 kcal

焼いたみその香ばしさが美味
ぎんなんのみそ焼き

| 冷蔵3日／冷凍3週間 | トースター | しょっぱい |

[材料]（1人分）
ぎんなん（水煮）…12個
A みそ…大さじ½
　酒、砂糖…各小さじ1

[作り方]
1 ぎんなんは3個ずつをつま楊枝でとめる。
2 Aを混ぜ合わせる。
3 1に2をぬり、オーブントースターで焼き色がつくまで焼く。

▶ ARRANGE

Aをスライスチーズ½枚、粗びき黒こしょう少々にかえて洋風にアレンジ。

練り辛子の辛みと白みそで上品に
たけのこの辛子みそあえ

| 冷蔵3日／冷凍3週間 | あえるだけ | 辛い |

[材料]（1人分）
たけのこ（水煮）…50g
A だし…大さじ1
　練り辛子、白みそ…各小さじ1

[作り方]
1 たけのこは食べやすく切り、熱湯でさっとゆでる。
2 ボウルにAを合わせる。
3 1に2を加えてあえる。

▶ ARRANGE

Aをマヨネーズ、白すりごま各小さじ1、はちみつ小さじ½に味かえしてこっくり甘めの味つけに。

5 min. / 41 kcal

10 min. / 236 kcal

衣に混ぜたチーズが香ばしい
フライドかぼちゃのチーズ風味

| 冷蔵3日／冷凍3週間 | フライパン | しょっぱい |

[材料]（1人分）
かぼちゃ…50g
小麦粉、溶き卵…各少々
A パン粉…大さじ2
　粉チーズ…大さじ1
サラダ油…適量

♥ 愛情メモ

粉チーズで味つけすれば、野菜が苦手な子どもでも食べやすくなります。

[作り方]
1 かぼちゃはひと口大に切ってラップで包み、電子レンジで5分加熱する。
2 1に小麦粉、卵、Aの順に衣をつける。
3 多めのサラダ油を入れたフライパンを中火で熱し、2をこんがりと揚げ焼きにする。

プチプチの食感と酸味が好相性
コーンのタルタルソースあえ

3 min. / 79 kcal

| 冷蔵2日／冷凍× | あえるだけ | 酸っぱい |

[材料]（1人分）
- ホールコーン缶 … 大さじ3
- タルタルソース（市販） … 小さじ2
- パセリのみじん切り … 適量

[作り方]
1. コーンは缶汁をきる。
2. 1とタルタルソースをあえる。
3. パセリを散らす。

▶ ARRANGE
ホールコーン缶をミックスベジタブル大さじ3にかえると、彩り豊かに。

ほのかな甘みにこしょうのアクセント
コーンのおやき

8 min. / 251 kcal

| 冷蔵3日／冷凍3週間 | フライパン | しょっぱい |

[材料]（1人分）
- ホールコーン缶 … 大さじ3
- A 小麦粉 … 40g
-   水 … 40mℓ
-   塩、こしょう … 各少々
- サラダ油 … 小さじ2

[作り方]
1. ボウルにAを混ぜ合わせる。
2. 1に缶汁をきったコーンを加えてさらに混ぜる。
3. フライパンにサラダ油を熱し、2をスプーンなどでひと口大にすくい入れ、両面を焼く。

ミックスベジタブルで彩りよく
コーンクリームのカップグラタン

10 min. / 84 kcal

| 冷蔵2日／冷凍2週間 | トースター | しょっぱい |

[材料]（1人分）
- コーンクリーム缶 … 大さじ2
- A ミックスベジタブル（冷凍）… 大さじ1
-   マヨネーズ … 小さじ1
- 粉チーズ … 5g

[作り方]
1. アルミカップに、合わせたA、コーンクリームの順に入れる。
2. 1に粉チーズをふる。
3. 2をオーブントースターで焼き色がつくまで焼く。

▶ ARRANGE
コーンクリーム缶をカットトマト缶大さじ2にかえて、赤のおかずにしても。

PART_3　黄のおかず

SUB OKAZU
黄の
おかず

生クリーム入りでまろやかスパイシー
カレークリームのマカロニサラダ

| 冷蔵2日／冷凍2週間 | あえるだけ | 辛い |

[材 料]（1人分）
にんじん … 15g
じゃがいも … 25g
マカロニ … 10g
塩 … 少々
A｜カレー粉 … 小さじ1
　｜生クリーム … 大さじ2
　｜塩 … 少々

[作り方]
1 にんじんは皮をむいて細切り、じゃがいもは皮をむいて1cm角に切る。それぞれ塩を入れた熱湯でゆで、水けをきる。
2 マカロニは表示通りにゆでて冷水にとり、水けをきる。
3 ボウルにAを合わせ、1、2を加えて混ぜる。

10 min. / 201 kcal

チーズ風味の衣をまとわせて
たこのチーズ卵焼き

| 冷蔵3日／冷凍3週間 | フライパン | しょっぱい |

[材 料]（1人分）
たこ（刺し身）… 4切れ
A｜塩、こしょう … 各少々
　｜小麦粉 … 適量
B｜溶き卵 … 1/2個分
　｜粉チーズ … 小さじ1
サラダ油 … 小さじ1

[作り方]
1 たこにAをまぶす。
2 Bはよく混ぜ合わせる。
3 フライパンにサラダ油を熱し、1を2にくぐらせて、両面をこんがりと焼く。

10 min. / 159 kcal

カレー粉が味を引き締める
カリフラワーのカレー炒め

| 冷蔵3日／冷凍3週間 | フライパン | 辛い |

[材 料]（1人分）
カリフラワー … 3房
サラダ油 … 適量
A｜カレー粉 … 小さじ1
　｜顆粒コンソメスープの素 … 小さじ1/2

[作り方]
1 フライパンにサラダ油を熱し、カリフラワーを炒める。
2 火が通ったら、Aを加えて炒め合わせる。

▶ ARRANGE
カリフラワーをかぼちゃ50gにかえれば、甘みを生かしたスパイシー風味に。

5 min. / 57 kcal

かまぼこで食べごたえアップ
かまぼこいり卵

冷蔵3日／冷凍2週間　フライパン　しょっぱい

⏱6 min.　168 kcal

[材 料]（1人分）
- かまぼこ（白）… 20g
- 卵 … 1個
- A だし … 大さじ2
-   みりん … 小さじ1
-   しょうゆ … 小さじ½
- サラダ油 … 適量

[作り方]
1. かまぼこは細切りにする。
2. ボウルに卵を割りほぐし、1、Aを加えて混ぜ合わせる。
3. フライパンにサラダ油を熱し、2を流し入れ、菜箸でかき混ぜるようにして炒める。

たらこ×マヨの鉄板コンビで
たらこポテトサラダ

冷蔵2日／冷凍×　あえるだけ　しょっぱい

⏱8 min.　241 kcal

[材 料]（1人分）
- じゃがいも … 100g
- たらこ … ⅓本
- A マヨネーズ … 大さじ2
-   塩、こしょう … 各少々

[作り方]
1. じゃがいもは皮をむき、2cm角に切ってラップで包み、電子レンジで2分加熱する。
2. たらこは薄皮を除いてほぐす。
3. ボウルに1を入れてフォークなどでつぶし、2、Aを加えて混ぜ合わせる。

● 時短のコツ
じゃがいもは小さめに揃えて切り、短時間でむらなく火を通して。

⏱5 min.　29 kcal

たくあんのコリコリ感がたまらない
たくあんと白菜のあえもの

冷蔵4日／冷凍×　あえるだけ　しょっぱい

[材 料]（1人分）
- たくあん … 20g
- 白菜 … ¼枚
- 塩 … 少々
- 薄口しょうゆ、白いりごま … 各小さじ1

▶ ARRANGE
たくあんをしょうが1片にかえると、さっぱり漬けもの風に。

[作り方]
1. 白菜は細切りにし、塩をふってしんなりしたら、軽く洗って水けをしぼる。
2. たくあんは細切りにする。
3. ボウルに1、薄口しょうゆを入れてもみ込み、2、ごまを加えてあえる。

SUB OKAZU
白の おかず

カラフルな他のおかずを引き立たせる照明のような存在。
淡白でどんな味つけにも合います。
もやしやえのきなど、手ごろな食材で作れるのも
うれしいポイントです。

昆布茶で即席漬けに
かぶの昆布茶漬け

5 min. / 14 kcal

| 冷蔵4日／冷凍× | 漬けるだけ | しょっぱい |

[材 料]（1人分）
かぶ（葉つき）… 1個
塩 … 少々
A 水 … 大さじ½
　昆布茶 … 小さじ½
　しょうゆ … 小さじ１

[作り方]
1 かぶは皮をむいていちょう切りにし、塩もみをして水けをきる。葉はゆでてみじん切りにする。
2 Aを合わせ、1を加えて混ぜ、30分〜1時間漬け込む。

▶ ARRANGE
ゆずの皮適量を加えていっしょに漬けると、香り豊かなさっぱり味に。

レモンのさわやかな香りでさっぱりと
かぶのアンチョビー炒め

10 min. / 50 kcal

| 冷蔵3日／冷凍3週間 | フライパン | しょっぱい |

[材 料]（1人分）
かぶ … 1個
アンチョビー … ½枚
オリーブ油 … 小さじ1
赤唐辛子の輪切り、
　レモン汁 … 各少々

[作り方]
1 かぶは皮をむいて3mm厚さの半月切りにする。
2 アンチョビーはみじん切りにする。
3 フライパンにオリーブ油を熱し、1、2、赤唐辛子を入れて炒め、しんなりしたら火を止めてレモン汁をかける。

♥ 愛情メモ
レモン汁を加えるひと手間で、アンチョビー独特のクセが抑えられ、冷めても食べやすい仕上がりになります。

10 min. / 117 kcal

のりの香りとわさびの辛みがマッチ
長いもののり巻き

| 冷蔵3日／冷凍3週間 | フライパン | 辛い |

[材料]（1人分）
長いも … 80g
焼きのり … ¼枚
サラダ油 … 大さじ½
A 白だし … 大さじ1
　 練りわさび … 小さじ¼

[作り方]
1 長いもは皮をむいて6等分のスティック状に切る。のりは6等分の細切りにして、長いも1切れにつき1枚巻く。
2 フライパンにサラダ油を熱し、1の巻き終わりを下にして並べ、中火で焼く。ときどき転がしながら2〜3分焼き、合わせたAを回し入れる。

♥ 愛情メモ
長いもはスティック状に切って食べやすくすると、お弁当のおかずにぴったりです。

ハムのうまみがじんわり
もやしの中華風サラダ

| 冷蔵3日／冷凍× | あえるだけ | しょっぱい |

[材料]（1人分）
もやし … 25g
ロースハム … 1枚
きゅうり … 20g
A 中華ドレッシング
　 （市販）… 大さじ½
　 白すりごま … 小さじ1

[作り方]
1 もやしはラップで包み、電子レンジで30秒加熱して、水けをきる。
2 ロースハム、きゅうりは細切りにする。
3 1、2、Aをさっくりと合わせる。

▶ ARRANGE
中華ドレッシングをポン酢大さじ½にかえて和風に仕上げても。

3 min. / 78 kcal

5 min. / 93 kcal

異なる食感がたのしい
れんこんと豆もやしのささっと炒め

| 冷蔵3日／冷凍× | フライパン | しょっぱい |

[材料]（1人分）
れんこん … 30g
豆もやし … 50g
ごま油 … 大さじ½
塩 … 少々

[作り方]
1 れんこんは皮をむいて、薄めのいちょう切りにする。
2 フライパンにごま油を熱し、豆もやし、1を炒める。火が通ったら塩を加え、味を調える。

♥ 愛情メモ
豆もやしはビタミン類が豊富で、たんぱく質も含む栄養価の高い食材。食感を生かした炒めものに最適です。

PART_3　白のおかず

143

SUB OKAZU
白の
おかず

練りごまで和の風味を感じるコク
れんこんのごまマヨネーズあえ

| 冷蔵3日／冷凍3週間 | あえるだけ | しょっぱい |

[材料]（1人分）
れんこん … 50g
鶏ささみ肉 … ½本
A マヨネーズ … 大さじ1
　白練りごま、しょうゆ、
　　酢、みりん … 各小さじ1
　小ねぎの小口切り
　　… 適量

[作り方]
1 れんこんは皮をむいて薄いいちょう切りにし、熱湯でゆでる。
2 ささみは熱湯でゆでて食べやすく裂く。
3 1、2を合わせたAであえる。

▶ ARRANGE
Aを青じそドレッシング（市販）大さじ½にチェンジして、さっぱりと。

10 min. / 187 kcal

さっとゆでてシャキシャキ感を生かす
れんこんの唐辛子漬け

| 冷蔵4日／冷凍3週間 | 漬けるだけ | 辛い |

[材料]（1人分）
れんこん … ¼節
酢 … 少々
A 酢 … 大さじ1
　しょうゆ … 大さじ½
　赤唐辛子の輪切り
　　… ¼本分

[作り方]
1 れんこんは皮をむいて薄めのいちょう切りにする。
2 酢を加えた熱湯で1をさっとゆで、水けをきる。
3 2とAを混ぜ合わせ、味をなじませる。

⏱ 時短のコツ
薄めのいちょう切りにすることで少量の調味料でも味がなじみ、しみ込みも早くなります。

5 min. / 31 kcal

4 min. / 47 kcal

バターじょうゆで香り高い
えのきのバターソテー

| 冷蔵3日／冷凍3週間 | フライパン | しょっぱい |

[材料]（1人分）
えのきたけ … 50g
バター … 5g
塩、こしょう、しょうゆ
　… 各少々

[作り方]
1 えのきたけはほぐして半分に切る。
2 フライパンにバターを溶かして中火で1を炒め、塩、こしょうをふる。
3 火が通ったら、しょうゆを回しかける。

▶ ARRANGE
えのきたけをチンゲン菜50gにかえて、緑のおかずにしても。

ヨーグルトドレッシングでさわやかに
りんごと豆のヨーグルトあえ

4 min. ／ 93 kcal

| 冷蔵2日／冷凍× | あえるだけ | 酸っぱい |

[材料]（1人分）
- りんご … ⅙個
- キドニー豆（水煮）… 20g
- レモン汁 … 小さじ1
- A プレーンヨーグルト … 大さじ1½
  フレンチドレッシング（市販）… 小さじ2
  塩、こしょう … 各少々

[作り方]
1. りんごは1.5mm厚さのいちょう切りにし、レモン汁をかける。
2. キドニー豆は汁けをきる。
3. 1、2、Aを混ぜ合わせる。

♥ 愛情メモ
ヨーグルトを使ったおかずは口をさっぱりとさせる箸休めになります。

PART_3　白のおかず

はちみつでマイルドに
カリフラワーのピクルス

5 min. ／ 81 kcal

| 冷蔵4日／冷凍3週間 | 漬けるだけ | 酸っぱい |

[材料]（1人分）
- カリフラワー … 4房
- A 白ワインビネガー、水 … 各大さじ2
  はちみつ … 大さじ1
  塩 … 少々
  赤唐辛子の輪切り … 少々

[作り方]
1. カリフラワーは熱湯でゆでてざるにあげ、水けをきる。
2. 耐熱容器にAを混ぜ合わせ、ラップをして電子レンジで30秒ほど加熱する。
3. 2に1を加えて混ぜ、味をなじませる。

 5 min. ／ 168 kcal

卵は粗く刻んでほどよい食感を残して
ホワイトアスパラの卵サラダ

| 冷蔵3日／冷凍× | あえるだけ | しょっぱい |

[材料]（1人分）
- ホワイトアスパラガス（水煮）… 2本
- ゆで卵 … ½個
- A マヨネーズ … 大さじ1½
  塩、こしょう、パセリのみじん切り … 各少々

[作り方]
1. アスパラは4等分に切る。
2. ゆで卵の白身は1cm角に切る。
3. 1、2、ゆで卵の黄身、Aを混ぜ合わせる。

▶ ARRANGE
ホワイトアスパラガスをじゃがいも½個にかえれば、ポテトサラダに！

SUB OKAZU
茶・黒のおかず

きのこや大豆、海藻類など
味わい深く日本人が好む食材が多い色のおかず。
しょうゆやみそなどで味つけすれば
ごはんがよりすすむおかずになります。

大豆の甘みで優しい味わい
大豆ポテトサラダ

冷蔵3日／冷凍×　電子レンジ　しょっぱい

6 min. ／ 165 kcal

[材 料]（1人分）
- じゃがいも … ½個
- さやいんげん … 1本
- ロースハム … ½枚
- 大豆（水煮）… 20g
- A マヨネーズ … 大さじ½
-   みりん … 小さじ1
-   しょうゆ … 小さじ½

[作り方]
1. じゃがいもは皮をむいて1.5cm角に、いんげんはヘタを除いて小口切りにし、それぞれラップで包む。いっしょに電子レンジにかけ、いんげんは30秒で取り出し、じゃがいもはさらに1分加熱する。
2. ハムは細切りにし、大豆は汁けをよくきる。
3. ボウルに1、2、Aを入れてあえる。

● 時短のコツ
じゃがいもといんげんは電子レンジで同時加熱して、時間や手間を省きましょう。

すりおろしてもっちりとした食感に
じゃがいもとねぎのミニチヂミ

冷蔵3日／冷凍3週間　フライパン　しょっぱい

10 min. ／ 192 kcal

[材 料]（1人分）
- じゃがいも … 1個
- 小ねぎ … 2本
- A 片栗粉、しょうゆ、ごま油 … 各小さじ1
- ごま油 … 小さじ1

[作り方]
1. じゃがいもは皮をむいてすりおろし、小ねぎは小口切りにする。
2. 1にAを加えて混ぜ合わせる。
3. 卵焼き器にごま油を熱し、2を流し入れ、両面をこんがりと焼く。あら熱がとれたら食べやすく切る。

▶ ARRANGE
じゃがいもをれんこん80gにかえて、さらに和風なテイストにしても。

市販のごまドレッシングで手軽に
しめじとじゃがいものごまサラダ

| 冷蔵3日／冷凍× | 鍋 | しょっぱい |

[材料]（1人分）
- じゃがいも … ½個
- しめじ … 30g
- ごまドレッシング（市販）… 大さじ1
- 白いりごま … 小さじ¼

▶ 時短のコツ
じゃがいもとしめじを続けてゆでると、湯を沸かし直すムダが省けます。

[作り方]
1. じゃがいもは皮をむいて短冊切りに、しめじはほぐす。
2. じゃがいもは熱湯で2〜3分ゆでてざるにあげ、水けをきる。同じ鍋でしめじをさっとゆでてざるにあげ、水けをきる。
3. ボウルに2、ごまドレッシングを入れてあえ、ごまをふる。

PART_3 茶・黒のおかず

⏱ 8 min. / 114 kcal

ベーコンとチーズが香ばしい
じゃがいもガレット

| 冷蔵3日／冷凍2週間 | フライパン | しょっぱい |

[材料]（1人分）
- じゃがいも … ½個
- ベーコン … ¼枚
- A 片栗粉 … 小さじ½
  - ピザ用チーズ … 20g
  - 塩、こしょう … 各少々
- オリーブ油 … 大さじ1

▶ 時短のコツ
じゃがいもを電子レンジでやわらかくしておくと、焼き時間の短縮につながります。

[作り方]
1. じゃがいもは皮をむいてせん切りにする。耐熱容器に入れてラップをし、電子レンジで1〜2分加熱する。
2. 1に細切りにしたベーコン、Aを加えて混ぜる。
3. フライパンにオリーブ油を熱し、2を入れて丸く成形する。中火で両面をこんがりと焼いて、あら熱がとれたら食べやすく切る。

⏱ 15 min. / 264 kcal

⏱ 10 min. / 178 kcal

揚げ焼きでほくっと甘みが増す
山いもの黒ごまあえ

| 冷蔵3日／冷凍3週間 | フライパン | しょっぱい |

[材料]（1人分）
- 山いも … 90g
- サラダ油 … 適量
- 塩、黒すりごま … 各適量

▶ ARRANGE
山いもをグリーンアスパラガス2本にかえて緑のおかずにしても。

[作り方]
1. 山いもは皮をむいて1cm角の棒状に切る。
2. 多めのサラダ油を入れたフライパンを中火で熱し、1を揚げ焼きにする。
3. 2に塩をふり、ごまをまぶす。

SUB OKAZU
茶・黒のおかず

濃厚なみそでシンプルに焼く
里いもの八丁みそ焼き

| 冷蔵3日／冷凍3週間 | トースター | しょっぱい |

10 min. / 79 kcal

[材料]（1人分）
里いも … 大1個
A 八丁みそ … 小さじ2
　酒、みりん … 各小さじ1
B けしの実、小ねぎの小口切り … 各適量

[作り方]
1 里いもは皮をむいて1.5cm幅に切り、ラップで包み、電子レンジで1分30秒加熱する。
2 1に混ぜ合わせたAをぬる。
3 2をオーブントースターで5分焼き、Bをふる。

▶ ARRANGE
けしの実を七味唐辛子適量にかえて、辛さをプラスしても。

いろいろなきのこでうまみが増す
きのこのアンチョビー炒め

| 冷蔵3日／冷凍3週間 | フライパン | しょっぱい |

[材料]（1人分）
しいたけ、しめじ、エリンギ … 各25g
アンチョビー … 1/2枚
オリーブ油 … 小さじ2
A 白ワインビネガー … 大さじ1/2
　バジル（乾燥）… 少々

[作り方]
1 きのこは食べやすく切り、アンチョビーはみじん切りにする。
2 フライパンにオリーブ油を熱して1を炒め、Aを加えてさっと炒め合わせる。

▶ ARRANGE
牛もも薄切り肉50gをプラスして炒めて、ごはんにのせれば洋風牛丼に。

5 min. / 92 kcal

シンプルながらもコクのある味わい
きのこと豆のソテー

| 冷蔵3日／冷凍3週間 | フライパン | しょっぱい |

5 min. / 65 kcal

[材料]（1人分）
しめじ、まいたけ … 各20g
キドニー豆（水煮）… 15g
バター … 5g
塩 … 少々

[作り方]
1 しめじ、まいたけはほぐす。
2 フライパンにバターを溶かして、1を炒める。
3 汁けをきったキドニー豆を加えて軽く炒め、塩をふって味を調える。

● 時短のコツ
バターで炒めるだけで風味がよくなるので、味つけがかんたんにすみます。

ツナのうまみでリッチなソースに
きのことツナのタルタルあえ

| 冷蔵3日／冷凍× | あえるだけ | しょっぱい |

[材料]（1人分）
- しめじ … 20g
- マッシュルーム（水煮） … 20g
- A ツナ缶、タルタルソース（市販）… 各大さじ1
-   パセリのみじん切り … 少々

[作り方]
1. しめじはほぐしてラップで包み、電子レンジで30秒加熱する。
2. マッシュルームは汁けをきる。
3. 1、2をAであえる。

▶ ARRANGE
Aをツナ缶大さじ2、豆板醤、かつお節各少々に味かえしてピリ辛おかずに。

レモンがさわやかなお手軽マリネ
きのことブロッコリーのマリネ

| 冷蔵3日／冷凍3週間 | 漬けるだけ | 酸っぱい |

[材料]（1人分）
- しめじ … 20g
- エリンギ … 1/3本
- ブロッコリー … 2房
- A フレンチドレッシング（市販）… 大さじ1
-   レモン汁 … 小さじ1

[作り方]
1. しめじはほぐし、エリンギとブロッコリーは食べやすく切る。
2. 1を耐熱容器に入れてラップをして、電子レンジで1分加熱する。
3. 2をAであえて10分ほど漬けておく。

● 時短のコツ
フレンチドレッシングとレモン汁でかんたんにマリネができます。

しいたけに詰めてボリュームアップ
しいたけつくね

| 冷蔵3日／冷凍3週間 | 電子レンジ | しょっぱい |

[材料]（1人分）
- しいたけ … 2枚
- A 鶏ひき肉 … 30g
-   塩、こしょう、おろししょうが、片栗粉 … 各少々
- しょうゆ … 少々

[作り方]
1. しいたけは軸を除く。
2. ボウルにAを入れてよく混ぜ、半量ずつ1に詰める。
3. 耐熱容器に2をのせてラップをし、電子レンジで2分加熱し、しょうゆをかける。

▶ ARRANGE
しいたけのかわりに油揚げ1/2枚にAを詰めて、両面をカリカリに焼いても。

SUB OKAZU
茶・黒のおかず

揚げて香ばしさアップ
ごぼうスティック

| 冷蔵3日／冷凍3週間 | フライパン | しょっぱい |

[材 料]（1人分）
ごぼう … 8cm
サラダ油 … 適量
しょうゆ … 少々

▶ ARRANGE
サラダ油をごま油にかえれば、中華風の一品になります。

[作り方]
1 ごぼうは皮をこそげ、半分の長さに切って縦4等分にする。
2 多めのサラダ油を入れたフライパンを中火で熱し、1をこんがりと揚げ焼きにする。
3 2の油をきって、しょうゆをからめる。

10 min. ／ 26 kcal

黒酢のうまみがあとひくおいしさ
ごぼうの黒酢煮

| 冷蔵4日／冷凍3週間 | 鍋 | 酸っぱい |

[材 料]（1人分）
ごぼう … 1/4本
A 水 … 大さじ2 1/2
　黒酢 … 大さじ1
　しょうゆ、砂糖
　　… 各大さじ1/2

[作り方]
1 ごぼうは皮をこそげ、長さ半分、縦半分に切って、熱湯でゆでる。
2 鍋にAを煮立て、1を入れてふたをし、味がしみるまで煮る。

▶ ARRANGE
ごぼうをにんじん1/4本にかえて、赤のおかずにしても。

15 min. ／ 61 kcal

3 min. ／ 11 kcal

塩昆布でじんわりと漬ける
なすと塩昆布の浅漬け

| 冷蔵4日／冷凍× | 漬けるだけ | しょっぱい |

[材 料]（1人分）
なす … 1/2本
塩昆布 … 3g
塩 … 少々
酢 … 小さじ1

● 時短のコツ
塩昆布で、うまみのきいた漬けものが手軽に作れます。

[作り方]
1 なすは半月切りにし、塩もみをしてしんなりさせ、水けをしっかりしぼる。
2 ポリ袋に1、塩昆布、酢を入れて全体がなじむまでもみ込む。

水けをきっちりしぼるのがコツ
ひじきとハムのマヨネーズサラダ

| 冷蔵3日／冷凍× | あえるだけ | しょっぱい |

5 min. / 96 kcal

[材 料]（1人分）
ひじき（乾燥）… 2g
ロースハム … 1枚
マヨネーズ … 小さじ2

[作り方]
1 ひじきはたっぷりの水でもどして水けをしぼる。
2 ハムは細切りにする。
3 1、2をマヨネーズであえる。

▶ ARRANGE
ひじきを蒸しかぼちゃ30gにかえて、黄のおかずにしても。

みそ味でこっくり和風おかずに
ひじきと豆腐のみそグラタン

| 冷蔵3日／冷凍× | トースター | しょっぱい |

8 min. / 74 kcal

[材 料]（1人分）
もめん豆腐 … 1/8丁
ひじき（乾燥）… 2g
しょうゆ … 小さじ1
A ホワイトソース缶 … 大さじ1
  みそ、牛乳 … 各小さじ1
粉チーズ … 少々

[作り方]
1 豆腐は水きりをして軽くほぐす。水でもどして水けをしぼったひじき、しょうゆを加えて混ぜる。
2 1をアルミカップなどに入れて、合わせたA、粉チーズをかける。
3 オーブントースターで3分ほど焼く。

マヨネーズのまろやかさで食べやすく
ツナとひじきのさっと炒め

| 冷蔵3日／冷凍3週間 | フライパン | しょっぱい |

5 min. / 74 kcal

[材 料]（1人分）
ひじき（乾燥）… 3g
ツナ缶 … 20g
マヨネーズ、しょうゆ … 各小さじ1/2
粗びき黒こしょう … 少々

[作り方]
1 ひじきはたっぷりの水でもどして水けをしぼる。
2 フライパンにマヨネーズを入れて熱し、1と缶汁をきったツナを加えて炒める。
3 しょうゆ、黒こしょうを加えて味を調える。

▶ ARRANGE
ツナをじゃこ15gにかえて、ふりかけ風に仕上げるのもオススメ。

PART_3 茶・黒のおかず

SUB OKAZU
茶・黒の
おかず

ツナの油でしっとりと仕上がる
おからとツナのサラダ

5 min. / 162 kcal

| 冷蔵3日／冷凍3週間 | あえるだけ | しょっぱい |

[材料]（1人分）
おから … 大さじ2
ツナ缶 … 30g
グリーンピース（水煮）
　… 小さじ2
A しょうゆ … 小さじ2
　ごま油、白いりごま
　　… 各小さじ1

[作り方]
1 ボウルにおから、缶汁をきったツナ、水けをきったグリーンピースを合わせる。
2 1にAを加えて混ぜ合わせる。

♥ 時短のコツ
おからは味がなじみやすいので、時短ながらも手が込んで見える一品に。

粒マスタードのアクセントが効いてる
焼き豚とセロリのコロコロサラダ

| 冷蔵3日／冷凍× | あえるだけ | 酸っぱい |

[材料]（1人分）
焼き豚 … 90g
セロリ … ¼本
A マヨネーズ … 小さじ2
　粒マスタード
　　… 小さじ1
　レモン汁 … 少々

[作り方]
1 焼き豚、セロリは1cm角に切る。
2 1を混ぜ合わせたAであえる。

♥ 愛情メモ
焼き豚は男子に人気のがっつり食材。クセのあるセロリも、濃いめの味つけなら食べやすくなります。

5 min. / 225 kcal

にんにくの香りが効いた
切り干し大根の和風ペペロン

10 min. / 81 kcal

| 冷蔵3日／冷凍3週間 | フライパン | しょっぱい |

[材料]（1人分）
切り干し大根（乾燥）
　… 10g
にんにく … ½片
赤唐辛子の輪切り
　… 少々
サラダ油 … 小さじ1
しょうゆ … 大さじ½

[作り方]
1 切り干し大根はたっぷりの水でもどし、ざく切りにして、水けをしぼる。にんにくは薄切りにする。
2 フライパンにサラダ油、にんにく、赤唐辛子を入れて弱火で熱する。香りが立ったら切り干し大根を加えて中火で炒め、しょうゆを加えて汁けがなくなるまで炒める。

ポン酢しょうゆでさっぱりと
切り干し大根とまいたけポン酢煮

10 min. / 25 kcal

冷蔵3日／冷凍3週間　｜鍋｜　｜しょっぱい｜

[材料]（1人分）
切り干し大根（乾燥）… 5g
まいたけ … 10g
A 水 … 大さじ3
　ポン酢しょうゆ … 大さじ1

[作り方]
1 切り干し大根はたっぷりの水でもどし、ざく切りにして水けをしぼる。まいたけはほぐす。
2 小鍋にAと1を入れて、汁けがなくなるまで中火で煮る。

▶ ARRANGE
ポン酢しょうゆを塩昆布10gにかえて、昆布の風味をきかせた一品に。

ピリ辛がやみつきに
わかめときゅうりの韓国風あえ

5 min. / 146 kcal

冷蔵3日／冷凍×　｜あえるだけ｜　｜辛い｜

[材料]（1人分）
わかめ（乾燥）… 3g
きゅうり … 1/4本
塩 … 少々
A ごま油 … 大さじ1
　コチュジャン、しょうゆ … 各小さじ1/2
　砂糖 … 少々
白いりごま … 小さじ1

[作り方]
1 わかめはたっぷりの水でもどし、水けをしぼる。きゅうりは縞模様に皮をむいて1cm厚さの輪切りにし、塩もみをして水けをしぼる。
2 ボウルにAを混ぜ合わせ、1を加えてあえ、ごまをふる。

低カロリーのかんたんあえもの
わかめとねぎの酢みそあえ

5 min. / 37 kcal

冷蔵3日／冷凍×　｜あえるだけ｜　｜酸っぱい｜

[材料]（1人分）
わかめ（乾燥）… 5g
長ねぎ … 20g
A みそ、砂糖、酢 … 各小さじ1

[作り方]
1 わかめはたっぷりの水でもどし、水けをしぼる。長ねぎは斜め薄切りにする。
2 ボウルにAを混ぜ合わせ、1を加えてあえる。

▶ ARRANGE
ひと口大に切ったゆでだこ20gなどをプラスしてあえ、ボリュームアップしてもOK。

PART_3　茶・黒のおかず

ピンチを救う！ すきま埋めアイデア集

▶ 常備したいお助け食材

そのまま入れるだけで彩りもすきま埋めも解決できるお助け食材は、常備しておくと便利！

野菜 色別おかずのように、赤・黄・緑を彩りよく使って。

[ミニトマト]
品種が多く様々な色や形があり、
すきま埋めに重宝。

[ヤングコーン]
栄養バッチリ！ 水煮なら
そのまま使えるのもうれしい。

[枝豆]
冷凍枝豆をそのまま詰めれば、
保冷剤代わりにも。

フルーツ デザートや箸休めになるさっぱりフルーツは、お弁当の強い味方！

[さくらんぼ]
缶詰を使うときは
汁けをしっかりきって。

[ぶどう]
種なし、皮つきのまま
食べられるものがオススメ。

[いちご]
水分が多いのでふたで
つぶさないように気をつけて。

加工品 味つけなしでそのまま入れられる、忙しいときにぴったりの一品。

[ウインナーソーセージ]
お弁当にプラスするだけで
ボリュームアップに。

[かに風味かまぼこ]
ほどよい弾力が
食べごたえをプラス。

[漬けもの]
塩分補給にもなるので、
夏場は特に活躍。

お弁当のすきまを埋めてくれるお助け食材とミニおかずレシピをご紹介。家によくある食材でサクッと作れます。

あってよかった〜

▶ ミニおかずレシピ
3分あれば作れる！いざというときに大活躍のお助けレシピ。

味つけなしのさっぱり箸休め
ちくわきゅうり
3 min. / 20 kcal

[材 料]（作りやすい分量）
ちくわ … 小1本
きゅうり … 1/4本

[作り方]
1 ちくわにきゅうりを詰め、1cm厚さに切る。
2 1をピックでとめる。

りんごのさわやかな甘み
チーズとりんごのピック
3 min. / 59 kcal

[材 料]（1人分）
プロセスチーズ … 15g
りんご … 15g

[作り方]
1 チーズは2cm角に切る。
2 りんごは皮つきのまま2cm角に切る。
3 チーズとりんごを交互にピックでとめる。

ピックでとめて食べやすく
枝豆とかにかまのピック
3 min. / 23 kcal

[材 料]（1人分）
枝豆（冷凍／さやなし） … 6粒
かに風味かまぼこ … 1本

[作り方]
1 枝豆は解凍する。
2 ピックに1、3等分に切ったかに風味かまぼこを交互にとめる。

キュートなプチイタリアン
ミニトマトのチーズサンド
3 min. / 76 kcal

[材 料]（作りやすい分量）
ミニトマト … 4個
プロセスチーズ … 40g

[作り方]
1 ミニトマトはヘタを除いて、横半分に切る。
2 チーズは4等分にする。
3 ミニトマトの中央にチーズをはさんでピックでとめる。

青じそのさわやかな風味
ソーセージのチーズロール
3 min. / 77 kcal

[材 料]（1人分）
魚肉ソーセージ
　（長さ半分にして4つ割りにしたもの）
　… 1本
青じそ … 1枚
スライスチーズ … 1枚

[作り方]
チーズの上に青じそ、魚肉ソーセージの順にのせて巻き、半分に切る。

粒マスタードの酸味をきかせて
ブロッコリーのハム巻き
3 min. / 79 kcal

[材 料]（1人分）
ブロッコリー … 2房　　A マヨネーズ … 小さじ1
ロースハム … 1枚　　　　粒マスタード
　　　　　　　　　　　　　… 小さじ1/2

[作り方]
1 ブロッコリーはラップで包み、電子レンジで30秒加熱する。
2 ハムは半分に切る。
3 ハムの片面に合わせたAをぬり、ブロッコリーを巻いて、つま楊枝でとめる。

素材別INDEX

「メインおかず」、「サブおかず」、「主食」別に分け、主材料の種類別に50音順に並べています。

メインおかず

[肉]

▶豚肉
- 青のりピカタ……063
- アスパラのシシカバブ……061
- お好み焼き風キャベツ巻き……067
- カツ煮風……061
- かみカツ……065
- クイック酢豚……066
- ごろっと豚そぼろ……059
- サムギョプサル……066
- スパイシーから揚げ……060
- チーズロールカツ……062
- チンジャオロール……064
- 肉巻きゆで卵……090
- ねぎみそ焼き……059
- はんぺんの和風サルティンボッカ……067
- ピザ風ホイル焼き……065
- 豚ケチャ炒め……060
- 豚こまシュウマイ……059
- 豚こまとごぼうのにぎり焼き……058
- 豚しゃぶのごまみそあえ……062
- 豚とオクラのサブジ……064
- 豚肉とコーンのコンソメソテー……058
- 豚肉とじゃがいものハニーマスタード炒め……063
- 豚肉と麩のチャンプルー……046
- 豚肉のサテ……063
- 豚肉の高菜炒め……061
- 豚バラ肉のトンポーロー……067
- ペーパーソーセージ……065
- みそカツ……029

▶鶏肉
- ガリバタチキン……073
- クリスピーチキンスティック……069
- 香草チキンカツ……031
- ささみのナムル……110
- ジューシーバジルチキン……072
- タンドリー風チキンソテー……070
- チキンチャップ……040
- チキン南蛮……071
- チキンロール……044
- 照り焼きチキン……027
- 鶏ささみの甘酢あん……075
- 鶏ときのこの照り焼き……075
- 鶏と大根のさっぱり煮……069
- 鶏と野菜の甘酢炒め……071
- 鶏肉のコチュジャン炒め……070
- 鶏の甘辛揚げ……069
- 鶏のオレンジマスタード煮込み……074
- 鶏のから揚げ……025
- 鶏のハニーマスタード焼き……071
- 鶏むねチーズロール……073
- 鶏むね肉のトマトクリーム煮……072
- 鶏もも肉のマヨ竜田……036
- ねぎ塩チキン……075
- ひと口チキンカツ……073
- フライドチキン……068
- 蒸し鶏のバンバンジー風……074
- レンジで鶏チャーシュー……068

▶牛肉
- 牛こまのごま肉だんご……078
- 牛肉とかぼちゃのこっくり炒め……078
- 牛肉とごぼうのしょうが煮……050
- 牛肉とブロッコリーの中華炒め……079
- 牛肉のすき焼き風卵とじ……043
- 牛肉のピリ辛煮……076
- 牛肉のマリネ……077
- 牛肉のみそだれ焼き……054
- 牛巻き串揚げ……076
- 牛巻きコロッケ……079
- しいたけのチーズタッカルビ風……077
- ビーフストロガノフ……079
- ミラノ風カツレツ……077

▶ひき肉
- チーズハンバーグ……033
- 中華風ミートボール……035
- 手づくりソーセージ……083
- 豆腐チキンナゲット……080
- トマトチリコンカン……082
- 鶏の松風焼き風……081
- ピーマンの肉詰め……081
- ひと口スコッチエッグ……082
- ひと口チーズつくね……042
- プチハンバーグのトマト煮……037
- ふわふわつくね……080
- やわらかキャベツメンチ……083
- ルーロー飯風肉そぼろ……081
- レンジミートボール……083

[肉加工品]

▶ウインナー
- ウインナーとアスパラのチーズ串焼き……085
- ウインナーのケチャ照り焼き……085
- ちびカレーアメリカンドッグ……085

▶コンビーフ
- コンビーフのポテトグラタン……084
- なすとコンビーフのソテー……084

▶ハム
- ハムとコーンの揚げぎょうざ……087
- ハワイアンハムステーキ……086

▶ベーコン
- 厚切りベーコンのゆずこしょう焼き……087
- 高野豆腐のベーコン巻き……093
- はんぺんベーコン巻き……109
- ベーコンのエリンギ巻きフライ……087
- ベーコンのクルクルチーズ焼き……086

[魚介]

▶えび・さくらえび
- えびとかぶのハーブソテー……051
- えびとブロッコリーのオーロラ炒め……106
- カリカリえびフライ……106
- さくらえびと卵のいり煮……090

▶さけ
- さけとエリンギのレンジ蒸し……095
- さけの甘酢照り焼き……094
- さけのオイマヨ焼き……095
- さけのから揚げ……095
- さけの香草パン粉焼き……094
- さけのチーズ焼き……045

▶さば
- さばのイタリアングリル焼き……100
- さばのカラフルタルタル焼き……101
- さばのカレー竜田……100
- さばの照りマヨ焼き……101
- さばのみそ煮……101

▶さんま
- さんまの甘露煮風……099
- さんまの塩竜田揚げ……098
- さんまの南蛮漬け……099
- さんまのバジル焼き……099
- さんまのピリ辛蒲焼き……098

▶たら
- たらとチンゲン菜のミルク煮……103
- たらの甘酢あんかけ……102
- たらのバタポンムニエル……102
- たらのフリット明太マヨソース添え……103
- たらのみそマヨチーズ焼き……103

INDEX

▶ぶり
ぶり角煮 …………………………… 096
ぶりカツ …………………………… 097
ぶりの韓国風焼き ………………… 097
ぶりのごま照り焼き ……………… 096
ぶりのトマト煮 …………………… 097
▶めかじき
めかじきの梅しそ焼き …………… 105
めかじきのおろし煮 ……………… 105
めかじきの香味だれ ……………… 104
めかじきの照り焼き ……………… 105
めかじきのにんにくしょうがソテー … 104
▶その他魚介
あじフライ ………………………… 039
うなぎの甘酢炒め ………………… 047
しらすと青のりの卵焼き ………… 089
たことじゃがいものマスタード炒め … 107
ほたてのチーズソテー …………… 107
ロールいかのしょうが焼き ……… 107

[魚介加工品]
▶かに風味かまぼこ・魚肉ソーセージ
かにかま卵焼き …………………… 035
魚肉ソーセージとうずらの串焼き … 109
魚肉ソーセージの韓国風炒め …… 108
魚肉ソーセージの卵焼き ………… 088
▶たらこ・明太子
厚揚げの明太子チーズ焼き ……… 047
たらのフリット明太マヨソース添え … 103
▶ツナ
しいたけのツナマヨ詰め ………… 108
ツナのスパイシーポテトおやき … 109
豆腐ツナハンバーグ ……………… 112
▶はんぺん
はんぺんのチーズ焼き …………… 043
はんぺんの和風サルティンボッカ … 067
はんぺんベーコン巻き …………… 109

[卵・うずら卵]
うずら卵のカレーマリネ ………… 091
お好み焼き風卵焼き ……………… 088
かにかま卵焼き …………………… 035
カラフルオムレツ ………………… 112
牛肉のすき焼き風卵とじ ………… 043
魚肉ソーセージとうずらの串焼き … 109
魚肉ソーセージの卵焼き ………… 088
さくらえびと卵のいり煮 ………… 090
しらすと青のりの卵焼き ………… 089
卵の巾着焼き ……………………… 091
中華風卵焼き ……………………… 089
肉巻きゆで卵 ……………………… 090
にら玉の両面焼き ………………… 029

のり巻き卵焼き …………………… 036
ひと口スコッチエッグ …………… 082
フリフリカレーエッグ …………… 025
ポテトの洋風卵焼き ……………… 089
レンジ茶巾卵 ……………………… 091

[豆・大豆加工品]
▶厚揚げ
厚揚げのコチュジャン煮 ………… 093
厚揚げのピーナッツ炒め ………… 092
厚揚げの明太子チーズ焼き ……… 047
▶おから
カレー風味のおから煮 …………… 092
▶高野豆腐
高野豆腐のチーズフライ ………… 040
高野豆腐のベーコン巻き ………… 093
▶豆腐
豆腐チキンナゲット ……………… 080
豆腐ツナハンバーグ ……………… 112
豆腐の蒲焼き風 …………………… 093

[野 菜]
▶キャベツ
お好み焼き風キャベツ巻き ……… 067
やわらかキャベツメンチ ………… 083
▶きのこ
さけとエリンギのレンジ蒸し …… 095
しいたけのチーズタッカルビ風 … 077
しいたけのツナマヨ詰め ………… 108
鶏ときのこの照り焼き …………… 075
ベーコンのエリンギ巻きフライ … 087
▶グリーンアスパラガス
アスパラのシシカバブ …………… 061
ウインナーとアスパラのチーズ串焼き … 085
▶コーン
ハムとコーンの揚げぎょうざ …… 087
豚肉とコーンのコンソメソテー … 058
▶ごぼう
牛肉とごぼうのしょうが煮 ……… 050
豚こまとごぼうのにぎり焼き …… 058
▶じゃがいも
牛巻きコロッケ …………………… 079
コンビーフのポテトグラタン …… 084
たことじゃがいものマスタード炒め … 107
ツナのスパイシーポテトおやき … 109
豚肉とじゃがいもの
　ハニーマスタード炒め ………… 063
ポテトの洋風卵焼き ……………… 089
▶大根
鶏と大根のさっぱり煮 …………… 069
めかじきのおろし煮 ……………… 105

▶トマト・プチトマト
トマトチリコンカン ……………… 082
鶏むね肉のトマトクリーム煮 …… 072
プチハンバーグのトマト煮 ……… 037
ぶりのトマト煮 …………………… 097
▶長ねぎ
ねぎ塩チキン ……………………… 075
ねぎみそ焼き ……………………… 059
▶ブロッコリー
えびとブロッコリーのオーロラ炒め … 106
牛肉とブロッコリーの中華炒め … 079
▶その他野菜
えびとかぶのハーブソテー ……… 051
牛肉とかぼちゃのこっくり炒め … 078
たらとチンゲン菜のミルク煮 …… 103
鶏と野菜の甘酢炒め ……………… 071
なすとコンビーフのソテー ……… 084
にら玉の両面焼き ………………… 029
ハムと野菜のナポリタン ………… 033
ピーマンの肉詰め ………………… 081
豚とオクラのサブジ ……………… 064
豚肉の高菜炒め …………………… 061

サブおかず

[肉・肉加工品]
▶鶏肉・ひき肉
ささみの梅あえ …………………… 121
しいたけつくね …………………… 149
▶ハム
にんじんとハムのサラダ ………… 120
ハムとマカロニのサラダ ………… 025
ハムと野菜のナポリタン ………… 033
ひじきとハムのマヨネーズサラダ … 151
ブロッコリーのハム巻き ………… 155
▶ベーコン
かぼちゃとベーコンのイタリアンサラダ
　…………………………………… 114
セロリのベーコン巻き …………… 123
プチトマトのベーコン巻き ……… 122
▶その他加工品
コンビーフのキャベツあえ ……… 128
焼き豚とセロリのコロコロサラダ … 152

[魚介・魚介加工品]
▶えび・たこ・貝柱
かんたんケチャップえびチリ …… 124
さやえんどうの貝柱煮 …………… 047
たこのチーズ卵焼き ……………… 140
▶しらす・じゃこ
カリカリしらすの梅肉あえ ……… 123

- ししとうとじゃこのリラダ……129
- ししとうとじゃこのピリ辛炒め……135

▶かに風味かまぼこ
- 枝豆とかにかまのピック……155
- かにかまとカシューナッツのペッパー炒め……125

▶かまぼこ・ちくわ
- かまぼこいり卵……141
- ちくわきゅうり……155

▶魚肉ソーセージ
- ソーセージのチーズロール……155

▶たらこ
- たらこポテトサラダ……141

▶ツナ・さけフレーク
- 赤ピーマンとツナのマリネ……121
- おからとツナのサラダ……152
- きのことツナのタルタルあえ……149
- ツナとひじきのさっと炒め……151
- ツナとレモンのポテトサラダ……031
- にんじんとツナのしりしり……044
- ブロッコリーとさけのマヨあえ……135
- ブロッコリーのツナマヨ……037
- 紫キャベツとツナのサラダ……127

[卵・豆・大豆加工品]

▶厚揚げ・油揚げ
- 厚揚げのケチャップ炒め……125
- 黄パプリカと油揚げのピリ辛あえ……136

▶キドニー豆
- キドニー豆のトマト煮……125
- きのこと豆のソテー……148
- りんごと豆のヨーグルトあえ……145

▶大豆
- 大豆ポテトサラダ……146

▶卵・うずら卵
- うずら卵のしそふりかけ漬け……042
- かまぼこいり卵……141
- たこのチーズ卵焼き……140
- ホワイトアスパラの卵サラダ……145

▶豆腐・おから
- おからとツナのサラダ……152
- ひじきと豆腐のみそグラタン……151

[野 菜]

▶枝豆
- 枝豆とかにかまのピック……155
- ピリ辛枝豆ザーサイ……049

▶かぶ
- かぶときゅうりの浅漬け……044
- かぶのアンチョビー炒め……142
- かぶの昆布茶漬け……142
- みょうがと赤かぶの甘酢あえ……124

▶かぼちゃ
- かぼちゃとベーコンのイタリアンサラダ……114
- かぼちゃとレーズンのデリサラダ……027
- かぼちゃのごまみそあえ……050
- フライドかぼちゃのチーズ風味……138

▶カリフラワー
- カリフラワーのカレー炒め……140
- カリフラワーのピクルス……145

▶キャベツ
- キャベツとじゃこのサラダ……129
- キャベツのさっぱりあえ……046
- キャベツのナムル……029
- キャベツのペペロンチーニ風……128
- コンビーフのキャベツあえ……128
- 緑野菜のささっと炒め……129
- 蒸しキャベツのサラダ……115
- 紫キャベツとツナのサラダ……127

▶きゅうり
- かぶときゅうりの浅漬け……044
- きゅうりとカッテージチーズのサラダ……132
- きゅうりのごまあえ……132
- ごま塩きゅうり……054
- たたききゅうりの磯のりあえ……132
- ちくわきゅうり……155
- ラディッシュときゅうりの白だしあえ……027
- わかめときゅうりの韓国風あえ……153

▶グリーンアスパラガス
- アスパラのオーロラ焼き……039
- アスパラのソテー……112
- アスパラのバター炒め串……131
- ホワイトアスパラの卵サラダ……145
- 緑野菜のささっと炒め……129

▶コーン
- コーンクリームのカップグラタン……139
- コーンのおやき……139
- コーンのタルタルソースあえ……139
- さやえんどうとコーンのバター炒め……031
- にんじんとコーンのグラッセ……120
- ほうれん草とコーンのソテー……133

▶ごぼう
- ごぼうスティック……150
- ごぼうの黒酢煮……150

▶小松菜
- 小松菜とひじきのごまあえ……045
- 小松菜と豆もやしの中華あえ……129
- 小松菜のナッツあえ……051

▶さやいんげん・さやえんどう・スナップえんどう
- 彩り野菜のアーモンドあえ……042

- さやいんげんのマヨネーズ焼き……130
- さやえんどうとコーンのバター炒め……031
- さやえんどうとわかめのさっと煮……130
- さやえんどうの貝柱煮……047
- さやえんどうの切り昆布あえ……131
- スナップえんどうの辛みそだれ……130

▶セロリ
- セロリの赤じそあえ……126
- セロリのベーコン巻き……123
- 焼き豚とセロリのコロコロサラダ……152

▶玉ねぎ
- 紫玉ねぎのエスニックあえ……127
- 紫玉ねぎのマスタードマリネ……127
- ラディッシュと玉ねぎのサラダ……124

▶トマト・ミニトマト
- 彩りミニトマトのピクルス……038
- キドニー豆のトマト煮……125
- ズッキーニとトマトのヨーグルトあえ……115
- ミニトマトとブロッコリーの白みそ焼き……114
- ミニトマトのこんがりチーズ……122
- ミニトマトのチーズサンド……155
- ミニトマトの中華あえ……122
- ミニトマトのベーコン巻き……122

▶長ねぎ・小ねぎ
- じゃがいもとねぎのミニチヂミ……146
- 長ねぎのマリネ……050
- わかめとねぎの酢みそあえ……153

▶なす
- なすと塩昆布の浅漬け……150
- みそなす……126
- 蒸しなすの梅肉あえ……049

▶にんじん
- 彩り野菜のアーモンドあえ……042
- にんじんとコーンのグラッセ……120
- にんじんとツナのしりしり……044
- にんじんとハムのサラダ……120
- にんじんとれんこんのきんぴら……123
- にんじんのごまあえ……121

▶パプリカ
- 赤パプリカのごまあえ……048
- 黄パプリカと油揚げのピリ辛あえ……136
- 黄パプリカとクリームチーズの和風あえ……136
- チンゲン菜とパプリカの中華おひたし……035
- パプリカの塩きんぴら……110

▶ピーマン
- 赤ピーマンとツナのマリネ……121
- ピーマンのなめたけあえ……043
- ピーマンの和風炒め……133

INDEX

▶ブロッコリー
きのことブロッコリーのマリネ ……… 149
ブロッコリーとさけのマヨあえ ……… 135
ブロッコリーのグラッセ風 …………… 033
ブロッコリーのごま酢あえ …………… 134
ブロッコリーの塩昆布あえ …………… 135
ブロッコリーのツナマヨ ……………… 037
ブロッコリーのバジルソース炒め …… 134
ブロッコリーのハム巻き ……………… 155
ミニトマトとブロッコリーの白みそ焼き
………………………………………… 114

▶ほうれん草
ほうれん草とコーンのソテー ………… 133
ほうれん草のおかかあえ ……………… 036
ほうれん草のくるみあえ ……………… 133
ほうれん草ののりあえ ………………… 040

▶もやし
小松菜と豆もやしの中華あえ ………… 129
もやしの中華風サラダ ………………… 143
れんこんと豆もやしのささっと炒め … 143

▶ラディッシュ
ラディッシュときゅうりの白だしあえ
………………………………………… 027
ラディッシュと玉ねぎのサラダ ……… 124

▶れんこん
にんじんとれんこんのきんぴら ……… 123
れんこんと豆もやしのささっと炒め … 143
れんこんのごまマヨネーズあえ ……… 144
れんこんの唐辛子漬け ………………… 144

▶その他野菜
ぎんなんのみそ焼き …………………… 138
ゴーヤーのおかかあえ ………………… 131
ししとうとじゃこのピリ辛炒め ……… 135
ズッキーニとトマトのヨーグルトあえ
………………………………………… 115
たくあんと白菜のあえもの …………… 141
たけのこの辛子みそあえ ……………… 138
チンゲン菜とパプリカの中華おひたし
………………………………………… 035
水菜の煮びたし ………………………… 134
みょうがと赤かぶの甘酢あえ ………… 124

[いも類]
▶さつまいも
かんたん大学いも ……………………… 137
さつまいもの辛子マヨサラダ ………… 137
さつまいものココナッツミルク煮 …… 137

▶じゃがいも
しめじとじゃがいものごまサラダ …… 147
じゃがいもガレット …………………… 147
じゃがいもとねぎのミニチヂミ ……… 146
大豆ポテトサラダ ……………………… 146

たらこポテトサラダ …………………… 141
ツナとレモンのポテトサラダ ………… 031

▶里いも・長いも・山いも
里いもの八丁みそ焼き ………………… 148
長いものり巻き ………………………… 143
山いもの黒ごまあえ …………………… 147

▶きのこ
えのきのバターソテー ………………… 144
きのことツナのタルタルあえ ………… 149
きのことブロッコリーのマリネ ……… 149
きのこと豆のソテー …………………… 148
きのこのアンチョビー炒め …………… 148
切り干し大根とまいたけのポン酢煮 … 153
しいたけつくね ………………………… 149
しめじとじゃがいものごまサラダ …… 147

▶果物
グレフルマスタードサラダ …………… 039
チーズとりんごのピック ……………… 155
ツナとレモンのポテトサラダ ………… 031
フルーツのマリネ ……………………… 048
りんごデザートヨーグルト …………… 038
りんごと豆のヨーグルトあえ ………… 145

[乾物・海藻]
▶切り干し大根
切り干し大根とまいたけポン酢煮 …… 153
切り干し大根の和風ペペロン ………… 152

▶ひじき
小松菜とひじきのごまあえ …………… 045
ツナとひじきのさっと炒め …………… 151
ひじきと豆腐のみそグラタン ………… 151
ひじきとハムのマヨネーズサラダ …… 151

▶わかめ・切り昆布
さやえんどうとわかめのさっと煮 …… 130
さやえんどうの切り昆布あえ ………… 131
わかめときゅうりの韓国風あえ ……… 153
わかめとねぎの酢みそあえ …………… 153

[その他]
▶マカロニ
カレークリームのマカロニサラダ …… 140
ハムとマカロニのサラダ ……………… 025
マカロニのチーズサラダ ……………… 046

主食

[穀類]
▶ごはん
いなり寿司 ……………………………… 113
枝豆とさくらえびのおにぎり ………… 111
カリカリ梅のとろろおにぎり ………… 111

カリフォルニアロール ………………… 112
きのこの炊きこみごはん ……………… 045
牛肉の甘辛煮と山椒ごはんのおにぎり
………………………………………… 111
ザーサイとチャーシューの混ぜごはん
………………………………………… 113
さけとしらすのおにぎり ……………… 037
3種のきのこリゾット ………………… 051
タコライス ……………………………… 055
中華おこげ風弁当 ……………………… 116
鶏そぼろとねぎのしょうがごはん …… 113
肉巻きおにぎり ………………………… 110
ビビンバ丼 ……………………………… 041
ランチョンポークおにぎり …………… 111

▶パン
サーモンのタルタルサンド …………… 115
ハンバーガー …………………………… 114
明太ポテトサンド ……………………… 038

▶めん類
あっさりしょうゆの焼きうどん ……… 118
ウインナーとアスパラの
　スープパスタ弁当 …………………… 117
五日塩焼きそば ………………………… 118
肉みそ焼きそば ………………………… 048
豚しゃぶそうめん ……………………… 049
明太ごまのサラダパスタ ……………… 118

著者　食のスタジオ

編集制作・レシピ提案・撮影・スタイリング・コンテンツ販売まで、食の業務を一貫して行う専門会社。管理栄養士、編集者など、食の知識と技術を身につけたスタッフで構成されている。

STAFF

編集／横江菜々了、奈良部麻衣、矢川咲恵、荻野賀予、村山千春、森下紗綾香

レシピ制作・料理・栄養計算／
内山由香、足達芳恵、矢島南弥子、吉永沙矢佳

スタイリング／栗田美香

撮影／中川朋和（ミノワスタジオ）

アートディレクション／川村哲司（atmosphere ltd.）

デザイン／吉田香織（atmosphere ltd.）

DTPデザイン／Flippers

イラスト／山川はるか

校正／ゼロメガ　聚珍社

＊この本は新規制作のレシピに、
食のスタジオ「食の蔵」の一部コンテンツを加え、編集したものです。

朝10分! 中高生のラクチン弁当320

2019年2月5日　第1刷発行
2025年2月20日　第14刷発行

著者　　　食のスタジオ
発行人　　川畑　勝
編集人　　中村絵理子
企画編集　田村貴子
発行所　　株式会社Gakken
　　　　　〒141-8416　東京都品川区西五反田2-11-8
印刷所　　大日本印刷株式会社
DTP製作　株式会社グレン

●この本に関する各種お問い合わせ先
本の内容については、下記サイトのお問い合わせフォームよりお願いします。
　　　https://www.corp-gakken.co.jp/contact/
在庫については　Tel 03-6431-1250（販売部）
不良品（落丁、乱丁）については　Tel 0570-000577
　学研業務センター　〒354-0045　埼玉県入間郡三芳町上富279-1
上記以外のお問い合わせ　Tel 0570-056-710（学研グループ総合案内）

©Shoku no Studio/ Gakken 2019 Printed in Japan

本書の無断転載、複製、複写（コピー）、翻訳を禁じます。
本書を代行業者等の第三者に依頼してスキャンやデジタル化することは、
たとえ個人や家庭内の利用であっても、著作権法上、認められておりません。

複写（コピー）をご希望の場合は、下記までご連絡ください。
日本複製権センター　https://jrrc.or.jp/
E-mail:jrrc_info@jrrc.or.jp
R＜日本複製権センター委託出版物＞

学研グループの書籍・雑誌についての新刊情報、詳細情報は、下記をご覧ください。
学研出版サイト　https://hon.gakken.jp/